U0219828

高等职业教育生物技术类专业教材

发酵工艺教程（第二版）

主　编　党建章
副主编　肖　娜　金元宝

中国轻工业出版社

图书在版编目（CIP）数据

发酵工艺教程/党建章主编 . —2 版 . —北京：中国轻工业出版
社，2022.7
高等职业教育"十三五"规划教材
ISBN 978 - 7 - 5184 - 0892 - 4

Ⅰ. ①发… Ⅱ. ①党… Ⅲ. ①发酵—生产工艺—高等职业
教育—教材 Ⅳ. ①TQ920.6

中国版本图书馆 CIP 数据核字（2016）第 070734 号

责任编辑：江 娟 秦 功
策划编辑：江 娟 责任终审：张乃柬 封面设计：锋尚设计
版式设计：宋振全 责任校对：晋 洁 责任监印：张 可

出版发行：中国轻工业出版社（北京东长安街 6 号，邮编：100740）
印 刷：北京君升印刷有限公司
经 销：各地新华书店
版 次：2022 年 7 月第 2 版第 2 次印刷
开 本：720×1000 1/16 印张：19
字 数：370 千字
书 号：ISBN 978 - 7 - 5184 - 0892 - 4 定价：38.00 元
邮购电话：010 - 65241695
发行电话：010 - 85119835 传真：85113293
网 址：http://www.chlip.com.cn
Email：club@ chlip.com.cn
如发现图书残缺请与我社邮购联系调换
220804J2C202ZBW

本书编写人员名单

主　　编　党建章（吉安职业技术学院）

副 主 编　肖　　娜（吉安职业技术学院）
　　　　　金元宝（吉安职业技术学院）

参编人员　周　　煌（吉安职业技术学院）
　　　　　刘熙文（吉安职业技术学院）
　　　　　冯彦娟（吉安职业技术学院）
　　　　　陈晓燕（江西天人生态有限公司）
　　　　　李肖宇（江西天人生态有限公司）

主　　审　陈卫平（江西农业大学）

前　　言

　　《发酵工艺教程》是为高职院校食品生物技术专业、生物技术及应用专业、生物制药技术专业编写的教材，2003 年 8 月由中国轻工业出版社出版，并获得 2014 年度中国轻工业优秀教材三等奖。为了适应我国高等职业教育的发展，在中国轻工业出版社策划和组织下，我们重编了这本教材。

　　《发酵工艺教程》(第二版)共分 10 个模块，主要内容包括:绪论、培养基、菌种的选育及制备、工业发酵灭菌、培养装置、发酵工艺控制、固定化技术及其应用、发酵产物的提取与精制、发酵厂废水生物处理、发酵工艺实训。

　　第二版在第一版的基础上进行了全面的修订，在内容上，增加了固态发酵设备和发酵产物的提取与精制，有些模块里还插入了阅读材料，以便提高教材的趣味性。

　　吉安职业技术学院党建章编写模块一、模块五的单元一、单元三和阅读材料;吉安职业技术学院肖娜编写模块四、模块六、模块九和模块十的实训一至实训七;吉安职业技术学院金元宝编写模块八的单元一至单元四和模块十的实训九、实训十;吉安职业技术学院周煌编写模块七、模块八的单元五至单元八和模块十的实训八;吉安职业技术学院刘熙文编写模块三;吉安职业技术学院冯彦娟编写模块二;江西天人生态有限公司陈晓燕、李肖宇编写模块五的单元二。

　　本教材由党建章任主编，肖娜、金元宝任副主编，江西农业大学食品科学与工程学院陈卫平教授任主审。教材中引用和借鉴了一些已发表的文献资料，在此向相关作者和提供过帮助的同志们表示感谢。

　　由于我们水平有限，书中不妥之处在所难免，敬请广大读者批评指正。

编　者

2016 年 6 月

目　　录

模块一　绪　　论

单元一　发酵、发酵工程与发酵工业的概念

一、发　　酵

1. 传统发酵

发酵（fermentation）一词最初来源于拉丁语"发泡、沸涌"（fervere）的派生词，指酵母在无氧条件下利用果汁或麦芽汁中的糖类物质进行酒精发酵产生 CO_2 的现象，或者是指酒的生产过程。

2. 生物化学和生理学意义上的发酵

生物化学和生理学意义上的发酵指微生物在无氧条件下，分解各种有机物质产生能量的一种方式，或者更严格地说，发酵是以有机物作为电子受体的氧化还原产能反应。如葡萄糖在无氧条件下被微生物利用产生酒精并释放 CO_2。

3. 工业上的发酵

工业上的发酵泛指利用微生物制造或生产某些产品的过程。包括：①厌氧培养的生产过程，如酒精、乳酸发酵等；②通气（有氧）培养的生产过程，如生产抗生素、氨基酸、酶制剂等。产品有细胞代谢产物，也包括菌体细胞、酶等。

二、发 酵 工 程

发酵工程是指利用微生物的生长繁殖和代谢活动来大量生产人们所需产品的理论和工程技术体系，是生物工程与生物技术学科的重要组成部分。发酵工程也称微生物工程，该技术体系主要包括菌种选育和保藏、菌种的扩大生产、微生物代谢产物的发酵生产和纯化制备，同时也包括微生物生理功能的工业化利用等。

三、发 酵 工 业

发酵工业是指利用微生物的生命活动产生的酶，对无机或有机原料进行酶加工，获得产品的工业。获得发酵产品的条件：①适宜的微生物，②保证或控制微生物进行代谢的各种条件，③进行微生物发酵的设备，④精制成产品的方法和设备。

单元二 发酵工业的发展简史

一、传统（古老）发酵技术的追溯

酿酒、制醋是人类最早通过实践所掌握的生产技术之一。据考古发掘证实，我国在龙山文化晚期（距今 4000~4200 年）已有酒器出现。3000 多年前，我国已有用长霉的豆腐治疗皮肤病的记载，我们今天知道，这可能是由于霉菌分泌抗生素的缘故。国外酿酒的传说则可追溯到更早，相传埃及和中东两河流域在公元前 40—公元前 30 世纪已开始酿酒。属于古老的发酵技术的产品，西方有面包、干酪，东方有酱和酱油、泡菜，中东则有酸乳等。

二、第一代（初期）发酵技术产品的出现

传统生物技术产品的制作和有关技术的应用虽已有悠久的历史，但人们在很长时期内，对发酵的本质一无所知，随着物理、化学和生物学等自然科学的不断发展，其中奥秘才被逐渐揭开。1675 年，荷兰人列文虎克（Leeuwenhoek）制成了显微镜，人们才知道微生物的存在。1857 年，法国著名生物学家巴斯德（Pasteur）用实验证明了酒精发酵是由活的酵母引起的，其他不同的发酵产物则由不同微生物的作用而形成。1897 年，德国的布赫纳（Büchner）用磨碎的酵母细胞制成酵母汁，并过滤使其滤液不带细胞，加入蔗糖后，发现有 CO_2 和乙醇形成，从而证明酒精的发酵是由酶催化的一系列化学反应，并将此具有发酵能力的物质称为酶。由此，发酵现象的真相才开始被人们了解。

由于上述科学研究成果的启示，从 19 世纪末到 20 世纪 30 年代，不少工业发酵过程陆续出现，开创了发酵工业的新纪元。在这一时期出现的发酵产品有乳酸、酒精、面包酵母、丙酮－丁醇、柠檬酸（表面培养）、淀粉酶（表面培养）、蛋白酶（表面培养）等。上述产品的特点是大多数属于嫌气发酵过程的产物，产物的化学结构比原料更为简单，属于初级代谢产物。这些产品的生产过程较为简单，对生产设备的要求不高，规模一般不大。

三、第二代（近代）发酵技术产品的发展

近代发酵技术产品开始出现于 20 世纪 40 年代。第二次世界大战期间，由于战争的需要，人们对 1928 年由英国弗莱明（Fleming）发现的青霉素抱有极大的希望。1941 年，美国和英国合作对青霉素进行进一步的研究和开发。他们一方面在美国的四个工厂用表面培养法生产青霉素，另一方面着手进行沉浸培养法的研究开发。当时采用表面培养法生产青霉素，用的是容积为 1L 左右的扁瓶或三角瓶，内装 200mL 以麦麸为主的培养基，发酵效价单位约为 40U/mL，提取也基本上用实验室的方法，纯度仅 20% 左右，收率约 35%，而要生产 1kg 含量为

20%的青霉素需要动用约80000个培养瓶，因此当时的青霉素价格非常昂贵。1943年，经过美、英两国科学家和工程师的努力，一个崭新的青霉素沉浸培养工艺生产过程终于诞生了，它包括用带有机械搅拌和通入无菌空气的密闭式发酵罐（初期的发酵罐容积为5m³，发酵效价为200U/mL）。

由于解决了菌体高密度培养问题，不久链霉素、金霉素、新霉素等相继问世。抗生素工业的兴起，标志着发酵工业进入了一个新的阶段。抗生素的生产经验极大地促进了其他发酵产品的发展，最突出的是20世纪50年代氨基酸发酵工业和60年代酶制剂工业、有机酸工业等的发展，一些原来用表面培养法的产品都改用沉浸培养法进行生产。这一时期发酵工业在产品类型、发酵规模以及发酵技术的发展速度上都获得了惊人的提高。总之，这一时期可称为常规发酵工业的全盛时期。

四、第三代（现代）发酵技术产品的挑战

1953年，美国的沃森（Watson）和英国的克里克（Crick）共同提出了生命基本物质DNA的双螺旋结构模型。这项20世纪生命科学的重大发现揭开了生命科学划时代的一页，为分子生物学和分子遗传学的建立与发展以及DNA的重组技术研究奠定了基础。

1974年，美国的博耶（Boyer）和科恩（Cohen）首次在实验室中实现了基因转移，为基因工程开启了通向现实的大门，而使人们有可能在实验室中组建按人们意志设计出来的新的生命体。

所谓基因工程是按人的意志把外源（目标）基因（特定的DNA片段）在体外与载体DNA（质粒、嗜菌体等）嵌合后导入宿主细胞，使之形成能复制和表达外源基因的克隆（clone，无性繁殖系或重组体），这样我们就可以通过这些重组体的培养而获得所需要的目标产品。

1977年，博耶首先用基因操纵手段获得了生长激素抑制因子的克隆。1978年，吉尔伯特（Gilbert）获得了鼠胰岛素的克隆。1982年以后，基因工程产品人胰岛素和疫苗被准许投放到市场，自此之后的十余年中，陆续批准上市的基因工程药物已有30种，并有百种以上的产品正在临床试验中等待批准上市。

早在1953年，格鲁布霍费（Grubhofer）和施来斯（Schleith）就提出了酶的固定化技术，1969年日本首先将固定化氨基酸酶用于DL-氨基酸的光学拆分上。目前世界上应用最广的是用固定化异构酶生产果葡糖浆和固定化酸化酶生产6-氨基青霉烷酸。固定化酶在临床诊断和治疗上有一定用途，也可用于生物传感器，以测定酶的底物浓度。

尽管上述现代生物技术给生物反应过程赋予了新的生命力，例如，我们可以用大肠杆菌培养生产仅人类胰脏才能分泌的人胰岛素，但要从培养液中将目标产物提取出来并加以纯化绝非易事。因为目标产物（一般为某种蛋白质或多

肽）在培养液中的含量非常低微（以胰岛素为例，其含量约为 6.3×10^{-2} g/L），有的还包含在细胞内，而存在于培养液或细胞体内的其他蛋白质或多肽（对产物而言均为杂质）往往有上千种。这常是基因工程产品难以投产的主要原因之一。另外在重组菌的培养中，为了尽量获得重组菌体，往往采用高密度培养。这当然需要研究高密度培养的工艺条件，但实践中还碰到如下问题，即虽然获得高浓度的菌体，然而得不到高浓度的目标产物。因为重组菌存在不稳定性，导入的嵌有外源基因的质粒容易从宿主细胞内脱落而使外源基因不表达。为此除了在 DNA 重组过程中本身设法提高其在宿主内的稳定性以增加表达量外，还需研究提高稳定性的培养工艺条件。以上这些都是造成基因工程菌不能迅速投产的原因，当然基因工程产品要经过比常规产品更严格的药品或食品的安全试验的批准手续，这也是主要原因之一。

目前，用于基因工程的宿主除了大肠杆菌、枯草芽孢杆菌、酵母等微生物外，还有某些动物细胞，这是因为以微生物为宿主而获得的目标产物，虽然其蛋白质中的氨基酸顺序是正确的，但常因其蛋白质立体结构有误而不具活性，需要通过重折叠后才能获得目标产物。而由动物细胞进行表达时所获目标产物不存在上述缺点，为此基因工程推动了动物细胞培养技术的发展。

动物细胞培养又称组织培养，早期是以组织切片来进行培养的，后来改进为单细胞培养，并成为生产疫苗等目标产物的培养手段。1975 年后，才建立了以大量制备有用细胞成分为目的的培养设施而进入新的阶段。它不仅用于生产人类疫苗，而且随着转基因动物细胞培养技术的成功，还可生产人生长激素、人胰岛素、干扰素等物质。例如，利用转基因的猴肾细胞，以 1×10^7 个细胞计，每日最高可获得近 1mg 的生长激素。动物细胞表达系统还没有细菌转录及修饰所存在的缺乏糖基化的缺陷。所以，用动物细胞培养技术来生产含糖链的多肽类生物活性物质，也是新药开发的热门领域。

综上所述，虽然发酵工程的历史悠久，但现代微生物发酵技术仍出现了一些新的特点，如高密度发酵、动植物细胞培养的新型发酵罐和自动控制装置等。

单元三　发酵工业的范围

发酵工业涉及的范围十分广泛，若按照产业部门划分，大致可分为以下 14 个大类：①酿酒工业（啤酒、葡萄酒、白酒等）；②食品工业（酱、酱油、醋、腐乳、面包、酸乳等）；③有机溶剂发酵工业（酒精、丙酮、丁醇等）；④抗生素发酵工业（青霉素、链霉素、土霉素等）；⑤有机酸发酵工业（柠檬酸、葡萄糖酸等）；⑥酶制剂发酵工业（淀粉酶、蛋白酶等）；⑦氨基酸发酵工业（谷氨酸、赖氨酸等）；⑧核苷酸类物质发酵工业（肌苷酸、肌苷等）；⑨维生素发酵工业（维生素 C、B 族维生素等）；⑩生理活性物质发酵工业（激素、赤霉素等）；⑪微生物菌体蛋白发酵工业（酵母、单细胞蛋白等）；⑫微生物环境净化工业（利用微生物处理废水、污水等）；⑬生物能工业（沼气、纤维素等天然原料发酵生产酒精、乙烯等能源物质）；⑭微生物冶金工业（利用微生物探矿、冶金、石油脱硫等）。

若按照发酵产品的类型划分，可分成三种主要的类型：①微生物菌体发酵；②微生物转化发酵；③微生物代谢产物发酵。

一、微生物菌体发酵

微生物菌体发酵是以获得具有多种用途的菌体为目的的发酵。由于微生物菌体本身具有各种不同的用途，因而生产这些菌体也有不同的发酵工艺。

酵母是工业上最重要、应用最广泛的一类微生物，如面包酵母、饲料酵母、酵母抽提物等。生产酵母细胞和通过酵母生产酒精在工业上是两个不同的过程，生产酵母时为了获得最大量的酵母，需要氧气存在，因此这是一个好氧过程，而酒精发酵是一个厌氧过程。

酵母可通过大规模的有氧发酵生产，其培养基主要原料是糖蜜。糖蜜是甘蔗或甜菜制糖时的副产品，仍含有大量的糖，可作为碳源和能源。糖蜜含有矿物质、维生素、氨基酸等供酵母利用。要制备酵母生长的完全培养基，需要在其中加入磷酸（作为磷源）和硫酸铵（作为硫源和氮源）。

用于酵母生产的发酵罐从 $40m^3$ 到 $200m^3$。从纯原种培养开始，经过几步中间步骤将种菌的浓度扩大到足够接种的最后阶段（图 1-1）。

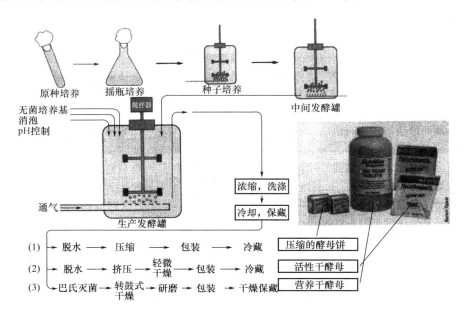

图 1-1　酵母细胞的工业化生产

在发酵结束后，酵母细胞通过离心法从发酵液中分离出来，菌体需用水洗涤，再离心，直至颜色澄清。市场上面包酵母有两种：压缩成块状或干粉状，可供家庭或商业用。

除酵母细胞外，微生物菌体发酵的产品还有生物防治剂，如苏云金杆菌、白僵菌等；作为医药和保健品的灵芝、茯苓、冬虫夏草等食用和药用真菌等。

二、微生物转化发酵

工业微生物中最具深远意义的是认识到微生物可以进行一些有机化学手段无法实现的特定的化学反应。利用微生物来完成该反应称为生物转化（bioconversion），其过程是在大型发酵罐中使微生物生长，然后在适当的时间加入所需转化的化学底物，经过进一步培养，此时底物由微生物作用，最后提取发酵液并纯化所需产物。尽管生物转化的原理可能被广泛应用于许多过程，但主要的实际应用只是某些类固醇激素的生产（图1-2）。

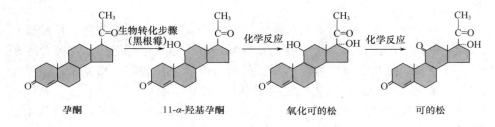

图1-2 微生物转化发酵生产可的松

类固醇是固醇的衍生物，是调节动物体内许多代谢过程的重要激素。一些类固醇也可用于人类医学的药物，其中的一类肾上腺皮质激素，能够减轻炎症，因而对控制关节炎和过敏反应的症状有显著效果；另一类雌性和雄性类固醇激素，参与人类的生殖作用，其中的一些可用于控制生育。类固醇可以通过完全的化学方法合成，但这是一个复杂而昂贵的过程，化学合成中的一些关键步骤可以通过微生物更高效地完成，因此，类固醇的工业生产中至少有一步由微生物完成。

可的松和皮质醇可以减轻轻微皮肤刺激所引起的肿胀和瘙痒，在其生产过程中，黑根霉（*Rhizopus nigricans*）可完成对可的松前体的立体特异性羟化作用（图1-2）。大多数类固醇的生物转化均包括这种类型的羟化作用，工业上有各种不同的真菌用于完成一种或另一种特异性羟化作用。随着四种主要类固醇——皮质醇、可的松、泼尼松和脱氢皮质固醇的世界销售量的增加，每年超过800t，因此类固醇生产是目前一个大的商业类型。

微生物转化发酵的产品除了类固醇激素外，还有将乙醇转化成乙酸的醋酸发酵、将异丙醇转化成丙醇以及将山梨醇转化成L-山梨糖等。在现代发酵技术中，利用固定化细胞将延胡索酸转化成 L - 苹果酸，大大降低了生产成本。

三、微生物代谢产物发酵

微生物在生长代谢过程中分泌的代谢产物有两种类型：初级代谢产物和次级代谢产物。前者是微生物在对数生长期所产生的产物，如氨基酸、核酸、类脂、糖类等；后者是在稳定期所产生的产物，如抗生素、生物碱、植物生长因子等。

1. 抗生素

工业化生产的微生物产物，最重要的大概是抗生素。抗生素是微生物产生的化学物质，它能杀死或抑制其他微生物的生长，因此在医学应用上更具影响力。

抗生素是次级代谢的产物。虽然在大多数工业发酵中，抗生素的产量相对较低，但由于其具有较好的疗效和较高的工业价值，所以它们可由微生物发酵进行工业化生产。许多抗生素也可以由化学合成，但由于抗生素化学性质复杂，并且进行化学合成的费用较大，所以与微生物发酵相比，化学合成的可能性不大。

有经济价值的抗生素主要是由放线菌属以及部分丝状真菌产生的。抗生素工业在国民经济中占有举足轻重的地位。

2. 维生素

维生素可作为人类食品和动物饲料的添加剂，在药物的销量排行中，维生素仅次于抗生素位居第二，每年近 1 亿美元。多数维生素的商业化生产是由化学合成的，但一些维生素，由于其生产工艺太复杂，以至于无法以较低的成本合成，但它们却可以通过微生物发酵的方法来生产，维生素 B_{12} 和核黄素就属于这类维生素。维生素 B_{12} 目前已可通过发酵的方法进行工业化生产。丙酸杆菌属（$Propionibacterium$）的一些种通过筛选后用于维生素的生产，其产量可达 19 ~ 23mg/L。维生素 B_{12} 中的钴原子是其结构的必需部分，在培养基中加入钴可以大大提高维生素 B_{12} 的产量。

核黄素（riboflavin）是黄素 FAD 和 FMN 的合成前体，而后两者作为辅酶在所有生物体的氧化还原酶系中起重要作用。许多种微生物都能合成核黄素，包括细菌、酵母和真菌。真菌棉阿舒囊霉（$Ashbya\ gossypii$）可产生大量的核黄素（高达 7g/L），因此作为主要种类而应用于微生物生产过程中。

3. 氨基酸

氨基酸作为食品添加剂在食品工业、医学领域中，以及作为原料在化学工业中都有广泛应用。最重要的是谷氨酸，一种增味剂，另外两种重要的氨基酸——天冬氨酸和苯丙氨酸是人造甜味剂阿斯巴甜（Aspartame）的主要成分，而后者又是作为无糖产品出售的软饮料和其他食品的重要组成成分。赖氨酸是人体的必需氨基酸，工业上由黄色短杆菌产生，可作为食品添加剂。

虽然大多数氨基酸可以通过化学方法合成，但形成的产物是无活性的 D、L

型消旋产物，如果要得到在生化上具有重要意义的 L–氨基酸，就需要用酶促反应或微生物方法生产。

4. 酶

每种生物体都产生各种各样的酶，大多数仅以小量的形式产生，并参与细胞过程，然而一些生物体可产生大量的特异性酶，这些酶并不在细胞内部，而是分泌到培养基中。胞外酶通常能够消化不溶性营养物质，如纤维素、蛋白质、淀粉，消化后的产物运输到细胞中作为营养供细菌生长。一些胞外酶可用于食品、牛乳、制药和纺织工业，它们可由微生物合成并大量生产。

酶可以由细菌和真菌工业化生产，生产过程通常是好氧的，培养基类似于抗生素发酵中所用的培养基。当培养基中存在适宜的诱导物时，能产生诱导酶。

5. 柠檬酸和其他有机化合物

许多有机化合物是由高产量微生物通过工业发酵生产的。柠檬酸（citric acid）广泛应用于食品和饮料中；衣康酸（itaconic acid）用于生产丙烯酸的树脂；真菌产生的葡萄糖酸（gluconic acid）用于生产葡萄糖酸钙盐，该盐可用于补充人体的钙不足，并在工业上作为洗涤剂和软化剂；山梨糖（sorbose）是在乙酸菌氧化山梨糖醇过程中产生的，可用于生产抗坏血酸（ascorbic acid），即维生素 C；赤霉素（gibberellin）是由真菌产生的一种植物生长激素，用于刺激植物生长；葡聚糖（dextran）是一种用于生产血浆扩张剂和生化试剂的树胶；乳酸（lactic acid）是由乳酸菌产生的，在食品工业上用于酸化食品和饮料等。

单元四　发酵方法的类别与流程

一、发酵方法的类别

根据发酵的特点和微生物对氧的不同需要，可以将发酵分成若干类别。

（1）按发酵过程中对氧的不同需求来分，一般可分为厌氧发酵和通风发酵。

（2）按发酵形式来区分，则有固态发酵和深层液体发酵。

（3）按发酵工艺流程区分，则有分批发酵、连续发酵和流加发酵。

二、发酵过程的组成部分

1. 发酵过程的组成

除某些转化过程外，典型的发酵过程可以划分成六个基本组成部分。

（1）繁殖种子和发酵生产所用的培养基组分的设定。

（2）培养基、发酵罐及其附属设备的灭菌。

（3）培养出有活性、适量的纯种，接种入生产的发酵罐中。

（4）微生物在最适合于产物生长的条件下，在发酵罐中生长。

（5）产物提取和精制。

（6）过程中排出的废弃物的处理。

2. 发酵过程

发酵过程如图 1 − 3 所示。

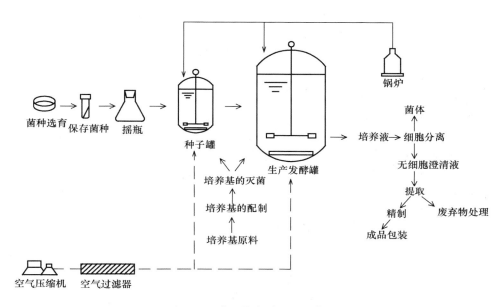

图 1 − 3 典型的发酵过程示意图

单元五 发酵工业的特点及发展趋势

一、发酵工业的特点

由于发酵工业具有独特的优点，使某些过去由化工合成的产品转向发酵生产。发酵工业的优点如下。

（1）微生物反应是生物化学反应，通常在常温下进行，而化工合成多为中压、高压反应，操作危险系数与压力成正比。

（2）微生物反应器多为通气、搅拌式通用型反应器，同一种或同类的反应器能生产各种产物。如某药厂的车间称为"三抗车间"，指一套设备可生产三种不同的抗生素。

（3）生产的原料为农副产品，适合我国国情。如柠檬酸发酵，我国采用红薯干作为原料，产品在国际市场上具有竞争力。

（4）通过微生物特有的反应机理，具有高度的选择性。如黄色短杆菌，能将延胡索酸转换成 L − 苹果酸，而化工合成只能得到 DL − 苹果酸。

9

（5）通过菌种选育，如诱变育种、杂交育种，以及基因工程育种可大幅度提高生产率。如青霉素生产，最初的发酵单位只有 200U/mL，而现在已达到 85000U/mL。其中有很大一部分是菌种选育的贡献。

（6）利用现代分子生物学手段，向微生物细胞中引入外源基因，可以大量生产动植物细胞中才有的微量生物活性物质，如胰岛素、水蛭素等。

尽管发酵工业有上述的优点，但也有如下缺点。

（1）能源消耗大，空压机、搅拌器是耗能大户，而且不能停电，发酵罐内停止通气和搅拌，菌体便会窒息，从而造成损失。

（2）发酵工业是通过微生物的生长代谢来分泌产物，因此相当部分的原料被耗用于生长菌体。而菌体是无用的，有的甚至污染环境。

（3）微生物反应的溶媒是水，几乎没有例外，而且底物浓度不能高，这样造成发酵罐体积相当大，但产物较少、效率低。

（4）发酵放罐后，少量产品经提取后，剩余的液体都需要排放，另外发酵洗涤用水量也很大，废水中，生化需氧量（BOD_5）一般较高，造成污染。

二、发酵工业的现状及发展趋势

目前，全球发酵产品的年销售额在 400 亿美元左右，并以每年 7% ~ 8% 的速率增长。我国发酵工业经过长期发展，已有一定基础。特别是改革开放以后，发酵工业的发展进入了一个崭新的阶段，发酵行业生产企业已有 5000 多家，主要发酵产品的年产值高达 1300 亿元。据行业协会统计，2015 年我国发酵行业产品总产量约 9000 万 t，同比增长 13.2%，产值超过 9351 亿元，同比增长 15.1%。味精、柠檬酸、山梨醇的产量均居世界第一，淀粉糖的产量在美国之后，居世界第二。我国发酵工业的巨大发展不仅在于产量的巨大提升，更在于发酵技术和发酵工艺的巨大进步。

发酵工业的发展趋势有如下几点。

（1）基因工程技术为发酵工程技术提供了无限的潜力，掌握了基因工程技术就可以按照人们的意志来创造新的物种，在此基础上，对传统发酵工业进行改造或建立新型发酵产业，因此基因工程的发展将为现代发酵工程技术带来新的活力。

（2）细胞融合技术使动植物细胞的人工培养进入了一个新的阶段，借助微生物细胞培养与发酵的先进技术，大量培养动植物细胞，能够产生许多微生物细胞不具备的特有的代谢产物。

（3）利用固定化细胞或酶进行工业化发酵生产，可以简化分离提取和纯化工艺，固定化后的细胞或酶稳定性提高，可以反复使用，提高了生物反应的经济性，还可以将某些产物的发酵法改为固定化复合酶多级反应，将成为发酵工程技术的巨大革新。展望未来，酶工程技术在发酵工程技术中的应用必将不断扩大，特别是在解决未来世界环境和能源问题方面将起主导作用。

（4）新型发酵设备的研制为发酵工程提供先进工具。新型发酵设备主要指发酵罐，也可称为生物反应器。例如，固定化反应器是利用细胞或酶的固定化技术来生产发酵产品，提高产率。日本东京大学利用甲烷氧化菌（*Methylosium trichosporium*）细菌，以甲烷作为基质，采用生物反应器细胞固定化技术连续生产甲醇，产量大大提高。英国科学家设计一种"光生物反应器"培养水藻，通过光合作用将太阳能转化为生物量燃料，其转化率比一般农作物和树木要高得多，可使光合作用达到最佳程度，并可从释放的气体中回收氢能。

（5）近代微生物工业发展速度较快，其特点是向大型发酵和连续化、自动化方向发展。搅拌、通气发酵罐的规模高达 $500m^3$，气升式发酵罐的容积达到上千立方米。

（6）生态型发酵工业的兴起开拓了发酵的新领域。随着近代发酵工业的发展，过去靠化学合成的产品，现在部分借助发酵方法来完成。也就是说，发酵法正在逐渐代替化学工业的某些方面，如化妆品、添加剂、饲料的生产。有机化学合成方法与发酵生物合成方法关系更加密切，生物半合成或化学半合成方法应用到许多产品的工业生产中。微生物酶催化生物合成和化学合成相结合，使发酵产物通过化学修饰及化学结构改造，进一步生产更多精细化工产品，开拓了一个全新的领域。

（7）开拓极端环境微生物与极端环境酶。极端环境微生物（extremophiles）产生的酶称为极端环境酶（estremozymes），由于极端微生物和极端酶的极端稳定性，为开拓新的生物催化和生物转化提供了广大的应用前景。

（8）再生资源的利用给人们带来了希望。运用发酵技术对各类废弃物的治理和转化，变害为益，实现无害化、资源化和产业化。目前对纤维素废料发酵生产酒精已取得重大进展。

阅读材料1

酒与发酵工程

"发酵工程"这个名词，问世至今不过一、二十年光景。你初次接触这个名词时是怎么一个印象？宏伟壮观，还是深邃莫测？如果有人告诉你，实质上，发酵工程时时刻刻在你身边运行着，发酵工程的产品早在千百年前就已飞入了每家每户，也许你会大吃一惊。不知道你家有没有买来酒药做酒酿的经历。如果你家擅长酿酒，那么做成的酒酿一定又甜又香，可以让你大饱口福，吃个心满意足。也许你家还会自己做酸牛乳，还会做风味独特的臭冬瓜、霉豆腐，做酒酿，做酸牛乳，做臭冬瓜、霉豆腐，这些就是发酵工程。当然，这是最简单、最原始的发酵工程。这类原始发酵工程产品是丰富多彩的，而且早已进入千家万户。可以向你举出一大堆例子：啤酒、黄酒、白酒、豆瓣酱、甜面酱、腐乳、干酪、醋、酱油……

我们不妨来回顾一下人类的文明史。我国4000多年前的龙山文化时期，就有了关于酿酒的文字记载；近3000年前写成的《周礼》上，提到酱的食用；6000年前的古巴伦人，已经会酿造类似于啤酒的饮料；干酪的诞生，不论在外国还是在中国（《汉书》），都有2000多年的历史。可见，发酵工程确实源远流长，它是伴随着人类文明的脚印，一步一步发展起来的。话虽如此，酿酒、制酱、做干酪等，毕竟是原始状态的发酵工程。在人类文明史上，那数千年的漫漫长途中，发酵工程的进步甚是缓慢。转折点出现在19世纪后叶，从那时起，发酵工程开始突飞猛进了。对于这一转折的出现，有两个人是值得一提的。一位是17世纪的列文虎克，荷兰人。列文虎克是显微镜的发明者之一。经过艰苦的探索，他制作出了能放大2000倍的显微镜。1683年，他在显微镜下发现了细菌的存在。从此，微生物世界向人类敞开了大门。人们逐渐认识到，生命世界中，在动物界、植物界之外还有个"第三世界"——微生物界，包括细菌、酵母、霉菌、病毒……另一位是19世纪的巴斯德，法国人。到19世纪中叶，欧洲的酿造业已有相当规模，但工艺、设备仍很陈旧。酿酒过程中时常发生的变质问题成了酿造业的心腹之患。法国化学家、微生物家巴斯德对酒类变质问题进行了深入的研究。1857年，他提出了著名的"发酵理论"，即："一切发酵工程都是微生物作用的结果。"根据巴斯德的研究，酿酒是发酵，是微生物在做贡献；酒变质也是发酵，是另一类微生物在作祟。人们可以用加热处理等方法杀死有害的微生物来防止酒变质，还可以把发酵的微生物分离出来，通过人工培养，随心所欲地诱发各种类型的发酵，获得所需的发酵产品。从此，酿造业有了科学的理论，产品也从酒类发展为酒精、丙酮、丁酸、柠檬等化学物，发酵工程出现了第一次飞跃。列文虎克和巴斯德是发酵工程的功臣。

思 考 题

1. 发酵工业的发展简史分为哪几个阶段？各阶段的要点如何？
2. 举例说明发酵工业的范围。
3. 能源问题是全球面临的问题，如何通过生物工程解决未来能源问题？
4. 从发酵工业的特点分析，你认为发酵工业的前景如何？

模块二 培 养 基

对微生物而言，培养基有两个主要营养因素。第一是提供菌体细胞代谢过程所需的能源。利用太阳光照射的能源的菌类，称为光能利用菌。多数微生物只能利用各种化合物储存的化学键能，这些菌类称为化能利用菌。第二是微生物利用培养基中的各种元素去组合形成细胞物质或产物，有些利用简单的化合物，有些利用较复杂的化合物。

培养基是微生物的营养基础，是合成代谢产物的物质来源。只有选用良好的培养基成分和配比，才能充分发挥产生菌生物合成抗生素的能力，反之，培养基的成分配比或原料质量不适合，发酵单位就会降低，甚至影响提炼收率和产品质量。从生产角度来看，不断提高菌种的产量，不断改进工艺是提高生产水平的重要因素，在培养基的成分和配比上不断研究和改进，也能取得较好的发酵效果。培养基的组成要在生产实践中不断改进，特别是随着菌种特性或工艺条件的改变要做相应的调整。

一个优良的发酵培养基总是随着生产实践的不断深入、菌种的不断更新、发酵条件的不断改进，而随时进行有机的调整。一种培养基总有它的局限性，要求发酵水平的大幅度提高，还需要在培养过程中进行代谢控制。因此，培养基的真正含义还需要包含发酵的代谢控制和整套措施。

单元一 微生物的营养

一、微生物的营养方式及其特点

微生物从外部环境中获得营养物质并将其转化为自身的物质和能量，从而维持和延续其生命形式的一种生理过程称为营养作用。凡是能满足微生物生长、繁殖和完成各种生理活动所需要的无机物、有机物和光能都是营养物质。微生物根据其所需要的能源和碳源的不同，可分为四大类型，见表2-1。

二、微生物的营养物质及其功能

培养基的成分中在化合物水平上的营养物质按成分和作用可分为碳源、氮源、无机盐、水、生长因子等。氧对于好氧微生物来说，也是营养物质。

表 2 - 1　　　　　　　　　　　微生物的主要营养方式及其特点

营养方式		营养特点	实例
自养型	化能自养型	以二氧化碳等含碳无机物为碳源	硝化细菌、硫化细菌等
	光能自养型	以二氧化碳为唯一或主要碳源，利用光能以无机化合物为氢供体将二氧化碳氧化	蓝细菌、单细胞藻类
异养型	化能异养型	大部分微生物都以这种营养类型生活和生长，利用有机物作为生长需要的碳源和能源	腐生：指以分解已死的或者腐烂的动植物和其他有机物来维持自身正常生活的一种营养方式，如大多数霉菌、酵母、细菌和放线菌等
			寄生：寄生在生活的细胞内，从寄生体内获取生长所需的营养物质，如金黄葡萄球菌、白色念珠菌、嗜血链球菌等
			共生：与其他生物体共同生存的微生物，如固氮菌
	光能异养型	以二氧化碳为唯一或主要碳源，利用光能将二氧化碳还原成细胞物质	红螺菌属

（一）碳源

碳源是作为微生物菌体成分和抗生素分子中碳元素来源的重要培养基成分，是用来供给产生菌生命活动所需要的能量和构成菌体细胞以及各种代谢产物的物质基础。通常可以作为碳源的物质主要是糖类、脂肪及某些有机酸。

1. 糖类

（1）单糖

①木糖：木糖培养基仅用于葡萄糖异构酶的生产。木糖既可作为单独的碳源，也可在含马铃薯淀粉、玉米淀粉、葡萄糖或甘油的复合培养基中作为诱导剂。

②葡萄糖：葡萄糖可以由玉米淀粉或马铃薯淀粉经酸或酶水解制取。各生产葡萄糖的工厂，产品以固体粉状葡萄糖或糖浆形式出售供应市场。这些产品的规格和成分见表 2 - 2 和表 2 - 3。工业葡萄糖最常见的是一水右旋糖，它常用于生产抗生素、甾类化合物、氨基酸、丁酸、衣康酸、酒石酸、黄原胶、杂多糖。淀粉葡萄糖用于甾类化合物的转化。

（2）双糖　蔗糖和乳糖是以纯品或以含有这两种糖的糖蜜和乳清用于工业发酵，麦芽糖则以麦芽或麦芽提取物的形式用于发酵。

表2－2	商品葡萄糖成分		单位：%

组成	产品形式（括弧内为商品名）		
	含水葡萄糖（Cerelose）	淀粉葡萄糖（Glucodex）	液体葡萄糖（Ceredex）
干物质	91	61	71
糖类	100	99	99.9
D-葡萄糖（糖类的%）	100	65	96
D-果糖	0	3	0
麦芽糖	0	10	2
糊精	0	22	2
灰分	0.02	1.0	0.1

表2－3	商品葡萄糖糖浆成分		

组成	产品形式		
	L99	74/968	74/904
干物质/%	70±0.5	70±0.5	70±0.5
DE值	98～99	96～98	90～94
单糖	≥96	92～96	80～88
双糖	≤4	4～8	12～20
溶液pH	—	3.5～5.0	3.5～5.0
灰分/%	≤0.1	≤0.2	≤0.2

国外工业上生产柠檬酸均用纯净的蔗糖作为主要基质。蔗糖不仅可以用来生产乳酸，还可作为生产L-色氨酸、麦角碱、6-磷酸葡萄糖脱氢酶、L-赖氨酸、金霉素、黄原胶的复合培养基中的碳源。蔗糖主要以糖蜜的形式广泛用于发酵工业，而糖蜜是发酵工业最重要的原材料之一，它们是甜菜糖和蔗糖生产过程的副产物，分别称为甜菜糖蜜或蔗糖糖蜜。

甜菜糖蜜是棕色浆状液体，含有约50%的蔗糖，其他四种糖蜜的成分见表2-4。

表2－4	甜菜糖蜜成分			

组成	欧洲甜菜糖蜜			
	1	2	3	4
干物质/%	78.9～86.2	79.5～82.2	71.0～80.6	82.0～84.0
蔗糖/%	43.8～54.4	50.0～54.6	43.0～56.2	45.0～47.6
转化糖/%	1.19～4.5	0.12～1.56	4.0～5.4	—
棉籽糖/%	0～2.75	1.24～1.54	—	—
灰分/%	5.3～9.6	11.14～14.33	4.59～8.32	11.43～11.78
总氮/%	0.82～1.90	1.45～1.65	0.38～2.21	1.78～2.11
纯度/%	51.8～65.1	62.3～66.5	58.9～76.0	53.5～58.0
pH	6.4～8.1	7.5～8.5	5.54～6.57	7.2～7.9

蔗糖糖蜜在发酵工业上应用的有精制糖蜜和原料糖蜜（也称赤糖糊糖蜜）两种。蔗糖糖蜜的成分见表2-5。

表2-5　　　　　　　　　　　　　　蔗糖糖蜜成分

组成	赤糖糊糖蜜	精制糖蜜		
		1	2	3
干物质/%	77~84	80.8	78~85	72.9
极性	—	32.6	—	—
转化糖/%	52~65	19.07	50~58	4.6
总糖/%	—	55.08		43.0
灰分/%	7~11	11.15	3.5~7.5	8.32
总氮/%	0.4~1.5	0.5	0.08~0.5	1.52
pH	4.5~6.0	6.0	—	5.98
P_2O_5/%	0.6~2.0	0.17	0.009~0.07	—
CaO/%	0.1~1.1	1.38	0.15~0.8	—
MgO/%	0.03~0.10	—	0.25~0.8	—
K_2O/%	0.5~2.6	—	0.8~2.2	—

（3）多糖　淀粉、糊精、纤维素也常作为碳源用于发酵工业。

①淀粉：一般以纯净的无定形粉末或用马铃薯、小麦、燕麦、大麦、高粱、玉米、谷子等制成的粉末的形式存在，是最重要的植物碳水化合物，具有典型的小颗粒结构。这些淀粉颗粒不溶于水，但能被微生物缓慢分解。膨化淀粉也可作为多种微生物的碳源。培养基中所用的各种淀粉作物成分见表2-6。

表2-6　　　　　　　　　　　培养基中应用的淀粉作物的成分

组成/%	原材料						
	马铃薯	菊芋	大麦	小麦	燕麦	玉米	黑麦
水分	76.64	79.12	13.4	13.0	13.0	12~14	13.0
灰分	1.08	1.16	3.32	1.6	3.4	1.4	1.9
蛋白质	1.97	1.80	10.06	14.0	10.9	11.0	12.5
非氮物质	19.17	16.40	65.21	67.6	58.5	69.0	68.3
淀粉	17.02	—	53.04	—	—	60~63	50~60
菊粉（糖）	—	16.0	—	—	—	—	—
戊聚糖	—	—	—	—	—	—	10.0
脂肪	0.15	0.18	1.94	1.8	4.7	5.0	2.1
纤维素	0.98	1.26	6.07	2.2	9.5	2.0	2~3

②糊精：是 α-淀粉酶降解淀粉的产物，喷干成干物，其成分见表2-7。糊精可以和葡萄糖复配在培养基中作为碳源或单独作为碳源广泛应用于多

种抗生素生产。

表 2 - 7 麦芽糊精成分

组成	产品类型				
	MD05	MD25	MD40	MD50	MD63
水分（最大）/%	5	5	5	5	6
灰分（最大）/%	0.3	0.3	0.3	0.3	0.3
蛋白质（最大）/%	0.15	0.15	0.15	0.15	0.15
溶液中 pH	4.8 ~ 5.2	4.8 ~ 5.2	4.8 ~ 5.2	4.8 ~ 5.2	4.8 ~ 5.2
葡萄糖值（DE 值）	18 ~ 20	28 ~ 31	38 ~ 41	45 ~ 48	60 ~ 64
葡萄糖/%	2 ~ 3	8 ~ 11	3	5	30 ~ 32
麦芽糖/%	6 ~ 8	8 ~ 10	37	50	34 ~ 36
多糖/%	92 ~ 89	84 ~ 79	60	45	32 ~ 36

③纤维素：是在植物细胞壁中以结晶形态和半纤维素、木质素并存，且三者比例约为 4 : 3 : 3，是单一的葡萄糖聚合体。其中，半纤维素是戊糖（木糖、阿拉伯糖）、己糖（甘露糖）和各种糖酸的混合多聚体；结晶纤维素在细胞壁中由于其周围存在着木质素的屏障而不能被水解，半纤维素则容易被酸或碱、酶水解成单糖或寡多糖。按糖类可被微生物利用的速度排列，一般为己糖 > 双糖 > 戊糖 > 多糖，但这一顺序并非对所有微生物都是一样的。

2. 脂肪

动植物的油类和脂肪常与碳水化合物一起作为碳源，油类对微生物的效用取决于它的酸值、过氧化物和甘油酯的含量。油类在储藏过程中，酸值增加，当酸值大于 10 时抑制四环素的生物合成，过氧化物含量也会增加，这对青霉素生物合成有不利影响，对金霉素和 L - 赖氨酸生物合成也有不利影响，表 2 - 8 所示为商品油类的甘油酯含量。

表 2 - 8 商品油类的甘油酯含量

油类别	甘油酯含量/%	酸值
椰子油	65 ~ 75	10.4
棕榈油	51 ~ 67	54.2
橄榄油	40 ~ 70	81.1
花生油	29 ~ 39	93.4
菜籽油	22 ~ 50	98.6
棉籽油	16 ~ 35	105.7
黄豆油	15 ~ 23	130.0
玉米油	46	122.6

3. 有机酸

（1）醋酸　作为廉价碳源用于微生物工业，尤其在微生物合成氨基酸方面。

（2）不饱和脂肪酸　如生产谷氨酸时在培养基中加入 50～100mg/L 油酸、十八碳烯酸；生产灵菌红素时添加油酸等。

（二）氮源

氮源主要用来构成菌体细胞物质（氨基酸、蛋白质、核酸）和含氮代谢产物（如抗生素等）。常用的氮源分别是有机氮源和无机氮源。

1. 有机氮源

（1）尿素　是很实用的氮源，作为氮源时可使培养基具有一定的缓冲能力。但尿素受热不稳定，因此在工业生产的使用中受到限制。

（2）动、植物粉类　黄豆粉、棉籽粉、菜籽粉、玉米粉和鱼粉等在生产上是制备培养基时常用的氮源。鱼粉是鱼或鱼的废料经粉碎干燥而成的。别的粉类则是除去油后的饼粉，含有蛋白质、碳水化合物和少量残留脂肪。各种粉类是很好而廉价的蛋白质、氨基酸、无机盐和维生素的来源。但由于产地不同，加工方法不同，所制得的粉类的成分必然有差异。且由于这些粉类的不溶性，使制备培养基和提取产物产生一定的困难。当将黄豆粉、玉米粉混悬于水中时，常结成 400～600μm 甚至更大的团块，这些团块灭菌时必须使温度达到 122～127℃，至少经 16～21min 才能彻底消失，当用溶媒提取产物时，粉中的蛋白质常形成乳化层，残留的脂肪和产物一起呈蜡状物被提取出来。

①黄豆粉：是最常用的氮源，商品黄豆粉根据其含油脂量可分为三级：全油脂黄豆粉，含油脂18%以上；低油脂黄豆粉，油脂量为 4.5～9.0%；脱油脂黄豆粉，含油脂不高于2%。黄豆粉的一般成分见表2－9。

表 2－9　　　　　　　　　发酵用的黄豆粉成分

组成/%	黄豆粉		
	脱油脂	低油脂	全油脂
蛋白质	48.6～52.8	46.31～40.63	33.75～38.00
油脂	0.43～1.59	3.99～4.40	19.50～20.46
灰分	5.88～7.20	7.34～5.1	4.52～4.81
水分	6.17～9.48	11.00～4.7	8.84～9.29

②棉籽粉：在国外市场有两种商品供应，分别是 Pharma media 和 Proflo，均是美国 Traders oil Mills.－LTD 的产品。前者是棉籽经低温去油后加工而成的；后者则在高温去油后加工而成。典型的此两种棉籽粉的成分见表 2－10。国内也有棉籽粉商品出售。

表 2 - 10　　　　　　　　　　　　　　两种棉籽粉的成分表　　　　　　　　　　　　单位:%

组成/%	Proflo	Pharma media
总固体物	98.75	99.0
蛋白质（N×6.25）	61.06	59.20
氨基氮	4.19	4.67
铵氮	1.16	1.27
碳水化合物	23.18	24.13
还原糖	1.17	1.18
非还原糖	1.30	1.16
脂肪	4.10	4.02
灰分	6.73	6.71
棉酚	0.031	0.03

③菜籽粉：去油后的菜籽粉由于有毒性不能作饲料，只能作肥料、发酵工业原料或废料处理，用于甾类化合物的发酵转化时其水解产物可以培养酵母。

④玉米粉：作为氮源可代替玉米浆制备生产淀粉酶的培养基。

⑤蛋白胨：含有丰富的氨基酸，容易被菌体所利用，也是一种良好的氮源。工业上使用的蛋白胨有血胨、肉胨、鱼胨、骨胨等品种。但由于制胨的原料和加工方法不同，蛋白胨的成分也不相同，特别是磷含量差异较大，由于过量的无机磷能抑制抗生素生物合成，所以使用蛋白胨时需注意品种的选择和使用效果。

⑥鱼粉：商品鱼粉含 55% ~ 64% 粗蛋白、12% 脂肪和 4% ~ 5% 氯化钠，它可以代替玉米浆发酵生产蛋白酶。

（3）玉米浆（简写为 CSL）　是用亚硫酸浸泡玉米的水经过浓缩加工、鲜黄到暗褐色的浓稠不透明的絮状悬浮物。玉米浆营养丰富，含有各种必需氨基酸、维生素和无机盐，不足之处是其成分波动较大（表 2 - 11），使其应用受到限制。且玉米浆的质量随玉米等级、发芽率和玉米浆的生产工艺而波动。为了保证玉米浆质量，可将玉米浆制成干物。

表 2 - 11　　　　　　　　　　　　　　商品玉米浆的成分

组成/（g/100g 原样 C.S.L）	范围值	平均值	标准偏差
干物	46.80 ~ 49.60	48.47	1.71
灰分	8.04 ~ 10.43	8.81	0.61
总氮	3.33 ~ 3.67	3.61	0.11
pH	4.00 ~ 4.70	4.26	0.15
总糖（以葡萄糖计）	0.74 ~ 4.39	2.21	0.94
乳酸	11.60 ~ 19.30	13.21	1.71
酸度/mL（NaOH 0.1mol/L）	108 ~ 144	125.62	8.92

续表

组成/（g/100g 原样 C.S.L）	范围值	平均值	标准偏差
挥发酸/mL（NaOH 0.1mol/L）	0.1~1.1	0.56	0.31
铁	0.009~0.027	0.016	0.006
磷	1.5~1.9	1.72	0.098
钙	0.02~0.07	0.036	0.015
钾	2.0~2.5	2.25	0.143
锌	0.005~0.012	0.008	0.002
SO_2	微量~0.02	0.07	0.003
沉淀固体	38.4~52.9	45.1	3.501

2. 无机氮源

铵盐和硫酸盐在发酵工业常用作无机氮源。液氨和硫酸铵是主要用于生产酵母的氮源，也可作为乙醇、丙酮、丁醇发酵的原料。铵离子在青霉素合成中也是必需的，常以硫酸铵形式加入。在含高浓度纤维素的培养基中，氨不仅可以有效地调控 pH，还可作为氮源。其他无机氮源主要有氯化铵、磷酸铵、硝酸钠、硝酸钾等。

（三）无机盐

1. 磷

磷主要以 $H_2PO_4^-$ 形式加入，是核酸、核蛋白、许多辅酶（或辅基）高能磷酸键等的重要组成部分。因此，磷在菌体生长、繁殖和代谢活动中起着极其重要的作用，必须在培养基中加入一定量的磷酸盐以保证菌体正常生长。

2. 硫

硫是菌体细胞蛋白质的组成部分。硫常常以硫酸盐形式加入到培养基中，青霉素、头孢菌素生物合成都必须含有硫化合物。据报道，在头孢菌素生物合成中，硫酸钙还可代替甲硫氨酸。

3. 常量元素

K、Mg、Ca、Zn、Fe、Cl 在各种培养基中的需要量比较大，这些元素以纯净的磷酸盐或硫酸盐形式加入或作为别的原材料的一个组成成分加入。

铁是细胞色素、细胞色素氧化酶和过氧化氢酶的组成部分，也是菌体有氧代谢不可缺少的元素。在培养基中铁离子浓度超过一定范围对抗生素的生物合成有明显影响，如在青霉素发酵培养基中，铁含量在 $6\mu g/mL$ 时没有影响；在 $60\mu g/mL$ 时，青霉素产量就降低 30%。铁离子对生产链霉素的灰色链霉菌的生长影响较小，对链霉素的生物合成则影响较大，当铁离子浓度大于 $60\mu g/mL$ 时，可降低链霉素的发酵水平。因此，在正式投入生产使用前，普通碳钢制成的发酵罐需进行预处理，除去罐内壁铁锈，然后用树脂涂上一层保护层，以减轻铁离子对抗生素发酵的不利影响。

镁、锌离子是某些酶的辅基或激活剂的组成成分。镁离子对核糖体、核酸、细胞膜有稳定作用，镁缺乏会导致细胞生长受阻。锌离子也是有些抗生素发酵过程所必需的元素，适量的锌能促进链霉素的生长和链霉素的生物合成，浓度过大则抑制链霉素的生物合成。

钙、钾、钠等离子虽不参与细胞的组成，但仍是抗生素发酵培养基的必要成分。适量的钠离子能维持菌体细胞的渗透压，钠盐浓度过高则会影响菌体生长。钾离子与细胞透性有关。钙一般是以碳酸钙形式加入，用以中和发酵代谢过程中所产生的酸，稳定培养基的 pH，使培养基处于合成抗生素的最佳状态。

4. 微量元素

Co、Bi、Cd、Cr 等一般需要量很小，在 $0.1 \sim 100 mg/mL$，所以称微量元素。这些微量元素，当制备复合培养基时，在所用的原材料和水中均已有带入，但在特定情况下需要单独加入，如钴离子是维生素 B_{12} 的组成元素，在链霉素、庆大霉素、金霉素的发酵培养基中加入一定量的氯化钴可使维生素 B_{12} 的产量提高数倍。且钴离子还可以激活某些酶。

不同无机元素的来源与功能见表 2 – 12。

表 2 – 12　　　　　　　　　　　　不同无机元素的来源与功能

元素	来源	生理功能
P	KH_2PO_4、K_2HPO_4	核酸、磷酸和辅酶的组成成分
S	$MgSO_4$	含硫氨基酸、含硫维生素的成分
K	KH_2PO_4、K_2HPO_4	酶的辅因子、维持电位差和渗透压
Na	$NaCl$	维持渗透压，某些蓝细菌和细菌需要
Ca	$Ca(NO_3)_2$、$CaCl_2$	胞外酶稳定剂、蛋白酶辅因子、细菌芽孢和真菌孢子形成
Mg	$MgSO_4$	固氮酶辅因子、叶绿素成分
Fe	$FeSO_4$	细胞色素成分，合成叶绿素、白喉毒素和氯高铁血红素等
Mn	$MnSO_4$	超氧化酶歧化酶、氨肽酶等
Cu	$CuSO_4$	氧化酶、酪氨酸酶辅因子
Co	$CoSO_4$	维生素 B_{12} 复合物的成分、肽酶的辅因子
Zn	$ZnSO_4$	碱性磷酸酶、脱氢酶、肽酶、脱酸酶辅因子
Mo	$(NH_4)_6Mo_7O_{24}$	固氮酶和硝酸盐还原酶的成分

总之，无机盐类对菌体生长发育和抗生素的生物合成的影响是很大的。在发酵生产实践中，应根据不同菌种的特性及不同的发酵要求，选择合适的无机盐，发挥其在发酵过程中的功能。

（四）生长因子

生长因子也称生长素。有些异养细菌不能在简单的培养基上生长，是由于缺乏合成一种或多种有机物的能力，而这些有机物却是组成细胞所必需的。因此必须由外源供给这些物质，诸如维生素、氨基酸、嘌呤、嘧啶和脂肪酸，甚至还有膜成分等生长因子。根据生长因子对微生物的作用来分，主要有前体、促进剂或诱导剂、消沫剂等。

1. 前体

在抗生素生物合成中，菌体用来构成抗生素分子而本身又没有显著改变的物质，称为前体。前体除直接参与抗生素生物合成外，在一定条件下还控制菌体合成抗生素的方向和增加抗生素的产量。

抗生素生物合成所需的前体物质，有的是菌体本身能够合成的；有的是菌体本身不能合成或合成得很少，需从外界加入。前体在使用过程中，要注意在培养基中的浓度，因不少前体对抗生素产生菌有一定毒性。一般采取分次或滴加方式加入，并控制在一定浓度。前体价格均较贵，故在使用时还要考虑利用率和生产成本问题。

几种抗生素和维生素的前体见表 2–13。

表 2–13　　　　　　　　　　　　几种抗生素和维生素的前体

产物	前体
青霉素 G	苯乙酸、苯乙酰胺
青霉素 V	苯氧乙酸
链霉素	肌醇
红霉素	正丙醇、丙酸
间型霉素	赖氨酸
维生素 B_{12}	氯化钴，5，6–二甲基苯骈咪唑
灰黄霉素	氯化物

2. 促进剂或诱导剂

在发酵培养基中加入少量促进某抗生素的生物合成或诱导某抗生素生物合成酶的生成的物质称为某抗生素生物合成的促进剂或诱导剂。例如，在四环素发酵培养中加入硫氰化苄或 M–促进剂（2–硫基苯骈噻唑）可控制三羧酸循环中某些酶的活力，能增强戊糖循环对四环素的合成。

3. 消沫剂

发酵工业上最常用的消沫剂为植物油脂和动物油脂，但因地而异。俄罗斯和东欧国家常用动物油脂特别是鲸鱼油作为消沫剂，而西方国家则多用合成消沫剂。我国常使用的消沫剂不仅有植物油脂如玉米油、豆油、米糠油，还有一些合成消沫剂，如由环氧乙烷、环氧丙烷和甘油制成的聚醚类合成剂以及硅油类合成消沫剂。

（五）水

水是细菌体内外的溶剂，水组成细菌细胞质胶体，并直接参与代谢中的各种反应，制备培养基需要不含杂质的蒸馏水；水也是原生质的组成成分，使原生质处于溶胶状态，保证代谢活动的正常进行；水还是细菌细胞重要的组成成分，占细胞总量的75%～90%。一切生命活动，如营养物质的吸收、代谢活动、生长繁殖等都离不开水。

单元二　培养基的种类

培养基是人工配制的、适合微生物生长繁殖的营养基质。选用良好的培养基成分和配比，能充分发挥产生菌生物合成抗生素的能力；反之，就会降低甚至影响提炼收率和产品质量。从生产角度来看，提高菌种的产量和改进工艺是提高生产水平的两个重要因素，不断研究和改良培养基的成分和配比也能取得较好的发酵效果。

培养基的设计都有一定的目的性，如种子培养基的设计主要是为了使菌体快速生长；保藏培养基则是为了使菌体在不利于生长的条件下能够存活；鉴别培养基常用于鉴别菌种的某一生长过程或者区别特定的菌种；测定生理特性的培养基常常用于微生物的代谢研究。

在实际生产应用中，培养基必须符合两个基本条件：一是能保证产生菌的正常生长繁殖；二是能最大限度地满足合成抗生素的要求。然而，不同菌种对培养基的要求也不同。即使同一菌种在不同的发酵设备和工艺条件下，对培养基的要求也不完全一样。因此，了解培养基的种类及其特点在我们生产实践中是非常必要的。

1. 按配方成分分类

培养基可分为天然培养基和合成培养基。天然培养基是利用一些成分不明确的天然产品（如浸膏、浸出液、谷粉、玉米浆等）配制的。其特点是营养丰富，价格便宜，适用于大规模培养微生物；其缺点是每批成分可能有差别，因此需要在制备产品时加以控制。合成培养基是用完全了解的化学成分配成的，适用于研究分析抗生素产生菌的各种营养需要的抗生素合成的途径。

2. 按培养基形态分类

培养基可分为固体培养基、液体培养基和半固体培养基。

3. 按培养基生产用途分类

培养基可分为孢子培养基、种子培养基和发酵培养基。

（1）孢子培养基　孢子培养基主要供抗生素产生菌和孢子，菌能在培养基上产生丰满优质孢子而不会使菌种发生变异。孢子培养基大多数为固体状，如产黄青霉素菌能在琼脂、麸皮、小米、大米的固体培养基上很好生长并产生丰满优质的孢子，灰色链霉菌则在含豌豆浸液、葡萄糖、蛋白胨的琼脂培养基上很好生长，产生丰满的孢子。但是麸皮、小米、大米、豌豆均是天然农产品，其成分随品种、产地、加工方法、储藏条件等因素而有变化，所以应尽量做到定品种、定产地、定加工和储藏条件，这对稳定孢子培养基质量十分重要。

（2）种子培养基　种子培养基一般指一、二级种子罐的培养基和摇瓶种子培养基，这种培养基主要含有容易被利用的碳源、氮源、无机盐等，使孢子在这种培养基中很快萌发、生长、繁殖出大量健壮的菌丝体。种子培养基除了保证满足孢子萌发繁殖菌丝外，还要和发酵培养基相适应，避免因培养基成分相差太大而延长接种至发酵罐后产生菌对新环境的适应时间。

（3）发酵培养基　发酵培养基是供菌丝迅速生长繁殖和合成抗生素用的。这类培养基必需营养要适当地丰富、浓度适当，适合于菌种的生理特性和要求，有利于菌丝的迅速生长、繁殖且健壮旺盛，进而合成大量的抗生素。在发酵过程中，特别是在抗生素分泌期，培养基的 pH 要求适当而稳定，糖、氮代谢能维持正常，并能充分发挥菌体合成抗生素的能力。如果发酵培养基的组成不适合，有可能使菌体向着大量繁殖菌丝方向发展，则会使抗生素的合成受到抑制，或者因营养不良，导致菌丝过早自溶及异常代谢等。

单元三　影响培养基质量的因素

抗生素生产有时会出现生产波动和代谢异常的现象，导致这种现象的原因有多种，培养基质量不好是一个重要原因。培养基质量波动的原因有多种，原材料质量波动和培养基灭菌操作控制不当是主要原因。

一、原材料质量

培养基中的各种原材料不论用量多少，凡是不适合菌种特性的要求或是不易被吸收利用甚至有毒性的，都不利于产生菌的生长代谢，以致合成抗生素带来不利影响。

（一）有机氮源

培养基中有机氮源材料的质量是引起发酵单位波动的重要原因之一。常用的有机氮源有黄豆粉、花生粉、棉籽粉、玉米浆、蛋白胨、酵母粉等。这些天然原材料成分复杂，含量差别较大，往往因品种、产地、加工方法等不同，而使原材料质量规格有较大的差异。其对发酵的影响错综复杂，常常引起发酵水平的波动，如黄豆粉的质量常受产地、品种、加工方法和储藏条件等几方面的影响。

（二）碳源

碳源也是抗生素发酵培养中的主要营养之一。碳源对发酵的影响虽不如有机氮源那样明显，但也有因原材料的来源、产地、品种、加工方法、成分含量及杂质含量的不同而引起发酵水平波动的情况。如不同产地的乳糖含碳物不同，可引起灰黄霉素发酵水平的波动。再如工业用葡萄糖和葡萄糖废母液质量欠佳，会引起链霉素发酵单位的波动。

用作消沫剂兼碳源的油类品种也很多，有豆油、玉米油、米糠油和杂鱼油等，质量各异，特别是杂鱼油的成分较复杂，有一定的毒性。同时，所用油的储藏温度过高或时间过长，也会引起质量变化，甚至产生毒性。因此，控制油的酸度、水分和杂质含量也是必要的。

（三）其他原材料

各种无机盐、前体等在质量上有较大波动时，也会影响发酵水平。

综上可知，各种原材料，特别是用量大的天然农副产品原材料，如能做到定品种、定产地、定加工方法、定储存条件、定统一质量标准，将会对抗生素生产水平的稳定和提高起到积极作用。

二、培养基灭菌操作

现在抗生素生产上对培养基均采用高压蒸汽灭菌，效果虽然较好，但如操作控制不当，使灭菌时温度偏高、受热时间过长，则营养成分会受到一定破坏。如葡萄糖在高温下易与氨基酸和其他含氨基的物质反应，生成棕色的类黑精，这些物质不仅降低了可利用的营养物含量，而且对微生物有一定毒性，引起生长异常，在高温灭菌时，有些无机盐如磷酸盐和碳酸钙之间，磷酸盐、镁盐和铵盐之间，可起化学反应，生成沉淀或络合物，使可利用的磷酸根和铵离子的浓度大为降低。另处，蛋白质在高温下变性，维生素在高温下失活，也会影响到培养基的质量。

三、其 他 因 素

培养基必须以水为介质，抗生素工业所用的水，有深井水、地表水、自来水等。由于水源、地质、季节及环境的不同，使各种用水的质量也各不相同。水质的变化会对发酵产生各种影响。

此外，培养基本身的黏度也会影响发酵水平。

单元四 培养基的设计

一、设 计 原 则

1. 目的明确

即根据不同微生物的营养需要配制不同的培养基。不同营养类型的微生物，其对营养物的需求差异很大。如自养型微生物的培养基完全可以（或应该）由简单的无机物质组成。异养型生物的培养基至少需要含有一种有机物质，但有机物的种类需适应所培养菌的特点。

按微生物的主要类群来说，它们所需要的培养基成分也不同，如细菌用牛肉膏蛋白胨培养基 LB；放线菌用高氏一号培养基；真菌用查氏合成培养基 PDA；酵母用麦芽汁。

当对试验菌营养需求特点不清楚的时候，可以采用"生长谱"法进行测定。

2. 营养协调

培养基各营养素浓度过高或过低都会影响微生物的生长和发酵。浓度过高，抑制微生物的生长；浓度过小，不能满足微生物生长的需要。碳氮比（C/N）直接影响微生物生长与繁殖及代谢物的形成与积累，故常作为考察培养基组成的一个重要指标。

（1）碳、氮源的选择　许多微生物可以在含各种碳水化合物的培养基上良好生长，但其产物的生产能力则和碳源种类有很大关系。以顶头孢霉生产头孢菌素 C 为例，见表 2-14 所示的结果。

表 2-14　　　　　　顶头孢霉在各种碳源上产生抗生素的情况

碳源	抗生素产量/（mg/mL）	菌体浓度/（mg/mL）	每毫克菌体抗生素产量/mg
葡萄糖	830	22.5	36.9
麦芽糖	1130	21.8	51.9
果糖	1250	21.5	58.1
半乳糖	1650	19.1	86.4
蔗糖	1040	11.9	87.4

表 2-14 所示，葡萄糖有利于菌体生长，而半乳糖对抗生素生产最有利，蔗糖则每单位菌体质量所产生的抗生素量最高。因此，在为某种菌种选择培养基时，决定采用何种碳源是很重要的。

氮源情况也如此，我国青霉素生产初期，一般单采用玉米浆为有机氮源，抗生素产量不太高，相同的菌种，改用玉米浆、花生粉混合氮源后，抗生素产量有明显提高。

（2）碳氮比　培养基的碳、氮源确定后，就要进一步优化其配比。C/N 即为碳源中碳原子的摩尔数与氮源中氮原子的摩尔数之比，配比是否恰当直接影响菌发挥其生产能力，碳源不足，易出现菌体过早衰老，甚至自溶；氮源不足，则易出现菌体繁殖量偏少。适当的碳氮比有利于保持生理酸碱性物质的平衡，使发酵过程中 pH 能稳定在菌体繁殖、生长和抗生素合成所需范围内。如谷氨酸生产中，C/N = 4/1 时，菌体大量繁殖，谷氨酸积累少；C/N = 3/1 时，菌体生长受抑制，而谷氨酸大量增加。

（3）补料培养基成分的选择　补料基质的选择，原则上应是在发酵过程中消耗快，它的缺乏可能对抗生素生物合成造成限制，同时由于对产生菌的毒性或对生物合成的调控作用，不能一次大量加入基质。另外，最好选择可溶性基质，便于精确计算和管道输送。

（4）速效氮（或碳）源与迟效氮（或碳）源的比例　蛋白氮必须通过水解之后降解成胨、肽、氨基酸等才能被机体利用的氮源称为迟效氮源；无机氮源或以蛋白质降解产物形式存在的有机氮源可以直接被菌体吸收利用的氮源称为速效氮源。速效氮源通常有利于机体的生长；迟效氮源有利于代谢产物的形成。故培养基中的营养物的浓度与比例协调还包括速效性氮（或碳）源与迟效性氮（或碳）源的比例以及各种金属离子间的比例。

3. 条件适宜

（1）pH　各类微生物的最适生长 pH 各不相同（表 2－15）。

表 2－15　　　　　　　　　　　　　常见微生物种类最适 pH

微生物种类	pH
细菌	7.0～8.0
放线菌	7.5～8.5
酵母	3.8～6.0
霉菌	4.0～5.8

在微生物的生长和代谢过程中，由于营养物质的利用和代谢产物的形成与积累，培养基的初始 pH 会发生改变，为了维持培养基 pH 的相对恒定，通常采用下列两种方式。

内源调节：在培养基里加一些缓冲剂或不溶性的碳酸盐，调节培养基的碳氮比。

外源调节：按实际需要，不断向发酵液流加酸或碱液磷酸缓冲液，pH 在 6.0～7.6。

$$K_2HPO_4 + HCl \longrightarrow KH_2PO_4 + KCl$$
$$KH_2PO_4 + KOH \longrightarrow K_2HPO_4 + H_2O$$

加入 $CaCO_3$：培养基中所含氨基酸、肽、蛋白质等物质也可起到缓冲作用。

（2）渗透压与水分活度 A_w　渗透压根据细胞内外溶液离子浓度的不同，可以表现为以下三种情况：等渗溶液，适宜微生物生长；高渗溶液，细胞发生质壁分离；低渗溶液，细胞吸水膨胀，直至破裂。

大多数微生物适合在等渗的环境下生存，而有的菌如金黄色葡萄球菌（*Staphylococcus aureus*）则能在 3mol/L NaCl 的高渗溶液中生长。能在高盐环境（2.8～6.2mol/L NaCl）生长的微生物常被称为嗜盐微生物。

微生物对水的需要程度（水对微生物生长的影响）常用环境（或基质）中的水分活度（water activity，A_w）表示，所谓 A_w 就是水的有效浓度。水分活度为在一定的温度条件下，溶液的蒸气压（材料上部蒸气相中水浓度）与纯水的蒸气压（即纯水上部蒸气相中水浓度）之比：

$$即，A_w = P/P_0$$

式中　P——溶液的蒸气压

　　　P_0——纯水的蒸气压

A_w 为 0.60 ~ 0.99 的环境条件均有微生物生长，但对某种微生物而言，它对 A_w 的要求是一定的，微生物对水的需求有相当的变化程度，即微生物不同，其生长的最适 A_w 也不同（表 2 – 16）。

表 2 –16　　　　　　　　　　　几类微生物生长最适 A_w

微生物种类	水分活度（A_w）
一般细菌	0.91
酵母	0.88
霉菌	0.80
嗜盐细菌	0.70
嗜盐真菌	0.65
嗜高渗酵母	0.60

水分活度 A_w 表示微生物生长与水的关系，有时也常用相对湿度（RH）的概念（$A_w \times 100 = RH$）表示，有时还用测定蒸气相中相对湿度的方法得知溶液或物质的水活度。

（3）氧化还原电势　各种微生物对培养基的氧化还原电势的要求如下。

好氧微生物：+0.3 ~ +0.4V（在 >0.1V 以上的环境中均能生长）。

厌氧微生物：只能在 +0.1V 以下生长。

兼性厌氧微生物：+0.1V 以上呼吸、+0.1V 以下发酵。

培养基是多氧化还原偶的复杂电化学系统，测出的 Eh 值仅代表其综合结果。对微生物影响最大的是分子氧和分子氢的浓度。培养基中常用的还原剂有巯基乙酸、抗坏血酸、硫化氢、半胱氨酸、谷胱甘肽、二硫苏糖醇等。

4. 经济节约

发酵培养基所用的原材料大部分属于粮食类、油料的加工品或副产品，部分是化工产品。随着我国抗生素产量的日益增长，每年消耗的粮食、油料和蛋白质原料的数量日益增加。所以，发展生产必须努力节约工业用粮。目前，各生产单位对同一品种的发酵效率、折粮单耗的水平差距相当大。因此，在发酵上注意防止染菌、提高发酵单位和总收率是大幅度降低粮食单耗的关键所在。

（1）有机氮源的节约　生产抗生素常用动植物蛋白质作为有机氮源，如黄豆粉、花生粉、蛋白胨、酵母粉等，可以考虑采用淀粉生产的副产品玉米浆、麸质粉（水）来代替。另外，我国棉籽资源十分丰富，受含有毒棉酚的影响在抗生素发酵中使用不多。现已培育出不含棉酚的新品种棉籽，用这种棉籽加工成的棉籽粉，具有无毒、颗粒细、色泽浅、蛋白质含量高、加热后水溶比例大、悬浮性能好、不易结块等优点，是发酵工业理想的有机氮源。此外，废菌丝体作为部分有机氮源，在某些抗生素发酵中已得到应用。

（2）碳源的节约　糖类是主要的碳源，其节约代用应从几个方面考虑：使用稀薄培养基适当减少糖氮配比；严格控制放罐时的残糖浓度；改用废糖蜜（蔗糖糖蜜、甜菜糖蜜、葡萄糖废母液等）、工业用葡萄糖等来代替淀粉、糊精和食用葡萄糖；改进代谢控制方法，提高产生菌的发酵单位等；菌种选育的作用最为显著。值得注意的是，比较稀薄的培养基使用时只要配比得当、控制得法仍可获得高发酵单位。碳源的代用方向主要是寻找野生植物淀粉、纤维水解液代替粮食或粮食制品。

油脂是另一种常用的碳源和消沫剂，每年用于抗生素生产的食用油脂数量不小。然而油脂代谢缓慢，作为碳源的利用效率不高，作为消沫剂的消沫能力也不强，在发酵液中残存还影响产物提取，故应尽量采用合成消沫剂如泡敌等代替。

（3）其他　相同的培养基根据不同应用目的做出不同的选择，即培养菌体是积累代谢产物或是实验室种子培养还是大规模发酵，代谢产物是初级代谢产物还是次级代谢产物。用于培养菌体种子的培养基营养应丰富，氮源含量宜高（碳氮比低）；用于大量生产代谢产物的培养基其氮源一般应比种子培养基稍低，但若发酵产物是含氮化合物时，有时还应提高培养基的氮源含量；若代谢产物是次级代谢产物时还需考虑是否加入特殊元素或特定的代谢产物；当所设计的是大规模发酵用的培养基时，应重视培养基中各成分的来源和价格，应选择来源广泛、价格低廉的原料，提倡以粗代精，以废代好。

二、设　计　方　法

1. 生态模拟

在自然条件下，凡有某种微生物大量生长繁殖的环境，必然存在着该微生物所必需的营养和其他条件。若直接取用这类自然基质（经过灭菌）或者模拟这类自然条件，就可获得一个初级的天然培养基，例如，可用肉汤、鱼汤培养细菌，用果汁培养酵母，用润湿的麸皮、米糠培养霉菌等。简而言之，生态模拟就是调查所培养菌的生态条件，查看"嗜好"，对"症"下料——初级天然培养基。

2. 查阅文献

任何科研决不能事事都靠经验，多查阅、分析和利用文献资料上的一切可用的相关信息，调查前人的工作资料并借鉴经验，以便从中得到启发，设计有自己特色的培养基配方。因此，要时时注意和收集这类文献资料。

3. 精心设计

在设计、试验新配方时，常常要对多种因子进行比较和反复试验，工作量极大。借助优选法或正交试验设计法等方法，可明显提高工作效率。

4. 试验比较

要设计一种优化的培养基，在上述三项工作的基础上，还得经过具体的实验和比较才能最后决定。试验的规模一般都是遵循由定性到定量、由小到大、由实验室到工厂等逐步扩大的原则。不同培养基配方的选择比较，主要可从四个方面进行：单种成分来源和数量的比较；几种成分浓度比例调配的比较；小型试验放大到大型生产条件的比较；pH 和温度试验。

三、培养基优化实例：红豆杉内生真菌产紫杉醇的培养基优化

1. 材料

（1）菌株　内生真菌 *Metarhizium anisopliae* LB – 10，为分离自陕西省留坝县野生红豆杉的高产紫杉醇内生真菌。

（2）培养基　红豆杉内生真菌培养中使用的培养基成分见表 2 – 17。

表 2 – 17　　　　　红豆杉内生真菌培养中使用的培养基成分

	PDB	初始发酵液	无碳配方发酵液	无氮配方发酵液
马铃薯	200g	—	—	—
葡萄糖	20.0g	80.0g/L	—	80.0g/L
无水硫酸镁	—	0.5g/L	0.5g/L	0.5g/L
无水硫酸锌	—	—	1.0mg/L	1.0mg/L
硝酸铵	—	8.0g/L	8.0g/L	—
无水磷酸二氢钾	—	0.5g/L	0.5g/L	0.5g/L
维生素 B_1	—	0.05g/L	0.05g/L	0.05g/L
水	1.0L	—	—	—
pH	6.0 ~ 8.0			

2. 方法

（1）培养方法　种子液培养方法：在新鲜斜面上取 5mm × 5mm 大小的已纯化的菌块，接种到装有 50mL 发酵培养基的 250mL 三角瓶中，于 25℃、180r/min 摇床上培养 3d。发酵培养：将培养好的种子液混匀，按 3% 接种量接种到装有

330mL 发酵培养基的 500mL 三角瓶中，每次提取所用发酵液的量为 1000mL，于 28℃、180r/min 摇床上培养 10d。

（2）紫杉醇样品的提取　通过对培养 10d 的发酵液进行抽滤，使其分离为菌液和菌丝体两部分，菌丝用乙酸乙酯在超声条件下萃取，菌液用乙酸乙酯通过分液漏斗萃取，分别重复 3 次，合并收集到的乙酸乙酯相，并用双层滤纸过滤，滤液在 40℃旋转蒸发至干，样品用甲醇溶解并定容至 10mL，检测。

（3）紫杉醇的 HPLC 检测。

（4）菌丝体进行生物量的测定。

3. 培养基配方的优化

（1）单因素试验　采取无碳配方发酵液培养，分别选取葡萄糖、麦芽糖、蔗糖和淀粉为碳源，浓度均为 80.0g/L，考察单因素碳源对 LB – 10 紫杉醇积累的菌丝体生物量的影响，筛选出最适碳源进行初糖浓度的单因素试验。

采取无氮配方发酵液培养，分别选取硫酸铵、硝酸铵、酒石酸铵和蛋白胨为氮源，浓度均为 8.0g/L，考察单因素碳源对 LB – 10 紫杉醇积累的菌丝体生物量的影响，筛选出最适氮源进行初氮浓度的单因素试验。

采取初始发酵液培养，选取无水硫酸镁的不同浓度 4.0g/L、6.0g/L、8.0g/L、10.0g/L、12.0g/L，研究无水硫酸镁的不同浓度对 LB – 10 菌体紫杉醇生物合成产量和菌丝体生物量的单因素影响。

（2）正交试验及验证性试验　选取对菌体生长和紫杉醇积累有较大影响的最适碳源、最适氮源和硫酸镁浓度，分别取三个水平，以紫杉醇产量为指标，进行 $L_9(3^3)$ 正交试验和验证试验。

4. 实验结果

单因素实验最佳碳源是葡萄糖，最佳氮源是硝酸铵。在单因素试验的基础上，进一步采用 $L_9(3^3)$ 正交试验优化培养基，培养基最佳组合为葡萄糖 50.0g/L、硝酸铵 6.0g/L、无水硫酸镁 0.3g/L，其紫杉醇平均含量达到 938.6μg/L。

单元五　庆大霉素培养基的配制

庆大霉素（gentamycin，又称艮他霉素）属氨基糖苷类广谱抗生素，是一族由小单孢菌产生的多组分抗生素，其成品以硫酸盐的形式存在，为白色或类白色粉末，无臭，有吸湿性。在水中易溶，在乙醇、丙酮、氯仿、乙醚中不溶，耐热，对酸、碱稳定，在 pH 2～12 水溶液于 100℃加热 0.5h，活性无显著变化。其整个生产过程中，不同的阶段使用的培养基的原料和配比都是不一样的（表 2 – 18～表 2 – 20）。

表 2－18　　　　　　　　　　　庆大霉素斜面培养基配比

序号	原料名称	规格	配比/%
1	可溶性淀粉	CP	1.0～1.2
2	磷酸氢二钾	CP	0.05～0.08
3	硝酸钾	CP	0.1～0.12
4	硫酸镁	CP	0.05～0.06
5	氯化钠	CP	0.05～0.06
6	天冬素	CP	0.002
7	碳酸钙	CP	0.1～0.12
8	麸皮	自制	1.8～2.0
9	琼脂	—	1.6～1.8
10	pH	—	7.5
11	自来水配制	—	

注：如更换菌种经过试验可适当变动个别原料配比。

表 2－19　　　　　　　　　　　庆大霉素摇瓶培养基的配比

序号	原料名称	规格	配比/%
1	可溶性淀粉	CP	5～5.5
2	硝酸钾	CP	0.04～0.05
3	黄豆粉	CP	3.6～4.0
4	葡萄糖	CP	0.4～0.5
5	碳酸钙	CP	0.4～0.5
6	硫酸铵	CP	0.04～0.05
7	蛋白胨	CP	0.25～0.3
8	pH	CP	7.2
9	氯化钴	CP	6～8μg/mL
10	油	自制	1 滴/30mL
11	自来水配制	—	—

表 2－20　　　　　　　　　　庆大霉素三级发酵培养基配比　　　　　　　　　单位：%

原料名称	一级种子罐	二级种子罐	发酵罐	补料培养基
葡萄糖	0.08～0.01	0.15		
淀粉	1～1.2	3.0～3.5	4.0～5.0	5.0～6.0
玉米粉	1.5～1.8	0.4～0.5	1.0～2.0	0～1.0
黄豆粉	1～1.2	1.8～2.0	2.5～3.0	2.5～3.0
蛋白胨	0.2～0.3	0.3～0.4	0.3～0.4	0.3～0.4
硫酸铵	—	—	0.08～0.1	0.08～0.1
碳酸钙	0.3～0.4	0.2～0.3	0.5～0.6	0.5～0.6
硝酸钾	0.04～0.05			0～0.01
氯化钴	适量	1～2μg/mL	8～10μg/mL	8～10μg/mL
泡敌	—	0.06～0.07	0.02～0.03	0.02～0.03
消后 pH	自然	7.5～8.0	7.5～8.0	自然

阅读材料2

微生物的本领

发酵工程的主角是微生物。微生物是一种通称，它包括了所有形体微小、结构简单的低等生物。从不具有细胞结构的病毒，单细胞的立克次氏体、细菌、放线菌，到结构略为复杂一点的酵母、霉菌，以及单细胞藻类（它们是植物）和原生动物（它们是动物）等，都可以归入微生物。与发酵工程有关的，主要是细菌、放线菌、酵母和霉菌。

一提到微生物，有些人就会皱起眉头，感到憎恶。因为他们想到是微生物带来了人类的疾病，带来了植物的病害和食物的变质。其实，这种感情是不太公正的。对人类而言，大多数微生物有益无害，会造成损害的微生物只是少数。总体来说，微生物肯定是功大于过，而且是功远远大于过。近年来迅速崛起的发酵工程，更是为许多微生物彻底改变了形象。因为在发酵工程里，正是这些微生物在忙忙碌碌，工作不息，甚至不惜粉身碎骨，才使得五光十色的产品能一一面世。从乳酸菌饮料，到比黄金还贵的干扰素等药品，都是微生物对人类的无私奉献。微生物在发酵工程里充当着生产者的角色，这与它的特性是分不开的。微生物的特性可以用三句话来概括，那就是：孙悟空式的生存本领，猪八戒式的好胃口，首屈一指的超生游击队。

一、孙悟空式的生存本领

孙悟空在神话里是个怎么也折腾不死的英雄。微生物的生存本领有点像孙悟空。对周围环境的温度、压强、渗透压、酸碱度等条件，微生物有极大的适应能力。拿温度来说，有些微生物在 $80 \sim 90℃$ 的环境中仍能繁衍不息，另一些微生物则能在 $-30℃$ 的环境中过得逍遥自在，甚至在 $-250℃$ 的低温下仍不会死去，只是进入"冬眠"状态而已。拿压强来说，在 10km 深的海底，压强高达 $1.18 \times 10^8 Pa$，但有一种嗜压菌照样很活跃，而人在那儿会被压成一张纸。拿渗透压来说，举世闻名的死海里，湖水含盐量高达 25%，可是仍有许多细菌生活着。正因为微生物有那么强盛的生命力，所以地球上到处都有它们的踪迹。就像孙悟空会七十二变，微生物的强盛生命力还表现在善于变化上。外界环境的改变，或是内部的某个因素，都可能使某种微生物一下子变得面目全非，而且以后就以新的面目繁殖后代，遗传下去。这种变化往往使它更能适应环境，或者更适应人类的某种需要。微生物的这个特性在发酵工程里得到了很好的利用。

二、猪八戒式的好胃口

猪八戒是个馋鬼。微生物吃起东西来，那风卷残云的气势活像猪八戒。和高等动物相比，微生物的消化能力要强上数万倍。在发酵罐里，1g 酒精酵母一天能吃下数千克糖类，把它们分解成酒精；在人体里成千上万地盘踞着的大肠杆菌，如果能彻底满足它们的话，一个小时里能吃掉比自己重 2000 倍的糖。可不要以为这些小东西都像小孩子一样贪吃糖，微生物几乎什么都能吃。石油、塑料、纤维素、金属氧化物，都在微生物的食谱里；连形形色色的工业垃圾，残留在土壤里的农药 DDT，甚至那剧毒的砒霜，也是某些微生物竞相吞吃的美味。这一点大概连贪吃的猪八戒也自愧不如。

三、首屈一指的超生游击队

微生物的繁殖速度简直令人咂舌。大多数微生物是以分钟来计算繁殖周期的。也就是说，每隔数十分钟，一个微生物就会变成 2 个；再过一个周期，2 个就会变成 4 个。只要条件合适，微生物的数量就会不停地成倍成倍地增长。大肠杆菌的繁殖周期是 12～17min，就算是 20min 吧，一个大肠杆菌一天就能繁殖 72 代。有人算过，如果这 72 代都活下来，数目就是 4722366482869645213696 个。按每 10 亿个大肠杆菌重 1mg 计算，这些大肠杆菌大约重 4722t。照这样推算下去，要不了两天，繁殖出来的大肠杆菌质量就会超过地球。这样一说可能你会担心，明天早上醒来时地球上已经积了厚厚一层细菌，人类要没有立足之地了。请放心吧，这种事是不会发生的，因为许多条件在约束着微生物的繁殖。在现实生活中，微生物数量不会无限制地增长，而总是保持在相对稳定的水平上。但是，那种惊人的繁殖能力，微生物是确实具备的。如果人们在某个局部环境里能充分满足微生物所需的条件，这种繁殖能力就会得到充分的发挥。

微生物的特性还可以举出一些，但是，最突出的，与发酵工程关系最密切的，就数这三条了。

思　考　题

1. 什么是胨和糊精？
2. 某些培养基中加青霉素、苯乙酸或豆油，它们的作用是什么？
3. 某个培养基的配方为：葡萄糖、蛋白胨、淀粉酶、锌、镁、铜离子，你认为是否合理？
4. $NaNO_3$ 加在培养基中有何作用？
5. 孢子培养基 C/N 为 10 与 30，哪个更好？
6. 影响培养基质量的因素有哪些？
7. 查找一篇有关通过培养基配比提高产品产量的文献。

模块三　菌种的选育及制备

单元一　工业微生物菌种

一、工业生产常用的微生物

微生物的资源非常丰富，广泛分布于土壤、水和空气中，尤以土壤中最多。有的微生物从自然界中分离出来就能被利用，有的需要对分离到的野生菌株进行人工诱变，得到突变株才能被利用。当前发酵工业所用的菌种总趋势是从野生菌转向突变菌，自然选育转向代谢育种，从诱发基因突变转向基因重组的定向育种。由于发酵工程本身的发展以及基因工程的介入，藻类、病毒等也正在逐步地变为工业生产用的微生物。尽管如此，目前人们对微生物的认识还是十分不够的，已经初步研究的不超过自然界微生物总量的10%。微生物的代谢产物，据统计已超过1300多种，而大规模生产的不超过100多种；微生物酶有近千种，而工业利用的不过四、五十种。可见潜力是很大的。

微生物的特点是种类多，分布广；生长迅速，繁殖速度快；代谢能力强；适应性强，容易培养。工业生产中，也可根据微生物的特点选择适宜的微生物。

工业生产常用的微生物如下。

1. 细菌

细菌（bacteria）是自然界分布最广、数量最多的一类微生物，属单细胞原核生物，以较典型的二分裂方式繁殖。细胞生长时，环状 DNA 染色体复制，细胞内的蛋白质等组分同时增加一倍，然后在细胞中部产生一横段间隔，染色体分开，继而间隔分裂形成两个相同的子细胞。如间隔不完全分裂就形成链状细胞。工业生产常用的细菌有枯草芽孢杆菌、醋酸杆菌、棒状杆菌、短杆菌等，用于生产淀粉酶、乳酸、醋酸、氨基酸和肌苷酸等。

2. 酵母

酵母（yeast）为单细胞真核生物，在自然界中普遍存在，主要分布于含糖较多的酸性环境中，如水果、蔬菜、花蜜和植物叶子上，以及果园土壤中。石油酵母较多地分布在油田周围的土壤中。酵母多为腐生，常以单个细胞存在，以发芽形式进行繁殖，母细胞体积长到一定程度时就开始发芽。芽长大的同时母细胞缩小，在母子细胞间形成隔膜，最后形成同样大小的两个细胞，如果子芽不与母细胞脱离就形成链状细胞，称为假菌丝。在发酵生产旺期，常出现假菌丝。工业上用的酵母有啤酒酵母、假丝酵母、类酵母等，分别用于酿酒、制造面包、生产脂肪酶以及生产可食用、药用和饲料用酵母菌体蛋白等。

3. 霉菌

霉菌（mould）不是一个分类学上的名词。凡生长在营养基质上形成绒毛状、网状或絮状菌丝的真菌统称为霉菌。霉菌在自然界分布很广，大量存在于土壤、空气、水和生物体内外等处。它喜欢偏酸性环境，大多数为好氧性，多腐生，少数寄生。霉菌的繁殖能力很强，以无性孢子和有性孢子进行繁殖，多以无性孢子繁殖为主。其生长方式是菌丝末端的伸长和顶端分支，彼此交错呈网状。菌丝的长度既受遗传的控制，又受环境的影响，其分支数量取决于环境条件。菌丝或呈分散生长，或呈团状生长。工业上常用的霉菌有藻状菌纲的根霉、毛霉、犁头霉，子囊菌纲的红曲霉，半知菌类的曲霉、青霉等。它们可用于生产多种酶制剂、抗生素、有机酸及甾体激素等。

4. 放线菌

放线菌（actinomycetes）因菌落呈放线状而得名。它是一个原核生物类群，在自然界中分布很广，尤其在含有机质丰富的微碱性土壤中较多。大多腐生，少数寄生。放线菌主要以无性孢子进行繁殖，也可借菌丝片段进行繁殖。后一种繁殖方式见于液体浸没培养中。其生长方式是菌丝末端伸长和分支，彼此交错成网状结构，成为菌丝体。菌丝长度既受遗传的控制，又与环境相关。在液体浸没培养中由于搅拌器的剪切应力作用，常常形成短的分支旺盛的菌丝体，或呈分散生长，或呈菌丝团状生长。它的最大经济价值在于能产生多种抗生素（antibiotic）。从微生物中发现的抗生素，有60%以上是放线菌产生的，如链霉素、红霉素、金霉素、庆大霉素等。常用的放线菌主要来自以下几个属：链霉菌属、小单孢菌属和诺卡菌属等。

5. 担子菌

所谓担子菌（basidiomycetes）就是人们通常所说的菇类（mushroom）微生物。担子菌资源的利用正引起人们的重视，如多糖、橡胶物质和抗癌药物的开发。近几年来，日本、美国的一些科学家对香菇的抗癌作用进行了深入的研究，发现香菇中 1，2 - β - 葡萄糖苷酶及两种糖类物质具有抗癌作用。

6. 藻类

藻类（alga）是自然界分布极广的一类自养微生物资源，许多国家已把它用作人类保健食品和动物饲料。培养螺旋藻，按干重计算每公顷可收获60t，而种植大豆每公顷才可收获4t；从蛋白质产率来看，螺旋藻是大豆的28倍。培养栅列藻，从蛋白质产率计算，每公顷栅列藻所得蛋白质是小麦的20～35倍。此外，还可通过藻类将 CO_2 转变为石油，培养单孢藻或其他藻类而获得的石油，可占细胞干重的5%～50%，合成的油与重油相同，加工后可转变为汽油、煤油和其他产品。有的国家已建立培植单孢藻的农场，每年每公顷地培植的单孢藻按

5%干物质为碳水化合物（石油）计算，可得60t石油燃料。此项技术的应用，还可减轻因工业生产而大量排放CO_2造成的温室效应。国外还有从"藻类农场"获取氢能的报道，大量培养藻类，利用其光合放氢来获取氢能。

二、微生物工业对菌种的要求

目前，随着微生物工业原料的转换和新产品的不断出现，势必要求开拓更多的新品种。尽管微生物工业用的菌种多种多样，但大规模生产时，对菌种则有下列要求。①原料廉价、生长迅速、发酵周期短、目的产物产量高；②易于控制培养条件（pH、温度、渗透压），酶活力高，发酵周期较短；③抗杂菌和噬菌体的能力强；④菌种遗传性能稳定，不易变异和退化，不产生任何有害的生物活性物质和毒素，保证安全生产；⑤菌株本身不能是病源菌。

单元二 优良菌种的选育

菌种选育是利用微生物遗传变异的特性，采用各种手段，改变菌种的遗传性状，经筛选获得新的适合生产的菌株，以稳定提高抗生素生产或得到新的抗生素产品。

任何抗生素要不断提高生产水平，菌种选育是一重要手段，一些高产菌株在传代和保藏过程中，不可避免地会逐步发生退化，这也需要通过菌种选育来复壮菌种，菌种选育还可以改进产品质量，例如，有些抗生素发酵会产生色素，在提炼过程中难以除去，通过菌种选育可以解决；有些抗生素有多种组分，主要组分所占的比例，以及各组分间的比例都有要求，如达不到要求，也可通过菌种选育来解决；通过定向筛选还可以选出一些原料消耗较低的、对溶氧要求不高的、耐酸碱的、抗噬菌体等一系列菌株，因此菌种选育在抗生素生产中有着十分重要的意义。

菌种选育常用的方法有自然选育、诱变育种、基因重组和杂交育种。

一、自然选育

（一）概述

自然选育是利用微生物自发突变原理，通过分离、筛选，排除退化与变异型菌落，从中选择维持或高于原有抗生素合成水平的变株，以达到纯化菌种、稳定和提高产量的目的。

生产菌株必须使用纯种，而菌种在长期使用中必然会产生自发突变，使产量下降。为此，必须经常进行自然选育，使菌种保持纯正。但是，由于菌种的自发突变，多数是负向变异，而且促使产生变异的环境因素的影响较弱，不可能产生大量的变异，因此用自然选育得到高产突变株的机会并不多。经过人工诱变而获得的高产突变株，其群体的生理特性和形态特征分布很广，如果不经过纯化而用于生产，也会造成生产的波动。所以，由多次人工诱变获得的突变株，必须经过自然选育，才能得到适用于生产的高产纯株。

（二）菌种复壮和自然选育的流程

菌种复壮和自然选育的流程基本相同，如图3-1所示。

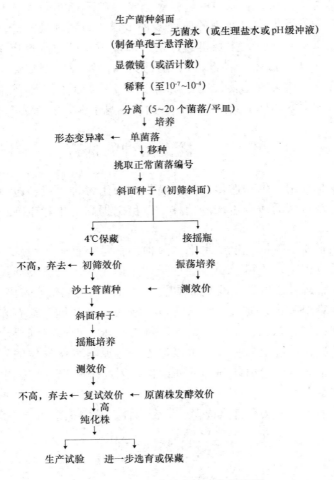

图3-1 生产菌种自然选育流程图

（三）纯化分离的方法

1. 单孢子分离

微生物群体中存在不同类型菌落的组成，并认为是由一些亚种混合组成的。这是遗传基因型与环境因素共同作用的结果。因此，不可能得到绝对纯一的菌种。但通过选择可以得到相对纯一的群体。纯种的标准有两条：一是群体中存在的不同菌落类型数量限制在相对低的水平，如限制在3~5种类型以下。二是群体中起主导作用的菌型的比例数应占绝对优势，如达到90%以上，或更高的比例（98%、99%以上）。菌种经群体分离后证明达到以上两条标准即可认为获得了纯株。任何一种微生物群体中都有占主要比例的菌落类型。这一主要类型的生理生化性状，包括产量的高低，便大体上决定了该菌株的特性。以"纯种"这一目标选育菌种，主要应该是提高微生物群体中主要菌型的百分比，选择主型菌落在90%～99%以上的纯株。同时辅以产量指标的选择。单孢子分离法是将菌种的分生孢子制成一定浓度的分散的单孢子悬液，分离在平板培养基上，挑选单菌落进行筛选。在产量高于亲株的菌株中，选择群体中主要菌落类型比例高于90%以上的高产量纯株，再进行3～5代连续传代试验，选择传代后生产能力仍保持原来水平范围的菌株，便是高产纯种。

2. 微观单孢子分离

用单孢子悬液分离单孢子菌落的方法很难保证获得绝对的单孢子菌落。因为在菌落生长过程中缺乏一道检查，检查每个菌落是否由单个孢子生长而成。如果单菌落不是由单个孢子长成，而是由一个以上的孢子甚至孢子团长成，那么就难以保证菌落的纯一。微观单孢子分离可以排除这个弊病，获得真正单个孢子生长形成的单菌落，以利选育得到纯一菌株。

微观单孢子分离的方法，是在显微镜下，借助显微操纵器挑取单个发芽孢子，将每个单孢子都单独培养成单菌落。此法可确保单菌落由单个孢子发育形成。排除两个或多个孢子形成单菌落的干扰，为获得纯一菌株打下基础。挑取单孢子的方法是用直径为2mm的细玻璃棒拉成具有120°钝角玻璃丝的挑针，在显微镜下，借助显微镜操纵器，挑取单个发芽孢子。挑针的玻璃丝长度要求不超过5mm，不能人工切断，以求针的光滑而不致伤害芽管。单个发芽孢子的制备是用斜面孢子或其他形式的固体孢子先制成单孢子悬液，在液体培养基中振荡培养16～18h，使孢子发芽，以长成芽管为度。芽管的长度以不超过孢子直径为宜。因为芽管过短，不易上针，芽管过长，则容易缠在挑针上，不易下来，为了使孢子发芽适度，必须使用稀释的液体培养基。培养基浓度不要太大，避免养分过于丰富而控制不住孢子的生长。孢子发芽培养时必须控制较低的温度。常用的培养温度为16～18℃，目的是延缓孢子的生长发育，控制其发芽，使产生适度的芽管。然后用毛细管将发芽适度的单孢子液滴在盖玻片上，在不远处再滴上空白液体培养基。将此盖玻片覆盖在特制的玻璃小室上。玻璃小室为高约10mm的玻璃圆环，可使挑针伸入。在显微镜下找到单个的发芽孢子后，将挑针移入该孢子的右侧慢慢上抬。靠挑针进入液体时的振动，发芽的单孢子便吸到挑针上，挑上发芽孢子后，便将挑针慢慢下移，移至空白培养基液滴中放入。当挑针插入液滴时，针上的发芽孢子便借针入液体时的振动而离开挑针进入培养液中。用显微镜检查液滴中是否有移入的发芽孢子，同时检查是否是单个孢子。在确证已挑上单个孢子后，则将剩余的孢子液滴用酒精棉擦去。酒精棉宜小，用大头针裹少许脱脂棉捻紧，蘸上75%消毒酒精挤干，轻轻将不用的孢子液滴擦除。留下需要培养的单孢子液滴。必须注意避免在无意中误将刚挑好的单孢子液滴擦掉，特别要注意少量棉丝有可能把需要保留的液滴在无意中吸掉。如此将盖玻片置于凹玻片上，在适宜的温度和湿度下培养，每天观察，待菌丝长满培养液滴时，用灭菌小铲取一小薄片无菌的琼脂固体培养基，置于生长的单孢子菌丝体边上。或用毛细管吸取稀的琼脂培养基滴于液滴边，使单孢子发育的菌丝继续生长在琼脂块上。每天观察，待长满琼脂块后，再用灭菌小铲将单孢子菌丝体移种至斜面，继续培养到长成单菌落。每批微观单孢子分离需挑30~50个单个孢子，长成单菌落后进行筛选。

3. 衰变后的选择

衰变后的选择就是用不良环境条件，如低温、高温、衰老、药物等，先使菌种发生衰变，然后再排除低产型菌株，选择高产型菌株。例如，日本某公司的研究室曾介绍一种青霉素产生菌的纯化分离方法。将单孢子菌落培养3周，菌落表面长满一层层粉状孢子。把整个菌落表面的分生孢子都洗下制成单孢子悬液，分离单孢子菌落，然后筛选。这种技术方法不是给予原始单菌落最佳生长条件，相反，使之过老地生长，让其群体的遗传基因型充分分离和表达，再从中选择高产型菌株。再如，沙土管在低温下长期保藏，群体中部分衰弱型孢子逐渐死亡，留下的便是能抵抗不良环境孢子，其中不乏高产菌株。

4. 原生质体再生后的分离

用特殊方法除去菌丝的细胞壁，然后再使其重新形成细胞壁，利用脱壁和再生过程中的变异，可以选择到高产型菌株。因为微生物个体的各种遗传性状具有高度的整体性，各种生理生化特性和形态表征都是代谢过程的一个环节，任何环节的破坏都可能导致整体的变化。

细胞壁是一种重要的细胞构造。它的化学组成与微生物的抗原性、致病性、质粒的存在、对营养物的吸收、代谢物的分泌、细胞染色、对噬菌体的敏感性等均有关联。失去细胞壁后，以上这些生理特性均受阻。使细胞壁再生后，有待一系列有关酶的恢复才能恢复上述性状，从细胞壁受损后到再合成过程中的一系列有关遗传物质的编码、翻译、合成、复制等过程有可能出现错误而引起基因突变。我们就利用这种可变性，从中选育高产型或具其他优良性状的新种。有报道一些产抗生素的链霉菌脱壁后再生的细胞长成的菌落，在形态特征、抗生素的生产能力、抗药性等方面都发生了改变，并从中选择到优良变株。

（四）纯种筛选的选择性指标

菌种筛选必须有一定的目标，即希望选出什么样的菌种。是要求提高产量呢？还是解决某一种原料的应用问题？或者是提高产品质量？解决有效组分的纯度问题？种种目的都来自生产的需要。而且，最重要的是选择出来的菌种必须适合投入大生产使用。为了达到这些目的，在筛选时必须要设计合理的筛选流程。每一步筛选都必须有明确的选择性指标，使选择达到一定的目的。这样便可使整个筛选过程逐步地体现所需菌种的特性，从而把它选择出来。这也包含着朝一定方向培育和选择菌种的意义，切不可盲目地无目的地筛选。我们有些育种工作者在筛选时心中无数，只是进摇瓶测单位。这样做的结果，往往使选得的菌种不能成功地用于生产。而设计一系列有效的选择性指标，可确保选出的菌种能顺利通过生产工艺而被应用于大生产。

自然选育和诱变育种的筛选流程，其要求是一样的。总的来看，除了特殊的生产要求以外，一般菌种选育要求选择单位高、菌种纯度高、代谢稳定和实际收获量高的优良变种。在筛选过程中必须以上述要求作为选择性指标，一步一步地予以体现。

1. 排除低产型菌落，选择高产型菌落

由于生物遗传基因的突变频率比较低，自发突变频率为 $10^{-8} \sim 10^{-5}$；诱发突变频率可提高至 $10^{-5} \sim 10^{-2}$。所以必须从众多的菌株中去筛选。为此，第一道选择性指标应避开用摇瓶筛选。因为，很多菌株一起进摇瓶筛选，工作量大，系统误差大，容易使选择不准确。一般第一道选择性指标采用肉眼观察菌落形态，筛除大量低产型菌落，再从保留的少量菌落中选择高产型菌落。或者用生物显影方法，选择抑菌圈大的菌落。

（1）肉眼观察排除低产型菌落　观察菌落要求面广、细致、果断。面广指的是可观察的每个碟子、每个菌落，都要详细观察，不能图方便，只看少量菌落或只观察比较典型而容易分型的菌落。看的菌落数量要多，一批处理或分离，至少观察几十个平皿，数百个菌落。细致指的是详细记录各种形态特征，如菌落直径、厚度、外形、表面结构、沟纹分布、孢子颜色和色素等，并合理分型归类，做好记录。日后再对其生产能力的分布进行统计，积累经验，以大致总结何种特征偏多为高单位菌株。果断指的是对低产型菌落不要犹豫，坚决不挑、不筛。

①低产型菌落的特征

a. 光秃型。

b. 严重生长衰退，如长得过小、孢子量过少到影响正常生长繁殖。

c. 表面结构不均匀，孢子生长不均匀，孢子颜色不均匀；菌落表面产生白色斑点、产生秃斑或角变菌落等。需要说明的是，在这一类菌落中，也可能杂有高产型。但因其表型表现了严重的不纯，不宜选用。此类菌落在传代后往往遗传分化强，不稳定，尤其是纯化分离（纯化的目的是要选择纯度提高的菌种），更不宜选择此类不纯的菌落。

d. 生长过于旺盛，如菌落生长特别快、直径特点大、孢子量特别丰富的野生型菌落类型。

②高产型菌落的特征

a. 孢子生长有减弱趋势。

b. 菌种中度大小，有偏小趋势，但不是极小。

c. 菌落偏小，而孢子生长丰富。

d. 孢子颜色有减弱的趋势。

e. 沟纹多、密、直而规整。

f. 营养菌丝分泌色素或逐渐加深或逐渐变浅。

肉眼观察选择菌落的目的是大量排除低产型菌落。光秃型、表型不纯和野生型菌落坚决不挑。在保留的菌落中，主要选择主型菌落。因为群体中的主型代表了其表型的特征。一个菌种的发酵单位水平也是其主型菌落单位水平的体现。纯种选育的目的是纯化，所以必须挑选主型菌落中符合上述标准的单菌落。在主型中挑选菌落时不要凭主观印象选择，而要尽可能地在每个碟子中随机选择。这样可以增加菌落选择的随机性，能较有利地不漏掉高产型变株。

（2）生物显影，剔除低产型菌落　分离后，单菌落培养 2 ~ 4d，当形成丰满的气生菌丝，但未长分生孢子之前，用打孔器将每个菌落连同琼脂块一同取出直径为 6 ~ 8mm（图 3 - 2）。每个琼脂块必须一样厚薄，必须在无菌条件下打块。将琼脂块菌落置于空皿中，保持湿度，继续培养，使其生长发育过程中生物合成的抗生素限制在一定体积的琼脂块中。孢子生长成熟后用大盘生物检定平板测定每个琼脂块的抑菌圈大小，同时合理放置对照。对照的数量必须不低于 20%。对照的放置位置必须遍布检定平板的各部位。挑取抑菌圈明显大于对照抑菌圈最高值的菌落，做进一步试验。挑出的菌落有可能是高产型菌落，因为其生物显影的抑菌圈大于对照。虽然，生长繁殖过程的抗生素合成量，并不代表深层发酵中生产期的抗生素合成能力，但由于大盘平板检定可大量测定菌落数，做到大量排除低产型菌落，因此，作为第一道选择性指标，有利于高产型菌落的富集，也有利于高产突变株的获得。

2. 选择产量提高 10% 以上的变株

排除低产型菌落之后，第二个选择性指标应当是产量指标，因为我们毕竟希望菌种在生产上能提高产量。用摇瓶重复试验，必须选择比对照最高效价提高 10% 以上的变株。因为微生物群体的产量分布有一定的值。摇瓶试验中，菌种因环境的影响也会产生生物误差，一般生物误差范围为 3% ~ 5%。因此，选育必须超过误差范围。纯种分离的筛选中，至少应挑选高于对照最高值的菌株。

（1）摇瓶初筛　经过选择而被选出的菌落全部进摇瓶初筛。可根据菌种特性而规定初筛一级发酵或二级发酵。尽可能地进一级发酵，因为可节省一倍的摇瓶接种量。有的菌落一级发酵生长太慢，单位水平过低，则可用二级发酵。其次，根据挑选的菌落数量和摇瓶机瓶位数确定每个菌株进 1 个或 2 个发酵瓶。尽可能做 2 瓶，因为需要有一定的保险系数。但如果数量受限制，初筛时也可

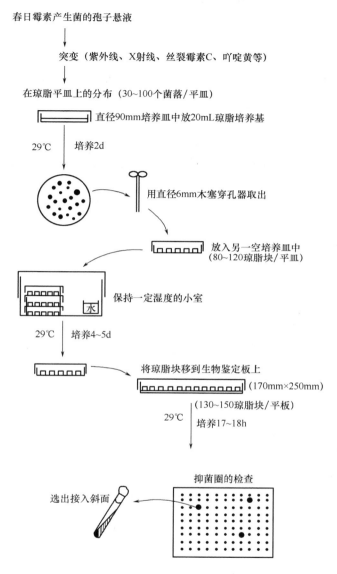

图3-2 生物显影法选择菌落程序

以每个菌株进1瓶发酵。从概率的角度分析，选100个菌落筛选，每个菌落进一个摇瓶，与50个菌落筛选，每个菌落进2个摇瓶比较。前者筛出高产株的概率大于后者。这就是说，在摇瓶数量不足的情况下，宁可多选菌落而不是盲目地为了测定的准确性而降低筛选菌落数量。初筛培养基就用对照培养基。在比较成熟和稳定的培养基中进行初步筛选，挑选效价提高10%以上，或至少应高于对照最高值的变株。

（2）摇瓶复筛　初筛选出的菌落进摇瓶复筛。因此，摇瓶复筛不应是初筛的简单重复。复筛的目的是为菌种保藏留种做准备。复筛合格的菌株立即保藏留种。

①考查菌种生产能力的自然波动范围，选择波动小、平均值高的突变株。

由于微生物是群体繁殖，各种表型如个体间的效价必然呈一定的分布曲线，存在自然的波动范围，表现为各个体间效价有高有低，故摇瓶复筛时，至少每个菌株进3个摇瓶。得3个效价数据，因为三点才能形成一曲线。最好能每个菌株进5个发酵瓶，观察更精确。在各菌株平均值相等的条件下，瓶差越小表示菌种的代谢越稳定，瓶差越大体现了其遗传基因越不稳定性。故应选择瓶差小、平均值高的菌株。

②复筛的菌种可经过斜面传代。一则在摇瓶复筛中考查菌种的传代稳定性。二则使复筛选出的菌种能有较新鲜的分生孢子来埋沙土管或冷冻管保藏。

③摇瓶复筛用二级发酵，以接近生产工艺。复筛的培养基不需要任何改动，仍使用对照培养基，因为复筛的目的是考查初筛选出菌种的稳定性和留种，如效价稳定性、传代稳定性等。初筛单位高复筛单位也高的菌种，说明其高产基因得到了表达，且传代后仍然保持抗生素合成水平。这样的菌种应当及时留种，备用于生产。

④摇瓶复筛选出的菌种埋沙土管或冷冻管保藏留种。留种是筛选工作中的重要一环。经过初筛和复筛两次摇瓶中生产能力的考查后必须要留种保藏，然后再做进一步的试验。因为多数微生物传代次数多会影响各种生理特性的退化，故不宜留种太迟。

3. 选择纯度高的变株

选育纯株的目的是提高菌株的纯度，稳定生产。因此，第三道选择性指标应当是菌种的纯度。

微生物是群体发育，各个体的发育过程受环境条件的影响，因而不可能有绝对的纯种，可求相对纯种以适应生产需要。根据长期生产实践总结的经验，相对纯种的标准有两个方面。

（1）分离后表现的群体中菌落类型不宜太杂，分型3~5种为宜，越少越好。菌落类型太多太杂，表明其遗传基因型分化大，不稳定，不纯。

（2）主型的百分比要高，应占群体总数的90%以上。主型比例高表示菌种的纯度高。如果几种菌型的比例平分秋色，说明效价分布会比较分散，说明菌种的纯度不高。在生产中遇任何条件的变动都会产生生产水平的波动。

将每一株作纯度试验的菌种分离30个双碟平板培养基，统计菌落类型和各类型所占的百分数。按以上两方面纯度标准挑选菌种。在效价相等的条件下，选择主型百分比提高的菌株埋二代沙土管或冷冻管保藏。因为原种沙土管或冷冻管数量少，一般不用于生产，而作原始种子保藏，以便将来不断繁殖生产用。

二代沙土管或冷冻管大量用于生产，因此必须及时埋制。有的育种工作者不注意这点，往往经生产考察适用的菌种却因没有埋制二代沙土管或冷冻管而延误，致使育种工作将事倍功半。

4. 选择遗传潜力大的突变株

经过以上三道选择得到的突变株必定是产量高、遗传基因型纯的高产稳产优良变株。经过三次选择后入选的菌株数不会太多。一般每批挑选高产型菌落300株左右，经摇瓶初筛复筛选择效价提高10%以上的菌株，获得率为3% ~ 5%。再经纯度筛选，可能入选者剩下3 ~ 5株。在菌株数量不多的前提下，有条件做培养基优化试验。这是第四道选择性指标。在筛选中，也有必要做培养基优化试验。因为遗传表型在遗传基因型与环境因素相互作用的基础上，经过发育过程而体现。培养基成分和配比就是各种环境因素之一。培养菌种的营养成分如能最大限度地适合于其遗传基因型，就可能获得产率的极大提高。

培养基优化用二代沙土管或冷冻管移出的斜面做优化方法，可应用析因设计试验，分析影响产率的显著性因素。由于摇瓶机的限制，应根据抗生素的生物合成途径选择有主要关系的因素进行试验。把选择好的各因素进行反复优化，直至优化效应低于随机波动即可认为是最佳优化条件。此条件下可使菌种的遗传基因型得到充分的发挥。即在生产上用此配方进行发酵后，可能挖掘菌种的最大遗传潜力，得到高产水平。研究培养基组成对微生物生长和代谢的影响时应当用整体研究的方法。因为菌种的生长和合成抗生素的过程涉及很多因素，而产量是菌种培养过程中的综合反映，因此，在分析培养条件对菌种产量的影响时要有整体观念，使用整体的研究方法。析因分析是一种整体的多因素的研究方法，能分析对产量有显著影响的因素和分析各因素间的交互作用。

5. 对生产能力的统计应注意的方面

（1）单位质量菌丝的生产能力　毫升单位不能真正代表一个菌种的生产能力，因为产量收益不仅与发酵单位的高低有关，还与菌丝浓度、原料的消耗等因素有关。应该计算1g菌丝的生产能力，因为1g菌丝生产能力排除了菌丝这一因素以外的代表菌种的纯生产能力。选出的变株如果由于菌丝量增大而提高了发酵单位，则是一种虚假的提高。往往会在扣除菌丝量增大这一因素之后，表现为并没有提高发酵单位。生产中实际收到的是滤液单位，是滤除菌丝体以后，从滤液中提取产品。在相等的单位水平下，产菌丝量多的菌株比产菌丝量少的菌株收获产品要少。因此比较菌种生产能力的变异，必须以1g菌丝的生产能力为准。

计算方法是用100mL水洗净一个摇瓶的菌丝，抽滤到不滴水为止，将滤饼称重，即为每个摇瓶的菌丝量。计算出每个摇瓶的总亿单位，即可求出1g菌丝的生产能力。选择的菌株必须是1g菌丝的生产能力不低于对照菌株。

（2）糖、氮、前体对抗生素的转化得率　菌种的产量提高了，从经济的角度要求是否利润也能相应提高，这与菌种对原料的转化得率有关。原料的转化得率是指菌种利用一定量的原材料转化合成抗生素的比率。就糖和氮而言，一般培养基中使用百分之几，因此可以用1%糖、氮的转化得率为计算标准。前体用量比较小，一般只用百分之零点几，因此，用0.1%前体转化得率作为计算标准来比较与对照菌种间的差异。在相同的发酵单位水平下，主要原料转化得率高的菌株比转化得率低的菌株的成本要低。计算方法是滤液总亿单位与主要原料总用量之比，选择的菌种最低限度应不低于对照菌种的转化得率。

（3）用称重法统计滤液量或蒸发量　不要选择能量负荷高而产生大量发酵热的菌种，因为这样的菌种由于发酵过程中水分大量蒸发而使发酵液浓缩，会造成发酵单位提高的假象。同时这样的菌种在发酵生产过程中需要消耗大量的冷却水，不利于节约能源、降低成本。

（4）测定发酵液中有效组分的含量，如青霉素的 G 组分、链霉素的 A 组分、麦迪霉的 A_1 组分等。避免因杂酸含量的提高而使收率降低。因为在微生物发酵过程中不是产生纯一的代谢物。由于细胞内的生化代谢是一系列复杂的生化反应的总和，所以发酵的代谢产物必然是多种代谢物集合的杂合体。选择菌种时必须要注意挑选总产量提高、有效组分同时提高的菌种，才能在生产使用中使产品产量获得真正的提高。因此在菌种选育过程中应该用生物测定效价的方法。如果用化学法测定效价，则必须在一定阶段测定其有效组分的含量。

6. 选择能经得起工艺传代的突变株

很多微生物由于遗传基因型不稳定，在传代过程中将高产基因丢失，以致在生产使用过程中产量越来越低，而正常使用于生产的种子工艺要经过沙土孢子→二代沙土孢子→斜面孢子→分生孢子扩大繁殖→种子罐菌丝扩大繁殖→发酵罐等多次传代。如果种子染菌，或因其他原因使种子罐种子跟不上，还需要从种子罐或发酵罐倒种。所以菌种在生产上使用一般要经过 5～6 次传代。这就需要菌种的遗传性稳定，能经得起工艺传代，以保证稳定的生产水平。有的菌种甚至在制备二代沙土管或二代冷冻管的过程中就丢失了高产特性。因此在菌种筛选过程中必须通过斜面传代 3～5 代的试验，选择连续传代后抗生素产量不下降的菌种用于生产。

在做传代试验时，要注意保证各代试验条件的一致性。因为分生孢子发育阶段的不同会一定程度地影响抗生素的合成，老斜面可能比新斜面的发酵单位要低。传至第三代的斜面与第二代、第一代斜面都必须在同样条件下进摇瓶，这样测出的发酵单位才能准确地体现出各代间的抗生素合成能力的差异。

二、诱 变 育 种

（一）概述

自然选育有一定的局限性。用诱变剂处理菌种，可以加速突变过程，提高突变频率，扩大突变幅度，从中筛选出具有各种优良特性的突变菌株。这一过程称为诱变育种。

诱变育种的一般流程为：

→出发菌株→诱变剂处理→平板分离→筛选→纯化→菌种性能考察→生产试验

诱变变种的核心是菌种纯化、诱变剂处理、目标变株的筛选。

（二）诱变剂及其使用

在工业微生物育种工作中常用的诱变剂可分为两类：一类是物理诱变剂，一类是化学诱变剂。

1. 物理诱变剂

（1）紫外线　紫外线是一种常用的杀菌剂和诱变剂，用于诱变的紫外光必须用单色的（或接近于单色的）紫外光。诱变时用低功率紫光灯（5~15W）效果较好，因为低功率紫外光波可集中在2537nm，是有效的诱变作用光谱。

紫外线诱变操作方法如下。

①照射前先开灯15~20min，使光波稳定，同时使照射箱内消毒。

②用蒸馏水（细菌用生理盐水）制备孢子浓度为10^6个/mL的孢子悬浮液。

③吸取5mL孢子悬浮液置入9cm的平皿中，平皿要洁净，底部要平整。

④把盛有菌液的平皿放置在离灯管一定距离下照射，打开平皿盖，照射时用振荡器或电磁搅拌缓慢摇动平皿，使之均匀接受照射。

⑤每隔一定时间吸取照射过的孢子悬浮液，经适当稀释后，加到预先倒入培养基的平皿中，涂布培养。

注意事项：因为紫外线照射过的细胞易受光恢复作用，所以照射时用红灯或黄灯进行操作，或将照射过的细胞用黑纸包好，放4℃冰箱，12h后，在可见光下操作。

（2）长波紫外光（波长3600nm）　长波紫外光和光敏剂8-甲氧基补骨脂素结合使用。

操作方法如下。

①称一定量的8-甲氧基补骨脂素，用酒精溶解。

②在已制备好的孢子悬浮液中加入8-甲氧基补骨脂素，每毫升孢子悬浮液含0.1mg孢子，恒温处理10min，每1~2min轻摇一次。

③将经8-甲氧基补骨脂素预处理的孢子悬浮液用长波紫外线照射10~20min，照射距离20cm。

④将照射过的孢子悬浮液适当稀释，在平皿上涂均培养。

2. 化学诱变剂

（1）碱基类似物　它是分子结构和天然嘧啶碱或嘌呤碱相似的化合物，如5-溴（或氟）尿嘧啶等，它很容易渗透到微生物DNA分子中去通过DNA复制引起突变。

（2）烷化剂类　烷化剂具有一个或多个活性烷基，这些烷基能够被转移到其他分子电子密度较高的位置上，通过烷基在分子内置换氢原子，烷化了的分子是高度不稳定的物质，烷化了的碱基可能和一个错误的碱基配对从而发生配对错误而产生"转换"。常用的烷化剂有亚硝基甲基脲、亚硝基乙基脲、乙烯亚胺、硝酸二甲酯、硫酸二乙酯、甲基磺酸乙酯、N-甲基-N'-硝基-N-亚硝基胍、氮芥等。

（3）其他诱变剂　包括羟胺、亚硝酸、氯化锂、有诱变作用的抗生素如丝裂霉素 C、博来霉素、放线菌素 C 等，以及吖啶类染料等。

几种常用的化学诱变剂及处理方法见表 3-1。

表 3-1　　　　　　　　　　　常用化学诱变剂处理条件参考

诱变剂	作用浓度	处理时间/min	缓冲剂	中止反应方法
亚硝基甲基脲（NMU）	0.1~1.0mg/mg	15~19	pH6.0~7.9 磷酸缓冲液	大量稀释
亚硝基（NTG）	1~3mg/mg	90~120	pH6.0 的 1mol/L 磷酸缓冲液	大量稀释
硫酸二乙酯	0.5%~2.0%	30~90	pH7.0 磷酸缓冲液	硫化硫酸钠或大量稀释
甲基磺酸乙酯（EMS）	0.05~0.5mol/L	3~6h	pH7.0 磷酸缓冲液	硫化硫酸钠或大量稀释
乙烯亚胺	1:10000　1:5000~1:10000	30~60　24h	—	大量稀释
氯芥（NM）	0.1~1.0mg/mg	10~30	—	甘氨酸解毒或大量稀释
亚硝酸	0.01~0.1mol/L	5~10h 或生长过程中	pH4.5、1mol/L 醋酸缓冲液	pH8.6、0.07mol/L 硫酸氢二钠溶液
羟胺	0.1%~5%	数小时或生长过程中诱发	—	大量稀释
氯化锂	0.3%~0.5%	数小时或生长过程中诱发	—	大量稀释
5-溴尿嘧啶	100~500μg/mL	培养过程中诱发	—	—
吖啶类染料	5~10μg/mL	培养过程中诱发	—	—

用化学药物处理菌种，本质上是一种化学反应，所以，在整个工作过程中，

必须严格控制温度、pH、处理时间等所有条件。

一般诱变剂都对人体有伤害，大部分化学诱变剂都有细胞毒性，有些还有一定程度的致癌作用。故在操作时必须有适当的防护，不直接用嘴吸，不接触皮肤，用后的器皿有解毒药品的用解毒剂浸泡，无解毒药品的可用水大量稀释。

（三）突变的分子机制

1. 烷化剂对于点突变的诱变机制

烷化剂对于点突变的诱变作用，在很大程度上是由于脱嘌呤作用的结果。许多烷化剂和碱基的反应产物主要是 7 - 烷基鸟嘌呤。7 - 烷基鸟嘌呤是不稳定的，它或是又分解成为鸟嘌呤而使 DNA 分子恢复原状，或是引起脱氧核糖碱基键的分解，从而使鸟嘌呤从 DNA 分子掉下，DNA 分子上脱去一个鸟嘌呤，DNA 复制时和缺位相对的位置上可以出现任何一个核苷酸。如果出现 T（胸腺嘧啶），那么再经一次复制时原来的一对核苷酸 GC 就转为 AT；如果出现 C（胞嘧啶），那么并不引起变化；如果出现 A（腺嘌呤）则成为 TA；如果出现 G（鸟嘧啶）则成为 CG。

2. 亚硝酸对点突变的诱变机制

亚硝酸对 DNA 碱基的主要作用是氧化脱氨基作用。胞嘧啶经氧化脱氨后成为尿嘧啶。腺嘌呤经脱氨后成为次黄嘌呤，鸟嘌呤经脱氨后成为黄嘌呤。

3. 碱基类似物 5 - 溴尿嘧啶的诱变机制

在 DNA 分子中胸腺嘧啶（T）和腺嘌呤（A）相配对。胸腺嘧啶的 6 位上是一个酮基，所以它能和相应位置上的腺嘌呤的氨基之间形成氢键。胸腺嘧啶也可以另一互变异构形式（烯醇式）出现，不过在正常的生理条件下，酮式占绝对优势，5 - 溴尿嘧啶分子 5 位上的溴原子改变了酮式和烯醇式之间的平衡关系，使较为经常地出现烯醇式。烯醇式的 5 - 溴尿嘧啶不能和腺嘌呤形成氢键，可是却能和鸟嘌呤形成氢键。由于溴原子的这种影响，通过二次 DNA 复制，原来的一对碱基 AT 便会转变为另一对碱基 GC［图 3 - 3（b）］。

图 3 - 3（b）中第一次复制时 Buk 代替了 T 掺入 DNA 分子中，第二次复制时 G 出现在 Buk 的相对位置上，第三次复制时 C 出现在 G 的相应位置上。就这样，由于 5 - 溴尿嘧啶的存在，促使一部分细菌中的某些 DNA 位置上的一对碱基 AT 转变为另一对碱基 GC。

同样的，如果 DNA 分子的某一位置上有一对碱基 GC，在复制时 Bue 代替了 C 而掺入到 DNA 分子中，那么再经过二次复制时，就在这位置上出现一对碱基 AT［图 3 - 3（a）］。

4. 吖啶类染料的移码突变机制

DNA 分子中一对或少数几对核苷酸的增加或缺失而造成的基因突变称为移码突变，遗传信息是以 3 对核苷酸为一组的密码形式表达，所以一对或少数几对核苷酸的增加或缺失往往造成增加或缺失位置后面的密码意义全部发生错误

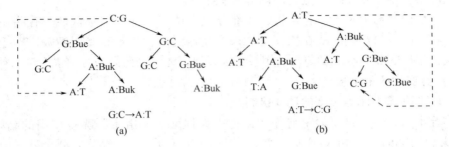

图 3–3　掺入 DNA 后复制中引起碱基对的转换示意图

Bue：5—尿嘧啶（烯醇式）；Buk：5—尿嘧啶（酮式）

（当然除了 3 对核苷酸的增加或缺失以外）。

5. 紫外线的诱变效应

已知紫外线对 DNA 的效应有以下几个方面：①DNA 链断裂破坏核糖（S）和磷酸（P）的键联；②胞嘧啶（C）和鸟嘌呤（G）的水合作用，造成氢键断裂；③胸腺嘧啶的二聚化作用。

其中主要的是胸腺嘧啶二聚化作用，由于这些作用造成错误地修复或缺失而引起突变。

（四）诱变育种的主要程序

1. 出发菌株的选择

用来进行诱变的菌株称为出发菌株，对出发菌株的选择在某种程度上是决定诱变育种的关键之一。一个菌种要进行菌种选育的时候对该菌种的来源、菌种的纯一性以及该菌种的系谱及已往的诱变史等必须有一定的了解。

变异性状除一部分是显性外，大部分是隐性的，如果是二倍体细胞，尽管两条染色体中有一条发生了隐性变异，由于另一条是正常的，所以细胞的所有表型并不发生改变，或极小改变，因此，在一般有关突变的试验中，应选择易于表现出基因型发生改变的单倍体细胞。

霉菌菌丝虽是单倍体，但由有许多核的细胞构成，在这种细胞里，即使有一个核发生了隐性突变，而且并没有细胞质从相邻的细胞中流入，当有其他野生型核存在时，仍会表现出野生型的表现型。但是，在这种混有野生型核和突变核的异核体中，也有可能通过细胞分离出只有突变核的细胞来，这样就可以得到表现出变异了的表现型细胞。这种实际发生变异与变异表现出来之间相隔若干世代的现象，称为分离性表型延迟现象。核的数目越少的细胞，分离性表型延迟的时间越短，越易分离出变异菌株，此外对一突变菌株还需要区分诱变突变率和自发突变率，如一个菌株对这两种突变率都增加，则在遗传学上是不稳定的。

为了使出发菌株的遗传性纯一，排除遗传性不纯的异核体与异质菌株，简便的方法是可以将这些菌株，在平皿中进行单孢子分离。菌落形成后进行观察，选择菌落形态比较一致的菌株，再在其中挑取正常型的菌落。并用此法进行三次重复试验，最后得到的菌株即可用作出发菌株。用这种菌株作为出发菌株，有利于得到遗传性稳定的高产突变株。这一措施在菌种选育的实践中已经取得良好的成效。

产生抗生素的菌株，出发菌株的产量不仅要求高，而且要求生产能力稳定，波动幅度小（同批摇瓶间最高单位与最低单位之差）。此外还要注意挑选孢子形成丰富，生长速度快，色素形成少或不形成色素等有益的性状以及其他一切有益的经济性状。

在有计划的育种过程中，采用几个出发菌株比只采用一个好，因为不同的菌株即使在未经任何处理的情况下，由于受环境等多方面因素的影响，在遗传结构方面也可能会产生差异。这个差异就有可能影响到对诱变剂的不同反应。因此，一个产量最高的菌株，在进一步诱变育种工作中继续提高产量的潜力并不一定最大。采用多个出发菌株就克服了这一弊病。

2. 单孢子悬液的制备

诱变剂所处理的微生物，一般要求以悬浮状态，并使细胞尽量地处于分散状态，分散状态有利于细胞均匀地接触诱变剂，也可以部分地避免出现不纯的菌落。一般用培养成熟的新鲜斜面孢子，加入无菌蒸馏水（如用化学诱变剂处理则加入适合的缓冲液）洗下孢子，将洗下的孢子移入盛有灭过菌的玻璃珠三角瓶内摇动 10~15min，打散成团的孢子，然后经灭过菌、盛有滤纸的玻璃漏斗过滤，即得到单孢子悬液，将此单孢子悬液在血球计数板或玻璃片上经显微镜检查计数，如单个孢子占 95% 以上即可以用来诱变处理。供物理或化学诱变剂处理用的单孢子悬液，一般控制在每毫升 100 万个孢子。

严格控制单个孢子，因为如果有两个孢子并在一起，培养生长后只长成一个菌落，一般放线菌的孢子是单核的。然而两个孢子形成的一个菌落就有两套遗传物质，这样就出现了遗传性不纯的菌落，这两个孢子如果在处理后一个核发生了变异而另一个核未变，这样形成的菌落就是不纯的。有时初筛选出来的菌株产量较高，经过几次传代后，产量就下降了，菌落不纯也是其中的主要原因之一。

3. 诱变处理

用单孢子悬液进行诱变处理（理、化诱变因子），产生诱发突变。

用诱变剂处理某一菌株时，必须注意当时的条件，诱变育种的效果不但取决于诱变因子的性质，而且与诱变因子的使用方法、诱变因子的剂量以及当时的一切环境条件都有着密切的关系。一般来说，任何一种诱变都有最适条件，如果能找到最适条件，那就必定会有更好的诱变效果。

通常用死亡率来表示诱变剂的相对剂量，过去在用紫外线及各种电离辐射进行处理时，常采用较高的剂量即死亡率在90%或99.9%以上，而后在实践中发现，高产量变株的育种中，正变株较多地出现在较低的剂量中，高剂量时出现较多的负变株。因此一般采用死亡率在70%~80%甚至更低的剂量，在形态变异的实验中曾发现，当处理剂量逐渐增加时形态变异率随着剂量的增加也相应地上升，到一定程度时，形态变异率就不再上升，这时如再继续增加剂量，死亡率增加，形态变异率反而下降。根据这一现象，可能是当形态变异率达到最高峰时，如继续增加剂量，已经发生突变的孢子更容易死亡，以致突变率降低。

用同一种诱变因素进行连续的长期的使用，往往会导致诱变效果下降，即所谓的"饱和"现象。发现这种现象时首先应考虑变换诱变因子。所以在诱变育种工作中，诱变因子应经常交替使用，诱变因子的变换很可能使得过去受前一个诱变因子的影响而处于潜伏状态的另一群基因发生反应，从而改观变异的整个面貌。

4. 高产突变菌株的检出

通过诱变处理，扩大了微生物群体变异的幅度，出现各种突变型个体。其中有的是产量提高了的变株，称为正变株，但绝大多数是产量变低了的变株，称为负变株。而抗生素产量的变异这一性质是属于生理方面，不像形态变异那样容易被发现。因此要从大量突变型中找出我们所需要的高产菌株，就必须把处理后分离的菌株通过专门设计的实验方法，进行大量和逐一的分析和测定，然后才能从这些分离菌株中找到高产的变株。

三、基因重组和杂交育种

抗生素工业生产中，优良菌株主要采用诱变育种方法获得。但是，一个菌种长期使用诱变剂处理之后，其生活能力一般要逐渐下降，如生长周期延长、孢子量减少、代谢减慢等，诱变剂对产量基因影响的有效性也将降低，致使产量增长缓慢。因此，有必要使用杂交育种方法。

（一）杂交育种概述

杂交育种是指将两个基因型不同的菌株经吻合（或接合）使遗传物质重新组合，从中分离和筛选具有新性状的菌株。杂交育种的理论基础是基因重组。

1. 杂交育种的目的

杂交育种的主要目的是：①通过杂交使不同菌株的遗传物质进行交换和重新组合，从而改变原有菌株的遗传性状，获得具有新的遗传性状的杂种菌株（重组体）；②通过杂交把不同菌株的优良性状集中于重组体中，克服长期用诱变剂处理造成的菌株生活能力下降等缺陷；③通过杂交，扩大变异范围，提高产品的质量和有效组分含量，得到新的品种；④分析杂交结果，总结遗传物质的转移和传递规律，促进遗传学理论的发展；⑤通过杂交，恢复或提高对诱变剂的敏感性，从而更有利于使用诱变育种方法育种。

2. 杂交育种的配子

微生物杂交育种所使用的配对菌株称为配子。由于多数微生物尚未发现有性世代，因此，配子菌株应带有适当的遗传标记。常用的遗传标记有营养、颜色、形态、抗性、产量、酶活力等。营养标记菌株即营养缺陷型菌株，是最常用的遗传标记之一。营养缺陷型菌株是微生物经过诱变剂处理后产生的一种生化突变株。由于基因突变，它失去了合成某种有机物质（氨基酸、维生素或核苷酸碱基）的能力，从而在基本培养基上不能生长，需要补加所"缺陷"的该种有机物质后才能生长。

3. 杂交育种的培养基

微生物杂交育种所使用的培养基有四种：①完全培养基（CM），含有微生物生长所需要的全部营养，野生型及营养缺陷型菌株在其上均可生长。②基本培养基（MM），只含有碳源、无机氮和其他无机盐，不含氨基酸、维生素和核酸碱基之类有机物质，可支持野生型菌株生长而营养缺陷不能生长。③限制培养基（LM），在基本培养基或蒸馏水中加少量（10% ~ 20%）完全培养基成分，可使营养缺陷型菌株缓慢生长、供合成异核体时使用。④鉴别培养基（SM），在基本培养基中加入已知成分的氨基酸、维生素或核酸碱基，用于鉴别菌种的遗传标记以及鉴别杂交过程分离子。

（二）细菌的杂交育种

1946 年第一次在肠杆菌 K – 12 菌株中发现并证实了细菌的杂交行为。其方法是：首先在大肠杆菌 K – 12 菌株中诱发一个营养缺陷型（A⁻）、不能发酵乳糖（Lac⁻）、抗链霉毒（SMʳ）以及对噬菌体 T1 敏感（TˢI）的突变株，写成 A⁻B⁺Lac⁻SMrT；在另一菌株中诱发另一个营养缺陷型（B⁻）、能发酵乳糖（Lac⁺）、对链霉素敏感 SMS 和抗噬菌体 T1 的突变株，写成 A⁺B⁻Lac⁺SMsTʳ。这两个菌株各自都不能在基本培养基上生长。如果把大约 10^5 个/mL 浓度的上述两种菌株的细胞混合在一起，并接种在基本培养基上，则能长出少数菌落。

假如把上述两种菌株分别接种到一个特制的 U 形管的两端去培养，中间以一片可以使培养液流通但使细菌不能通过的烧结玻璃隔开，那么基本培养基上就不会出现菌落，这一事实说明细胞的接触是导致基因重组的必要条件。

（三）放线菌的杂交育种

放线菌杂交是在细菌杂交研究的基础上发展起来的。放线菌和细菌一样属于原核生物，但它们像霉菌一样以菌丝形态生长，而且形成分生孢子。所以基因重组过程的本质类似于细菌，杂交方法类似于霉菌。

放线菌只有一条环状染色体，其基因重组过程中可能出现下列四种现象。

1. 异核现象

有些放线菌的营养缺陷型在混合培养过程中，菌丝和菌丝间接触而融合形成异核体（同一条菌丝或同一个细胞中含有不同基因型的细胞核）。异核体中的不同基因型的细胞核在营养上互补，因此由异核体发育成的菌落，在表型上是原养型的，但其基因型分别与其亲本相同，没有发生基因转移或交换。有些放线菌则不能形成异核体。形成异核体与发生基因重组缺乏明显的相关性，因此，可以认为这两种情况染色体的转移途径是不同的。形成异核体或重组体除取决于菌株外，外界条件也起着一定作用。

2. 接合现象

菌丝间接触和融合后，相同细胞质里不同基因型的细胞核在双方增殖过程中，发生部分染色体的转移或遗传信息的交换，称为接合现象。其结果是导致部分合子的形成。部分合子是由一个供体染色体片段、一个受体染色体片段与一个受体染色体的整体相结合而形成的，但也可能两个亲本染色体都不完整。

3. 异核系的形成

当部分合子形成后，接着就产生杂合的无性繁殖系细胞核。这是经过一次单交换而产生的异核系染色体组，有一个二体区，即染色体的末端具有串联的重复结构。根据交换数目和染色体间的关系不同而产生单倍重组体或重组异核系。异核系的菌落形态很小，遗传类型各不相同，能在基本培养基或选择性培养基上生长。但将异核系的分生孢子影印到同样培养基上就不能生长。

4. 重组体的形成

异核系不稳定，在菌落生长过程中，染色体重叠的两节段（二体区）的不同位置上发生交换后，又产生重组体孢子。异核系所产生的孢子几乎全部都是单倍体，而成为一个单倍体的无性繁殖系，能长出各种类型的分离子。重组体也可由部分合子经过双交换而产生。

（四）霉菌的杂交育种

霉菌可通过准性繁殖进行基因重组（准性重组），此过程又称体细胞重组。

1. 准性繁殖过程

准性繁殖的整个过程包括以下三个相互联系的阶段。

（1）异核体的形成　在基本培养基上，接种两个营养缺陷型菌株，强制其互补营养，则两个菌丝相互联结时，导致在一个细胞或一条菌丝中并存有两种以上不同遗传型的核。这样的细胞或菌丝体称为异核体，这种现象称为异核现象。这是准性生殖的第一步，多发生在分生孢子发芽初期，有时在孢子发芽管与菌丝间也可见到。

（2）杂合二倍体的形成　异核体菌丝在繁殖过程中，偶尔发生两种不同遗传型核的融合，形成杂合细胞核。由于组成异核体的两个新的细胞核各具有一个染色体组，所以杂合核是二倍体。杂合二倍体形成之后，随异核体的繁殖而繁殖，这样就在异核体菌落上形成杂合二倍体的斑点或扇面。将这些斑点或扇面的孢子挑出进行孢子分离，即可得到杂合二倍体菌株。在自然条件下，形成杂合二倍体的频率通常是较低的，因此必须人工提高形成杂合二倍体的频率。

（3）体细胞重组　杂合二倍体只具有相对的稳定性，在其繁殖过程中可以发生染色体交换和染色体单倍化，从而形成各种分离子。染色体交换和染色体单倍化是两个相互独立的过程，总称为体细胞重组，这是准性重组的最后阶段。

染色体交换是指形成的杂合二倍体不进行减数分裂，却会发生染色体交换。由于这种交换发生在体细胞的有丝分裂过程中，所以称为体细胞交换，体细胞交换后所形成的两个子细胞仍然是二倍体细胞，但其基因型已不同于原来的细胞。

（4）染色体单倍化　杂合二倍体除发生染色体交换外，还能发生染色体单倍化。杂合二倍体菌株染色体单倍过程不同于减数分裂。在减数分裂过程中，全部染色体同时由一对减为一个，所以通过一次减数分裂，由一个二倍体细胞可产生四个单倍体细胞。染色体单倍化则不同，它是在每一次细胞分裂后，往往只是一对染色体变为一个，而其余染色体仍然是成对的。这样经过多次细胞分裂，才能使二倍体细胞转变为单倍细胞。在单倍化过程中，可形成各种类型的分离子，包括非整倍体、二倍体和单倍体。

2. 准性繁殖与有性繁殖的异同

从上述准性繁殖的过程可以看到，准性繁殖具有和有性繁殖相类似的遗传现象，如核融合、形成杂合二倍体、染色体再分离、同源染色体间进行交换、出现重组体等。可见，有性繁殖和准性繁殖最根本的相同点是它们均能导致基因重组，从而丰富遗传基础，出现子代的多样性。不同点是有性繁殖是通过典型的减数分裂，而准性繁殖是通过体细胞交换和单倍化。

（五）原生质体的融合育种

1. 概述

杂交育种虽然能够进行基因重组，但这种重组的频率不高，因而妨碍了它在抗生素工业中的应用。近年来由于把高等植物中的原生质体融合技术引进到微生物中，从而打破了这种不能充分进行基因重组的局面。由于原生质体融合技术能极大地提高重组频率，扩大重组范围，并具有简便、有效、重复性强和适应性广的特点，因而在微生物育种工作中得到越来越广泛的应用。

所谓原生质体融合，就是把两个亲本的细胞壁分别通过酶解作用加以瓦解，在高渗环境中释放出只有原生质膜包裹着的原生质球状体（原生质体），然后，将两亲本的原生质体在高渗条件下混合，由聚乙二醇（PEG）作为助融剂，使它们互相接触、穿透和融合，从而实现基因重组。在由融合后的原生质体再生成细胞的菌落中，就有可能获得兼有两亲本优良性状的重组子。

2. 原生质体融合的一般步骤

（1）获得大量完整细胞的原生质体是进行原生体融合的首要一步　制备原生质体目前应用最多最有效的方法是酶解法（即用酶溶解掉细胞壁得到原生质体）。由于微生物的细胞壁成分不同，使用的酶也不同。细菌和放线菌常用溶菌酶，真菌采用纤维素和蜗牛酶。除掉细胞壁得到的原生质体中有很高浓度的蛋白质、无机盐及其他维持生命活动的胶体物质，渗透压很高（约 $2 \times 10^6 Pa$），必须把它放在高渗溶液中，使细胞质膜内外渗透压平衡，才能维持原生质体的稳定性。所以高渗溶液称为原生质体的稳定剂。细菌、放线菌的原生质体常用高浓度蔗糖之类的高渗溶液，真菌常用 KCl 或 NaCl 来配制高渗溶液。

（2）原生质体融合　原生质体自发融合的频率不高，需要诱导融合。诱导融合的方法有聚乙二醇融合法、电融合法等。

①聚乙二醇融合法：以聚乙二醇（PEG）为融合剂，融合效率可大大提高。使用聚乙二醇诱导融合，同时还应有 $CaCl_2$ 存在。其作用原理是带负电荷的 PEG 和带正电荷的 Ca^{2+} 与细胞表面的分子相互作用，形成分子桥，使带电的原生质体膜容易附着而促进融合。除 $CaCl_2$ 外，二甲亚砜（DMSO）也可增加 PEG 的融合频率。PEG 对菌体有毒，作用时间不能过长。实验中不同的微生物材料，选用不同分子质量的 PEG，一般真菌采用相对分子质量 4000 ~ 6000 的 PEG，细胞采用相对分子质量 6000 的 PEG，放线菌则区别不同情况采用相对分子质量 1000、1540、4000、6000 的 PEG。

②电融合法：电融合法是 20 世纪 80 年代初应用于原生质体融合的一种新的诱导融合方法。其作用原理是基于电降解和双向电泳。原生质体是带电的球体，在直流电场作用下，原生质体膜上的电荷发生正负分离，被极化的原生质体依其电荷的极性，在电场（强度为 100V/cm）中紧密地排列成链状。这样高的电场强度会击穿原生质体膜形成微孔，但这种微孔的形成是可逆的。当再增加一个高频高压电场（强度为 3kV/cm）时，膜上被电场击穿的微孔的形成是可逆的。相邻的原生质体即可通过微孔发生融合。电融合要在专门的仪器上进行，作用时间极短（几秒钟），时间长会对细胞产生伤害。

此外，近几年来又相继出现了一些其他诱导融合方法，如激光融合法，以脂质体为媒介的原生质体融合方法等。

③融合体的复制和再生：由于原生质体去除了外层细胞壁，成为一种失去细胞原有形态的球形体，它虽然具有生物活性，但在普通培养基上已无法形成菌落。所以，必须把融合的原生质体涂布于添加渗透稳定剂的高渗琼脂培养基上，或者把原生质体悬液混合在培养基中，进行琼脂夹层培养，使其再生细胞壁，才能进而发育成菌落。

3. 原生质体融合育种的优点

（1）去除了细胞壁的障碍，亲株基因组可直接融合，实现重组，即使是相同接合型的真菌细胞也能发生原生质体的相互融合，并可对原生质体进行转化和转染。

（2）原生质体融合后两亲株的基因组之间有机会发生多次交换，产生各种各样的基因组合而得到多种类型的重组子。参与融合的亲株数并不限于两个，可以多至 3、4 个，这是常规杂交所达不到的。

（3）可以和其他育种方法相结合，把由其他方法得到的优良性状通过原生质体融合，再组合到一个重组体中。

（4）可以用温度、药物、紫外线等处理，钝化亲株的一方或双方，然后使其融合，从再生菌落中筛选重组体，这样往往可以提高育种效率。

单元三　菌种的保藏

一、菌种的退化与复壮

（一）菌种退化的原因

生产菌在传代、保藏和人工选育过程中产生退化或变异的原因有细胞内在因素，也有外在的环境因素。菌种退化变异的原因有以下几种。

1. 遗传基因型的分离

抗生素的生产菌种多数是放线菌和丝状真菌。细胞体是分枝的菌丝体，菌丝体由多个细胞组成，每个细胞中有的含有一个细胞核，有的含有多个细胞核，因而其遗传物质基础具有多样化和复杂性。微生物又属群体繁殖模式，在群体繁殖过程中，不可避免地会产生不同遗传基因型的分离。这是因为在传代时，二倍体阶段细胞的成对基因分离后，分别进入不同的子细胞，在不同的个体中表现出来，这就造成了传代后不同个体间的遗传性差异。特别是当一些代表不利性状的基因型在群体中占有优势时，菌种便表现了衰变。

以抗生素产率等数量性状而言，其群体表现型表现为正态分布，即群体中各个体间的抗生素生产能力不是同一水平，表现了一定的分布曲线。正态分布的表现是平均值居最高频率，高于和低于平均值的分布基本均衡，呈对称现象。也就是说各个体的抗生素产率有高有低。大部分处于平均水平，在不选择的情况下传代使用过程中群体产量的分布曲线有向低值移动的趋势。这是数量遗传的自体调节现象，这种自然现象导致了遗传基因型的分离和抗生素产量的下降。

2. 自发变异的产生

自发变异是相对于人工诱变而言的。自发变异的本质也是由于在自然条件下某些不利环境因素的作用而产生，如温度、空气、水分、化学物质等的影响。遗传基因与环境因素之间有着密不可分的关联。遗传基因型必须通过环境因素的作用才能表现出来而成为遗传表现型。它也可由于环境因素的作用而发生改变，由此而产生种种生理性状和形态特征的变异。核基因突变和细胞质基因突变都是这样产生的。

自发变异和一切变异的特征一样也是不定向的，多数是负向变异，如抗生素产量的下降，孢子形成能力的减少，存活率的降低等。这些就是退化变异或衰变。自发变异可因微生物种类的不同而不同。此外，还有菌落形态变异和抗生素生产能力的退化等。除了长期保藏过程会产生自发变异外，菌种连续传代后也会产生上述各种自发变异。自发变异产生的另外一个因素是细胞内一些化学物质的作用。活细胞内进行的新陈代谢活动，产生一些具有诱变作用的物质，有过氧化氢、有机过氧化合物、甲醛、锰离子、有机胺等。这些物质积累到一定浓度时会诱发 DNA 结构的改变；还有 DNA 中存在的增变基因也能自然诱发基因突变；此外 DNA 代谢失调也会引起基因突变。

自发突变的产生特点是比较缓慢。因为一则导致变异的不利因素不是强烈因子；二则一个基因发生突变不可能立即影响微生物群体的性状变异。变异要通过 DNA 复制才能传到下一代，要经过环境条件的提供才能体现出来。更重要的是必须在突变基因取得数量上的优势时，才能使群体表现出性状的变异。这些过程的完成是比较缓慢的。

由于自发变异多数是负面变异，因此自然选育的着眼点应当是排除低产型、退化型菌株，而不是选育高产型菌株。把自发变异产生的大量衰退型菌株排除以后，相应地就提高了群体的平均生产水平和生活力，降低变异率。

3. 经诱变剂处理后的退化变异

菌种经人工诱变后在初筛时选得的高产突变株，有的在以后多次的复筛中产量下降，不能体现初筛时的高产，这就是人工诱变后的退化变异。其产生有以下种种原因：一是可初筛的菌落不是纯一的由单个孢子发育生成的，而是由成对孢子或成堆孢子生成的。只有其中一个孢子诱发了基因突变，初筛时由于具有突变基因的细胞还存在，所以表现出高产性状。在传代分离过程中，未发生基因突变的细胞由于分离现象的产生，逐渐在数量上占优势，便表现了产量下降。二可能是诱变菌种的分生孢子具有一个以上的细胞核，发生基因突变的只是其中一个细胞核的遗传基因。在传代过程中，由于产生细胞核的分离现象，无高产突变基因的核质体在数量上占优势，便出现高产性状的退化变异。三可能是高产突变发生不是作为 mRNA 模板的无意义链上，在遗传信息传递过程中，即在 mRNA 复制这一步被丢失，所以高产性状不能再现。还有的原因是高产基因虽然已经传递到下一代，但由于群体基因型混杂，在整体上可以出现高产性状。但在传代使用过程中，当环境条件适合其混有的低产型繁殖时，低产型在数量上占优势，便表现了低产。

（二）防止菌种退化的措施

1. 合理地保藏菌种

菌种保藏是根据菌种的生理、生化特点，创造条件使菌的代谢活动处于不活泼的状态。保藏时，先挑选优良的纯种，最好是选取它们的休眠体（孢子、芽孢等），然后创造一个最有利于休眠的环境条件如低温、干燥、缺氧和缺乏营养物质等，以降低菌种代谢活动的速度，达到延长保存期的目的。一种较好的保藏方法，首先要求能较长期地保存原有菌种的优良特性，但也要考虑方法本身的经济简便。至于具体采用哪种方法，要根据菌种特性及具体条件来决定。液氮保藏法是较好的保藏法，适用于各种不同的微生物。但要注意，每只液氮管只能使用一次，如果打开后再用，容易造成菌种退化与变异。

2. 减少传代

突变大多发生在菌种生长过程中，因此传代次数越多，发生突变的机会越多。在生产中为了减少传代次数，减少变异，在种子工艺上可以进行改进，如果是斜面进罐工艺应尽量采用母斜面进罐；摇瓶进罐工艺尽量采用母瓶进罐等。

3. 不断复壮

在生产中，尽管菌种采用合理方法保藏，使用过程中也尽量减少传代，但这样做只能减少退化与变异，实际上菌种退化与变异是无时不在发生的。一般情况下，一株生产菌株不经复壮很难保持五年以上不退化。有的使用一两年，甚至一年后生产能力就明显退化（见表 3 - 2）。

表 3 - 2　　　　　　　　　　林可霉素产生菌使用过程中的退化

发酵单位/（U/mL）　　菌种	使用年限	第一年	第二年	第三年
NO. 58		4380	4269	4208
NO. 49		4435	4375	4237

对于发生退化的菌种，要进行分析，若菌种生产水平较高，采用选育方法难以提高发酵单位，或当菌落形态混杂而正常型菌落仍占主体时，均可采用复壮方法，淘汰杂菌落或低产型，使良种保存下来。

4. 自然选育

自然选育是抗生素生产中经常使用的重要的纯种选育方法。防止菌种衰退的一般方法是定期进行自然分离，纯化和改进菌株冷藏工艺。

二、菌种保藏的原理与方法

（一）菌种保藏的目的

微生物在工业、食品、农业、医疗保健、能源和环境保护等国民经济各个领域起着日益重要的作用，诸如食品、药物和许多化工产品的制造以及药物、食品等产品质量、效价和安全检验分析、侵犯人畜病原菌等的诊断和防治、新分离微生物的比较研究和分类鉴别，以及在教育和科研上的各种应用都涉及多种微生物，自然界中的微生物是群体集居的，分离筛选所需微生物需要耗用大量人力物力，此外由自然界筛选所得的微生物在人工培养基和培养条件下，会变得更"娇气"，其遗传稳定性很易下降。同样，采用基因工程手段人工获得工程菌，由于菌内有外源 DNA，也会变得极不稳定，由于菌种易死和丧失稳定性，给工业生产带来不利影响。虽然工业生产和科研要求所使用菌种不受污染，不发生退化和变异，但这是一项艰巨的工作。在保藏过程中，微生物的各项遗传性很容易发生变化，以致有时一项研究工作实验尚未完成，由于菌种发生变异，因而所得实验数据不能重现。一般工业上生产菌株，其生产能力也容易发生变异和退化。凡此种种，都是菌种保藏所必须注意防止和解决的问题，总之对微生物工程来说最主要的是保藏好基因库，这是微生物技术发展的客观要求，同时，也是其进一步发展的基础，目前世界各国及各大企业和研究院校都成立了专业菌种保藏机构，这些机构不但可提供各种可靠的菌种及其特性和背景资料，还可以为此分离出来的特殊菌种提供鉴定服务。

所谓菌种保藏，包含两方面的内容，一是菌种的保持，即保持其存活和不受污染；二是菌种的储存，使其在相当长期内维持稳定的遗传潜力，两者缺一不可。

（二）菌种保藏的方法

菌种保藏方法很多，其共同目的都是把菌株优良性状保存下来，防止退化、死亡或杂菌污染。其一般过程是：挑选优良菌种，最好用其休眠体（如分生孢子或芽孢），并提供有利于休眠和停止生长的条件，以防止其生长过程中发生退化、变异和死亡。根据微生物生命活动的诸多要素（温度、水分、空气和营养物质等）采取相应措施，即采取低温、干燥、隔绝空气和断绝营养供应等措施，使菌株暂时保持休眠状态。

低温是保藏菌种的重要因素之一，一般微生物在 $-30℃$ 时即停止生长，但酶促反应的临界温度却到 $-140℃$，这也可能是在一般低温保藏下，菌种也会发生变异的因素。

低温处理菌种时，要注意对细胞的损伤，遇冷时，微生物细胞外培养基比细胞内物质结冰早，如果制冷过程缓慢，只有细胞外培养基结冰，细胞本身不结冰，一般这种情况对细胞损伤较小，另外加入保护剂如甘油等，可防止细胞因胞外冻结所致的损伤。胞外冻结所致的损伤主要由于细胞脱水引起。胞外培养基形成冰晶，使培养基浓缩，造成细胞内外产生渗透压差，使细胞水分外渗，致使细胞收缩，质壁分离。质壁分离的细胞复苏时还可能复活，但如水分渗透太多以致细胞脱水过度，也会导致细胞死亡。快速制冷时，细胞内也很快形成冰晶，冰晶对细胞损伤很大，但如速度极快的冰冻，使细胞内形成小冰晶，则对细胞及其膜的损伤也较小。另一种可能是胞内溶质浓度与胞外培养基形成冰晶而变浓的程度相平衡，使细胞不死亡。

不同冷冻速度所造成的损伤程度，又可因菌种、培养基及培养条件、保护剂的类别等因素而有不同，一般而论以每分钟下降 $1\sim2℃$ 的慢冻速度所造成的冷冻损伤较小。

此外，在取出冷冻保藏的菌株作加温解冻处理时，加温速度也要注意控制，避免冰晶颗粒由低温升温过程中发生增大现象（－131℃是冰晶增大的上限温度，即从这一温度往上加温，一般不再继续出现增大现象）而造成细胞死亡。加温时应尽快越过冰晶增大的上限温度。

不少菌种保藏方法（如冷冻干燥法、超低温保藏法等）都是利用上述低温条件下细胞与环境的特殊平衡的原理而设计的。一个好的保藏方法，要求能保持菌种优良性状，且操作上经济、简便。下面简述了几种常用的方法，在具体工作中，要根据菌种特性及实验室本身的条件来决定采取何种方法。

1. 低温保藏法

这是一种较常用的保藏方法。在生产或试验过程中，固体斜面孢子或菌丝、液体孢子、液体母瓶种子（菌丝），以及由麸皮、大米、小米或玉米碎粒等谷物原料制备的孢子等，都可用4℃左右低温冰箱保存，低温保存只能抑制微生物生命活动，而不是使其休眠。因保存材料一般都含有大量水分，这种方法对保存微生物的生产能力性状是不合适的，因而保藏时间不宜太长，一般不超过30d，可根据菌种稳定性决定。用谷物原料制成的孢子可结合抽真空，造成缺氧加低温的环境，可延长保藏时间到3～4个月，甚至半年以上。有时在棉塞上浸蜡，以隔绝外界空气，防止水汽蒸发，斜面培养物也可用灭菌胶塞代替棉塞，试管培养物可用螺旋盖盖紧，在培养过程中可旋松螺旋盖，在保藏过程中则扭紧以达到隔绝空气、防止蒸发的效果，从而延长保藏时间。

近年来，－80～－20℃深冷冰箱推广使用，保藏效果更好，斜面或肉汤培养物可不加保护剂，孢子或菌丝则需悬浮于10%左右的甘油或二甲亚砜等类保护剂中保藏，可延长保藏时间达一年至数年以上。

冰箱保藏需注意使温度保持恒定，防止停电事故，如有停电，须立即采取必要措施。深冷保藏时要选用硬质玻璃器皿，免致破裂。

2. 定期移植保藏法

这是一种经典的基本的简易保存法，目前仍多有沿用的，少数菌种如霍乱菌、脑膜炎球菌、厌氧菌、钩端螺旋体等病原菌和蕈菌类冰冻保存法容易致死时，必须定期在室温下移植传代保藏。

（1）方法　将菌种接种于所要求的斜面培养基上，置最适温度下培养，到所要求的发育阶段后，置于低温和深低温下干燥处保存。每隔一定时间重新移植培养，一般3～6个月一次，深低温度保存时间可长一些。具体时间间隔视菌种特性而定。

除斜面定期移植外，也有采用穿刺培养法保藏菌种的，效果较好。穿刺培养所用培养基的琼脂含量比常用量少1/2左右（0.6%～0.8%），大肠杆菌用此法保藏2年以上，无明显变异。

（2）优缺点　本法虽较简便，但有如下不足之处，采用时须加注意：

①容易发生遗传变异。

②连续传代后，一些有利性状如所要求保持的病原性、代谢产物的生产能力、产孢子能力等往往减弱。

③易造成杂菌污染。

④培养基组分以及培养温度的细微变化可能导致丧失贵重菌株。

由于上述缺陷，工业上的高产菌株一般很少用此法保藏。

（3）操作注意事项

①小心操作，防止写错编号及杂菌污染。

②传种时避开斜面上生长的白色斑点或与正常菌落外观有异的菌落，另外由于斜面上生长的培养物在斜面不同部位有差异，保藏过程中菌株的遗传性因此也容易发生变化，为了尽可能保持其遗传特性的均一性，应沿琼脂斜面培养物全面地采用菌体或孢子，从平板培养物移种时，所采取的菌体或孢子应从不少于 50 个菌落中取得。

③培养基配方很重要，一般以碳水化合物浓度偏低的贫乏培养基为好。

④培养物繁殖速度不宜太快，培养中不要采取快速生长发育的培养条件。

⑤移种厌氧菌时，以用毛细吸管进行移植为好，一般不用白金耳接种，并注意不让气泡混入培养基中。

⑥移植间隔时间因菌种特性、培养条件及保藏温度而异，以保藏温度影响最大，$4℃$ 保藏一般为 $3 \sim 6$ 个月，$-80 \sim -20℃$ 保藏时为 $6 \sim 12$ 个月，室温（$37℃$）时每月一次，有的特殊厌氧菌需 $3 \sim 7d$ 传代一次。

3. 液体石蜡保藏法

用液体石蜡覆盖在菌种斜面（或穿刺培养）上，以防止水分蒸发、限制氧气供给、削弱细胞的代谢作用，而达到延长保藏时间的目的。浇有石蜡的斜面可在 $5℃$ 左右冷藏。但有的微生物对低温敏感，则在室温下保藏。

（1）方法　选用优质纯净的液体石蜡，经 $121℃$ 加压灭菌 $1 \sim 2h$，然后 $170℃$ 干热处理 $1 \sim 2h$，以除去因高压灭菌而混入的水分。冷却后加到斜面上，加入量控制在浸没斜面顶端 $1cm$ 为宜，石蜡量过少，致使琼脂露出时，培养物会干枯死亡，但石蜡过厚（超过 $2cm$）时有关性能立即下降。如有气泡，可振荡试管予以驱除。

（2）优缺点　本法操作简便，不需特殊设备，可延长移植间隔时间，一般可达 $1 \sim 2$ 年，少数微生物以每隔 6 个月移植一次为佳。此法不足之处与定期移植法相似。

（3）操作注意事项

①液体石蜡为易燃物，使用时要注意安全。

②液体石蜡容易污染棉塞，操作时应注意勿使沾染，最好用螺旋口试管培

养和保藏。

③用液体石蜡保藏的致病培养物，在用白金耳移种后的灼烧消毒过程中，要注意勿使菌种和残留液体石蜡飞溅，造成环境污染及致病菌的扩散。

④储存期间，如发现培养物露出石蜡液面时应及时补加。

⑤液体石蜡保藏的培养物，移种时最好用灭菌滤纸将接种针上的液蜡吸掉，如不采取此步骤，第一代移植时由于石蜡浸渍与外观湿润，其气生菌丝形成、孢子的产生和色素等形态培养特征与原有菌体状态可能有差异，但往往不是菌种变异，经再次在原有培养基传种后，可恢复原状。

⑥液体石蜡保藏的斜面，表面积不宜过大。

⑦霉菌菌体易致螨污染。如已发现螨污染，可将螨污染的斜面采用石蜡保藏。经 2~3 个月后移植可消除螨污染。

（4）适应范围　本法较适用于不产孢子的菌种。一般需氧细胞酵母及某些霉菌均可用此法保藏。但固氮菌、乳酸杆菌、明串珠菌、分枝杆菌、沙门菌、毛霉和根霉等不宜用本法保藏，一般工业上的高产菌株也不宜用此法保藏，因其容易造成生产能力下降。

4. 沙土保藏法

产芽孢或分生孢子的菌种，多用此法保藏，因其效果尚好，且使用方便，国内发酵生产及选种工作中较为通用。

（1）方法　需保藏的菌种经斜面培养后，用无菌水制成孢子悬液，加入经灭菌处理的沙和土的混合物（纯沙亦可）作为载体，减压抽去水分，这些吸附有孢子的干燥沙土载体，在低温下保存。

①沙土的准备：将黄沙或海沙用自来水浸泡洗涤数次，或先用 1mol/L 的 NaOH 液浸泡洗涤，再用 1mol/L 的 HCl 液反复洗涤数次，最后用流水冲洗，使其 pH 达到中性，然后滤出烤干，用 60~80 目筛网除去粗粒，并用磁铁除去铁屑备用。

土的准备：用 1m 以下深挖的贫瘠土，以自来水浸泡洗涤使达中性，沉淀、烤干后碾末，经 100~120 目筛筛好。

将上述准备好的沙和土按质量 1:1 混合（根据土质和菌种不同的特性，也可以 1:0.8、1:0.6 混合甚至纯沙），装入 $\phi 1.2cm \times 10cm$ 试管中，装量占 1/7 左右体积为度，塞好棉塞，121℃加压灭菌 1h，间歇灭菌 5~6 次，烤干备用。

②待保藏的菌体的准备：取生长良好，孢子丰富、处于生长静止期的新鲜斜面（或其他来源材料）的孢子埋制沙土（如无新鲜斜面，也要选用保藏时间较短的）。

筛选所得的菌株斜面，应测定生产能力后再埋制沙土。

③操作步骤：斜面孢子先加灭菌蒸馏水 2~2.5mL，沿斜面轻刮孢子后，吸 0.2~0.3mL 到灭菌备用的沙土管中，在真空度 100Pa 以下进行干燥，直至沙土

外貌呈松散状态，然后低温（4℃）保存。经真空干燥后的沙土管，最好放在密闭容器内，容器内可放入吸潮剂 $CaCl_2$ 或硅胶等，保藏期间整个容器置于冰箱中。

如无真空干燥设备，也可将待保存的孢子轻刮下，直接种入灭菌备用的沙土管中，干燥保存。刮孢子时要尽量减少菌丝断片混入。此干埋法如能结合短时间抽真空则效果更好。

（2）优缺点　本法的缺点是存活率低，变异率高。特别是抗生素工业上的高产菌株采用本法保藏时，对高产特性的保藏效果差，仅在真空干燥这一步，不少菌的死亡率即达90%以上，有的菌种如万古霉素产生菌，多数菌株沙土管保藏一年以上时，死亡率达99.9999%，另外，在抽真空后容易引起 DNA 断裂致使菌发生变异，此法对一些经长期诱变处理的高产菌株及一些难保藏的菌株的保藏效果也不理想。因而国外一些有关单位已很少使用沙土保藏法。

（3）注意事项

①采用本法保藏菌种时，一般应选用静止期的生长菌种作材料，即选择埋沙土后生产能力变化小、变异类型出现少的斜面生长龄的孢子来制备沙土管。具体孢子龄因品种而有不同。但这一点非常重要，不可忽视。

②孢子液中，孢子浓度至少要 10^6 个/mL，最好为 $10^8 \sim 10^{10}$ 个。

③抽真空时间不要太长，一般为 $4 \sim 6h$，要防止孢子在抽干过程中发芽。

④如怀疑染菌，须经培养检查确定。

（4）适用范围　本法适用于产芽孢或孢子的细菌、放线菌和真菌的保藏。但此法易引起菌种退化变异，因此工业上的高产菌株应尽量少用此法长期保存菌种为好。不过本法操作简便，易于掌握，青霉素及其他霉菌属不少菌种用此法保藏，可存活 $5 \sim 7$ 年，如佐以经常的纯化和分离措施，此法尚可采用。

5. 其他短期保藏法

（1）蒸馏水保藏法　这是简单而经济的保藏方法，可保藏某些真菌、植物病原菌、放线菌等。

方法：加 $4 \sim 5mL$ 灭菌蒸馏水入斜面（产孢子真菌需加0.1% Tween80），轻轻刮下，将孢子悬液分装入无菌的螺旋盖试管内，扭紧盖防止水分逸失，在室温20℃或5℃保藏。

本方法不适用保藏工业菌株。

（2）硅胶或分子筛干燥保藏法　通过无水的硅胶或分子筛作载体吸附孢子并保藏培养物，达到干燥培养物的目的。

①方法：a. 硅胶准备，取具有 $6 \sim 22$ 网眼目的硅胶，在180℃下灭菌2h后备用；b. 菌液准备，10^8 以上浓菌体或孢子悬液，用10% 脱脂牛乳作保护剂制成，硅胶或浓菌悬液在使用前均需预冷至0℃；c. 加 0.5mL 预冷过的菌液入预冷的硅胶，需要一滴一滴加入；d. 将加菌的硅胶试管在0℃条件下维持30min；

e. 然后将此硅胶管放置在干燥器内（内放蓝色硅胶或 P_2O_3），在室温下放置一周左右；f. 最后将螺旋试管盖扭紧，在4℃或室温中保藏。硅胶蒸气也有毒，要注意。

②优缺点：此法简单，不用真空泵等设备，许多微生物如真菌、细菌和支原体等均能用此法保藏存活。在脱水过程中会放出热量而损伤细胞，尤其硅胶若不予先彻底冷却对细胞损伤大。

③操作注意事项：菌液和硅胶必须预先在0℃冷却，将菌液加入硅胶时最好在盛有冰的烧杯内进行，菌液要一滴一滴缓慢加入，防止放热对保藏菌的损伤。

（3）以玻璃或瓷珠作载体干燥保藏 本法对产孢子的真菌和细菌存活有较好保藏效果，对产孢子微生物用牛乳来作保护剂保藏期可达 10 ~ 15 年，即便不产孢子的菌体也可保藏数年。

方法：用20%（质量浓度）脱脂牛乳作保护剂制备浓菌液。牛乳用115℃灭菌15min或间歇灭菌，将玻珠或瓷珠加入浓菌液，均匀摇匀（玻珠或瓷珠用180℃干热灭菌2h）让玻珠表面吸附菌液，用吸管除去多余悬液，也可在玻璃上滴几滴浓的菌液，将裹有保藏菌液的玻珠或瓷珠加入装有灭菌硅胶的试管中，在硅胶上盖上一层玻璃棉（玻璃棉预先180℃干热灭菌2h），将试管盖紧，在室温内放置一周后，然后存放在低温中保藏，在几天内上层硅胶变红色，其他蓝色，这样可在长期保藏过程中保持干燥。复苏时取一粒玻珠放入液体或斜面培养上。

（4）明胶颗粒作载体干燥保藏 此法对多种细菌有较好的保藏效果，可长期保藏，保证其存活，主要优点是使用方便，保藏方便，30 ~ 40 个小粒可保藏在 14mm 的螺旋盖试管中，污染机会少，方法如下：

①石蜡的准备，将灭菌而融化的石蜡倾注入平皿盖上，令其冷却凝固，一个9cm 平皿盖加入5g 石蜡；②明胶菌混合物准备，将明胶在 40 ~ 50℃融化，加入大量菌体制成浓的明胶菌混悬物，摇匀；③用吸管或滴管将明胶菌悬物一滴一滴分散滴在含石蜡的平皿盖上（1 滴大约 0.02mL），一平皿滴 10 ~ 15 小滴，冷却；④在另一灭菌的平皿上加入干热灭菌 2 ~ 3h 的硅胶，一平皿大约加入 20g硅胶；⑤移去硅胶平皿的盖，在 15 ~ 20℃放置24h；⑥用灭菌的镊子将干的明胶粒放入装有硅胶和带螺旋盖试管内，5℃或 20℃保藏。

复苏时灭菌镊子取出明胶小粒放入固体或液体培养基中培养。

上述保藏法一般来说均不适于保藏工业菌株的高产遗传特征。

6. 冷冻干燥保藏法

本法具有变异少、保藏时间长、输送储存方便的优点，是比较理想的方法，一般可保藏 5 年以上，有的可达 15 年。

（1）基本原理 本法的基本原理是使样品中的水分在冰冻状态和条件下直接升华为水蒸气，以达到干燥状态，菌体或孢子用此法除去水分后即被封装而隔绝空气，使细胞生理活动停止，因而可以长期保存。在冻干过程中，为防止冻结和脱水过程对细胞造成损害，可用保护剂制备细胞悬液，以保护细胞免受损伤。

（2）操作方法及注意事项　冷冻干燥操作过程主要包括预冻和干燥两个阶段，其操作步骤如下。

①安瓿管准备：安瓿管形状不一，根据工作习惯和目的而异，一般微生物保藏液量为 0.1～0.5mL，安瓿不宜过大，在生产种子制备上，有时需要装 2mL 左右菌液，则用较大的安瓿，安瓿应便于清洗，分装融封时不易碎裂，玻璃材料以软硬适中的中性玻璃为宜。内径为 8mm，长度不小于 100mm，不论形状如何，底部最好为圆形，这样受压均匀，不易破裂，安瓿先用 2% 盐酸或清洁液浸泡过夜，再用自来水冲洗，最后用蒸馏水洗净至 pH 中性，烤干每一安瓿，放入打有菌号和日期的标签（10mm×30mm 左右），字面向管壁，安瓿口塞上牙签棉花，灭菌备用。为防止打字油墨可能对所保藏的菌种产生毒性，也有用定影墨水直接在玻璃管外写上菌号及日期的（不用标签）。

②保护剂的选择和准备：保护剂的作用是使细胞在冻干过程中免于损伤致死，并减少在保藏过程中的死亡。此外还能防止复水时引起的死亡，并使菌种容易从休止状态恢复为生长发育状态。

保护剂种类很多，要根据微生物品种来选用。配制保护剂时，须注意浓度及 pH，及其灭菌方法。有的保护剂如血清、牛乳等用常规灭菌法易分解或变质，须区别对待。如血清可用过滤法除菌，葡萄糖、乳糖、牛乳等则要控制灭菌温度，如 116℃ 高压灭菌 15～20min。

③菌种准备及分装：对菌种材料的要求与沙土保藏法相似，要选用生长良好，无杂菌污染，并处于静止期的细胞或成熟的新鲜孢子。

将 2～3mL 保护剂加入斜面内，用接种针轻刮表面，注意不要使悬液内带入培养基，也不要有过多气泡。斜面培养物不要过酸或过碱。孢子液浓度以 10^8～10^{10} 个/mL 为宜，至少要大于 10^6 个/mL。注意悬液要在制备后 1～2h 内分装完毕及开始冻干操作，放置时间过长易致菌体沉积成不均状态。此外，因一般使用的分散和保护剂（如脱脂牛乳和血清等）可起到微生物培养基的作用，在室温下与菌体接触时间过久，往往会使之重新发育或开始发芽。分装时，用较长的毛细滴管直接滴入安瓿管底，注意不溅污上部管壁，每管分装 0.05～0.2mL。

液体培养的菌体最好经离心法除去培养基，然后取新鲜培养液若干，加入等量的 24% 浓度的蔗糖液（蔗糖液先经 120℃、20min 高压灭菌）使最终蔗糖浓度为 12%。

④预冻：预冻是一个重要步骤，目的是使得在冻干过程中的固体颗粒得以固定，而使其中水分直接升华，以防止物料原有的物理、化学性质发生变化。预冻一定要彻底，否则在干燥过程中会有泡沫和氧等副作用，或致使干燥后不

能形成易溶解的多孔状海绵样菌块，而变成不易溶解的干膜状菌体，影响以后的溶解恢复。

　　预冻的温度很重要，时间持续也不可太久，一般来说，预冻温度应在 $-30℃$ 以下，预冻 15min 至 2h，即可顺利进行随后的冰干过程。$-10 \sim 0℃$ 范围内冻结时，所形成的冰晶颗粒较大易对细胞造成机构损伤，而在 $-30℃$ 冻结时，冰晶颗粒细小，有时用低倍显微镜也不容易发现，这种情况对细胞的损伤较小。另外，由于菌悬液不是纯水，往往在 $0℃$ 不能冻结，同时，为使悬液均匀冻结，预冻温度必须达到共晶点以下，才能使菌液均匀冻结成为坚冰，而 $-30℃$ 一般可满足上述要求，但具体温度仍需视装备性能和样品性质而定。

　　预冻有多种方法，因实验室装备而异，一般可分为利用制冷剂预冻或利用冰箱（或冷干机）冷冻两大类：

　　a. 制冷剂预冻：取等量的固态干冰（CO_2）和 95% 乙醇混合配成制冷剂，其能达到的最低温度为 $-72℃$，将安瓿插入其中，也可用甲醇、丙醇、乙二醇等代替乙醇。预冻完成后，要擦干安瓿管外沾附的残液，否则对随后的干燥过程中的真空度会产生不良影响，用制冷剂在 $-70℃$ 左右预冻时，预冻 1h 左右。

　　b. 制冷设备预冻：用 $-80 \sim -40℃$ 冰箱或冰冻干燥机预冻，预冻温度一般为 $-40 \sim -35℃$，也可用 $-80℃$ 预冷，时间 $1 \sim 2h$。

　　⑤干燥：冷冻干燥设备有不同类型，但都有下列几个部分。

　　a. 干燥装置：温度控制范围 $-40 \sim 40℃$，如无小型冷干机，也可用一般干燥器代替。

　　b. 蒸汽捕集装置：使水蒸气不吸入真空泵内，以免降低效率破坏真空度，实际上只是一只冷凝器，也可用吸湿剂吸去蒸汽。

　　c. 真空泵：要求真空度达到 13.3Pa 以下。

　　d. 冷冻系统：自制简易冷干也可用干冰加乙醇作为制冷剂制成冷却槽。

　　此外，还应附有相应的仪表及指示装置。

　　具体冷冻干燥过程：如使用冷干机进行冻干，则将经预冻的安瓿管放入干燥箱中，干燥箱温度控制在 $-30℃$ 以下，然后尽快使真空达到 66.7Pa，然后可适当升温，加快水分升华，但以不致引起样品融化为限，整个冷干过程可分为一次干燥和二次干燥两个阶段，所谓一次干燥就是在晶点温度以下，冰直接升华，除去 95% 的冻结水的过程，这时，细胞内还有一部分与蛋白质和核酸等结合而未冻结的水。在高真空下蒸发脱水，称为二次干燥。实际操作中，把使用同一装置完成最后干燥的方式，称为一阶段干燥，从一个装置移向另一个装置完成最后干燥的方式，称为二阶段干燥。用小型冷冻干燥机干燥样品，在冻干完成时，取出安瓿，装在多通道歧管上，真空减压熔封，也称二阶段干燥。

　　样品干燥时间视材料装入量而有不同，一般 $4 \sim 6h$，也有 10h 或更长时间，但不是越长越好，关键是要控制残留水分，一般以 $1\% \sim 3\%$ 含水量保藏效果最好。

终止冻干时间应根据下列情况判断：a. 安瓿管内冻干物呈酥块状和松散片状；b. 真空度接近粉载时的最高值；c. 样品温度与管外温度接近。

⑥熔封：干燥完毕后，在保持真空状态下用火焰熔封，所用火焰应集中、细小而温度高，防止菌体受热损伤，在熔封前后，应使用高频火花发生器对真空度先行火花检查，管内呈灰蓝色为合格。检查注意勿使电火花直接射向保藏的菌体，也有封入惰性气体如干燥的氮气之类的，以避免氧的侵入，提高保藏效果。

⑦保藏：最好在4℃低温下避光保存，温度应稳定。

⑧冷冻干燥管的质量检查：

a. 水分测定：用常规方法测定含水量应在5%以下，最好为1%~3%。

b. 真空度检查：用高频火花发生器检查，除在熔封前后进行外，也有在熔封后1~2d及10d后再检查的。

c. 杂菌污染情况检查。

d. 存活率检查：可用活菌计数法进行，冷冻干燥前后做对比，也可采用下列简易活菌检查法：在含培养基的平皿上，将复水后的冷干菌液依次滴三点于平皿上，并使液滴顺平皿表面流成三条，培养后检查存活情况，并按以下标准评估：

菌层生长厚密	优良
50~100个菌落/菌条	良好
10~50个	中等+
5~10个	中等
肉汤培养	能生长

e. 形态变异情况检查：从平皿上检查冷冻管前后变异菌落数目，判明形态变异菌落数是否增加。

f. 生产能力检查：由于安瓿内部为负压，打开冷冻管时应加小心，先用酒精棉擦拭拟开口安瓿的颈部部分，然后用砂轮或锉刀锉出白缝并用无菌纱布或塑料膜覆盖颈部，从上面捏住开瓶，以防外部杂菌侵入，也为了防止内部干燥菌体逸散。

打开安瓿管后，加0.3~0.5mL该菌体的最适培养液或无菌蒸馏水溶解菌块，注意所加入的液体须与菌块的温度接近，必要时可多加一些培养液，用吸管吸一滴或用白金耳沾一滴移植到斜面上。

不同的复水条件对菌体的存活关系很大，如腐败假单孢菌，用10%~15%NaCl溶液或用二价阳离子溶液如（1.2% $MgSO_4 \cdot 6H_2O$）复水，比用0.5% NaCl溶液复水时，菌存活率高15~25倍。

（3）自制简易冷冻干燥装置　实验室如无专门的冷冻干燥机，只要有干燥器、真空泵及蒸汽捕集器等有关装置即可进行冷冻干燥，自制的单管或歧管式冰冻干燥装置，主要由歧管（或单管）、冰浴、冷凝器（也可用内装 P_2O_3 的干燥器）、真空泵四部分组成，歧管为玻璃或铁制均可，冰浴用干冰和酒精制冷，干燥后期也可作温度控制用，冷凝器也要置于上述冰浴中（必要时也可用一根 U 形玻璃管于冰浴中代用）。冻干前，安瓿管也须经预冻，其余操作同前。

（4）双层冷冻干燥套管　目前国内多数用单管冷冻干燥保藏菌种，但近年国外一些单位推广采用双层安瓿冷冻套管保藏菌种（如美国 ATCC 及西德 DNS 等机构），此法颇有其优点，可防止冻干管开启时因负压而污染杂菌，套管内又可放入指示剂以测定有无氧气侵入，开启时在外管头顶部加热后滴下冷水使其破裂，内部可不受影响，取出内管，即可进行复水后接种，重新培养。内管则塞有棉塞，无菌状态不易受外管开启的冲击。内管直径为 1.5mm、长度 35mm，并印有保藏标记。内管下垫有棉花，其下有硅胶吸附剂及指示剂，反映管内水分变化。内管棉塞上部还有玻璃纤维垫层，杜绝外管封装时的热量，外管尺寸为 14.4mm × 85mm。

（5）冷冻干燥保藏的适应范围　本法适用于多种细菌和放线菌。多数情况下，也适用于病菌和噬菌体、立克次体、真菌和酵母等微生物。据报道，美国典型菌种收藏所（ATCC）内保藏的一万多株菌种中，不能用冷冻干燥法保藏的不到 2%，其所收藏的真菌中，可用本法保藏的比例为 99.1%、青菌霉 99.6%、毛霉 86.2%、不完全菌 72.1%、酵母 78.5%。

几个著名的保藏单位，所保藏的菌种适用本法的比例都很高，美国农业研究菌种保藏中心（NRRL）为 99.9%，美国模式培养物保藏所（ATCC）98.5%，东京大学微生物研究所（TAM）为 97%。

霉菌菌丝、大多数藻类、原虫及病原菌不宜用此法保藏。

本法也有在真空干燥过程中可能引起 DNA 断裂的缺点，因而对生产菌种不太理想。

7. 液氮超低温保藏法

（1）概述　液氮超低温保藏技术，是一种有效的保藏方法，这是将菌种保藏在 -196℃的液态氮或 -150℃气态氮中的长期保藏方法，它的原理是利用生物在 -130℃以下新陈代谢趋于停止，在此温度下保藏，微生物处于长眠状态，几乎不发生变异和死亡。目前世界各国有条件的单位已开始广为应用此法于微生物和多种活细胞的保藏，其使用范围几乎扩展到生物学各个领域。

氮的相对分子质量为 28.0，液氮的密度为 0.808kg/L，沸点为 -195.8℃，熔点为 -209.9℃，蒸发潜热为 199kJ/kg，当液氮蒸发为气态并升温到 0℃时还要从周围再摄取 201kJ 的热量。液氮是一种无色、无臭、无毒的液体，但纯氮气体有窒息性。液氮容器揭开盖子时，往往有白色透明气体或是容器内部呈现朦胧乳白色雾气，这是因水分受冷而形成水滴，故呈雾状。液态氮气化时，以温度至15℃计，1L液态氮将变为大约680L的氮气，即膨胀680倍。以上特性，在使用时必须了解，并予以足够注意。

液氮由前苏联于1957年第一次用于真菌保藏。美国ATCC 1960年以前几乎95%的细胞、60%的真菌保藏在冷冻干燥中，60年代以后开始逐步推广液氮保藏，目前ATCC多数微生物和细胞已用液氮保藏。不少抗生素产生菌特别是高产菌株和某些链霉菌属抗生素产生菌经冷冻干燥后，抗生素生产能力明显下降。因而不少大型抗生素企业如美国Squibb公司，1963年开始全部采用液氮保藏其大约3000株微生物菌株。美国Upjohn公司从1963年以后也开始试用液氮保藏单细胞细菌，1971年以后，全面推行液氮保藏技术于放线菌、真菌（包括酵母）、藻类、原生动物和噬菌体的保藏。

（2）液氮保藏设备　保藏菌种用的液氮储藏容器有各种不同规格，都是高真空绝热容器。容积有10L、35L、50L、100L、200L、300L，最大的有1000L，100L以上的大型容器内往往装有转盘，以便于寻找菌种，减少液氮因蒸发损失。

盛菌容器，也有多种规格的硬质厚壁的硅硼玻璃的试管或带螺旋口的塑料管供选择，管口的大小因需要而异。为了节约空间一般采用1～2mm小瓶管。

（3）保护剂　有两种类型的保护剂，一种为渗透性强的保护剂，如甘油、二甲亚砜等，它们能迅速透过细胞膜，在胞内外保护细胞防止冷冻损伤。另一种为透性弱的保护剂，如蔗糖、乳糖、葡萄糖、甘露醇、山梨醇、葡聚糖、聚乙烯吡咯烷酮等，它们在细胞膜外侧起保护作用。第一种分散效果较好，其中甘油和二甲亚砜最为常用。保护剂的效果因微生物种类而异，在试验前最好对所进行保藏的微生物预先进行耐性试验，以便了解该保护剂对此微生物的保护效果。

（4）操作步骤

①保藏培养物的准备：液氮保藏最大的优点是可用微生物的各种培养方式的材料进行保藏，不论孢子或菌体、液体培养或固体培养、菌落或斜面均可。当然菌种的不同生理状态对细胞的存活率有影响，一般来说使用对数生长期的中期或后期的微生物培养物保藏效果较好，产孢子的菌种采用成熟孢子培养物。取合适的培养物，以5%～10%的甘油或二甲亚砜（即DMSO）等保护剂制成孢子或菌体悬液，孢子或菌悬液浓度大于10^8个/mL为好，浓度低于10^6个/mL时冷冻损伤大。保护剂的灭菌方法，甘油是121℃、15min蒸汽灭菌，二甲亚砜是过滤除菌，并以小剂量10～15mL分别装入无菌试管，因为DMSO很易因多打开瓶塞而加速氧化分解，开过盖的DMSO使用期不得超过一个月。

将0.5mL左右的上述菌悬液分别注入灭菌的安瓿管内，如为液相保藏，安瓿要密封，而且要试漏，方法为将其浸入带有0.05%次甲基蓝或其他染料的溶液中，5℃放置30min，检查安瓿密封是否严密。

②冷冻：在冷冻过程中冷冻速度对培养物存活的影响有不少报道，一般来

说在 -30~0℃，冷冻速度以每分钟下降1℃为好。

液氮保藏冷冻过程可以采用多种方法降温。

a. 采用专用冷冻温度控制仪，如1min下降1℃，从 -30~0℃控制冷冻速度，然后取出直接放入液氮中（液相或气相均可，前者 -196℃，后者 -150℃）。也有采用其他温度下降速度的，不同微生物有各自的最佳降温曲线。

b. 将安瓿管或塑料管放在 -60℃冰箱内 1h，然后放入液氮中，这样样品从 -60~0℃，冷冰速度大约每分钟下降 1.5℃。

c. 对耐低温的微生物可以直接将培养物放入气相或液相氮中。

③复苏：以快速复苏为好，一般由液氮容器中取出，将安瓿管或塑料管迅速放入 35~40℃温水中，使内含物迅速融解后，打开移种，安瓿管复苏需 40~60s，塑料管需 60~120s。

④注意事项

a. 操作要注意安全，戴口罩和皮手套，防止冻伤。

b. 如液氮渗入安瓿管内，从液氮容器取出时，液态氮体积膨胀 680 倍，爆炸力很大，必须特别小心，而且不能用玻璃烧杯复苏安瓿，万一安瓿破裂，后果严重。

c. 安瓿要用圆底的，不要用平底的，因圆底安瓿受力均匀。

d. 运送液氮时要用专用特制容器，绝对不可用密闭容器存放或运送液氮，切勿用家用保暖瓶存放液氮，否则有危险。

e. 注意室内通风，防止过量液氮而窒息。

冷冻干燥和液氮保藏这两种长期保藏方法联合使用双套保藏，基本上可满足大多数微生物保藏的需要，对于某些抗生素生产菌来说，冷冻干燥保藏有出现生产能力下降的现象（表3-3）。

表3-3　　　冷冻干燥保藏后生产能力下降率（以原生产能力100%计）　　单位:%

菌　种	菌株数	二年	三年
新生霉素产生菌	10 株	38.92~48.16	46.2~73.2
博来霉素产生菌	6 株	36~57.75	—
万古霉素产生菌	5 株	40~80	—

液氮保藏方法虽使用时间不长，已显示出明显优越性，表现存活率高，变异率低，保藏万古霉素、林可霉素产生菌的一年半以后效价无下降趋势。

单元四　菌种的扩大培养

菌种的扩大培养是发酵生产的第一道工序，该工序又称为种子制备。种子制备不仅要使菌体数量增加，更重要的是，经过种子制备要培养出具有高质量的生产种子供发酵生产使用。因此，如何提供发酵产量高、生产性能稳定、数量足够而且不被其他杂菌污染的生产菌种，是种子制备工艺的关键。

一、菌种扩大培养的任务

工业生产规模越大，每次发酵所需的种子就越多。要使小小的微生物在几十小时的较短时间内，完成如此巨大的发酵转化任务，那就必须具备数量巨大的微生物细胞。菌种扩大培养的目的就是要为每次发酵罐的投料提供相当数量的代谢旺盛的种子。因为发酵时间的长短和接种量的大小有关，接种量大，发酵时间则短。将较多数量的成熟菌体接入发酵罐中，就有利于缩短发酵时间，提高发酵罐的利用率，并且也有利于减少染菌的机会。因此，种子扩大培养的任务是，不但要得到纯而壮的菌体，而且还要获得活力旺盛的、接种数量足够的菌体。对于不同产品的发酵过程来说，必须根据菌种生长繁殖速度快慢决定种子扩大培养的级数，抗生素生产中，放线菌的细胞生长繁殖较慢，常常采用三级种子扩大培养。一般50t发酵罐多采用三级发酵，有的甚至采用四级发酵，如链霉素生产。有些酶制剂发酵生产也采用三级发酵。而谷氨酸及其他氨基酸的发酵所采用的菌种是细菌，生长繁殖速度很快，一般采用二级发酵。

二、菌种制备的过程

细菌、酵母菌的种子制备就是一个细胞数量增加的过程。细菌的斜面培养基多采用碳源限量而氮源丰富的配方，牛肉膏、蛋白胨常用作有机氮源。细菌培养温度大多数为37℃，少数为28℃，细菌菌体培养时间一般1~2d，产芽孢的细菌则需培养5~10d。霉菌、放线菌的种子制备一般包括两个过程，即在固体培养基上生产大量孢子的孢子制备和在液体培养基中生产大量菌丝的种子制备过程。

1. 孢子制备

孢子制备是种子制备的开始，是发酵生产的一个重要环节。孢子的质量、数量对以后菌丝的生长、繁殖和发酵产量都有明显的影响。不同菌种的孢子制备工艺有其不同的特点。

（1）放线菌孢子的制备　放线菌的孢子培养一般采用琼脂斜面培养基，培养基中含有一些适合产孢子的营养成分，如麸皮、豌豆浸汁、蛋白胨和一些无机盐等。碳源和氮源不要太丰富（碳源约为1%，氮源不超过0.5%），碳源丰富容易造成生理酸性的营养环境，不利于放线菌孢子的形成，氮源丰富则有利于菌丝繁殖而不利于孢子形成。一般情况下，干燥和限制营养可直接或间接诱导孢子形成。放线菌斜面的培养温度大多数为28℃，少数为37℃，培养时间为5~14d。

采用哪一代的斜面孢子接入液体培养，视菌种特性而定。采用母斜面孢子接入液体培养基有利于防止菌种变异，采用子斜面孢子接入液体培养基可节约菌种用量。菌种进入种子罐有两种方法。一种为孢子进罐法，即将斜面孢子制成孢子悬浮液直接接入种子罐。此方法可减少批与批之间的差异，具有操作方便、工艺过程简单、便于控制孢子质量等优点，孢子进罐法已成为发酵生产的一个方向。另一种方法为摇瓶菌丝进罐法，适用于某些生长发育缓慢的放线菌，此方法的优点是可以缩短种子在种子罐内的培养时间。

（2）霉菌孢子的制备　霉菌的孢子培养，一般以大米、小米、玉米、麸皮、麦粒等天然农产品为培养基。这是由于这些农产品中的营养成分较适合霉菌的孢子繁殖，而且这类培养基的表面积较大，可获得大量的孢子。霉菌的培养温度一般为 25~28℃，培养时间为 4~14d。

2. 种子制备

种子制备是将固体培养基上培养出的孢子或菌体转入到液体培养基中培养，使其繁殖成大量菌丝或菌体的过程。种子制备所使用的培养基和其他工艺条件，都要有利于孢子发芽、菌丝繁殖或菌体增殖。

（1）摇瓶种子制备　某些孢子发芽和菌丝繁殖速度缓慢的菌种，需将孢子经摇瓶培养成菌丝后再进入种子罐，这就是摇瓶种子。摇瓶相当于微缩了的种子罐，其培养基配方和培养条件与种子罐相似。

摇瓶种子进罐，常采用母瓶、子瓶两级培养，有时母瓶种子也可以直接进罐。种子培养基要求比较丰富和完全，并易被菌体分解利用，氮源丰富有利于菌丝生长。原则上各种营养成分不宜过浓，子瓶培养基浓度比母瓶略高，更接近种子罐的培养基配方。

（2）种子罐种子制备　种子罐种子制备的工艺过程，因菌种不同而异，一般可分为一级种子、二级种子和三级种子的制备。孢子（或摇瓶菌丝）被接入到体积较小的种子罐中，经培养后形成大量的菌丝，这样的种子称为一级种子，把一级种子转入发酵罐内发酵，称为二级发酵。如果将一级种子接入体积较大的种子罐内，经过培养形成更多的菌丝，这样制备的种子称为二级种子，将二级种子转入发酵罐内发酵，称为三级发酵。同样道理，使用三级种子的发酵，称为四级发酵。

种子罐的级数主要决定于菌种的性质和菌体生长速度及发酵设备的合理应用。种子制备的目的是要形成一定数量和质量的菌体。孢子发芽和菌体开始繁殖时，菌体量很少，在小型罐内即可进行。发酵的目的是获得大量的发酵产物，产物是在菌体大量形成并达到一定生长阶段后形成的，需要在大型发酵罐内才能进行。同时若干发酵产物的产生菌，其不同生长阶段对营养和培养条件的要求有差异。因此，将两个目的不同、工艺要求有差异的生物学过程放在一个大罐内进行，既影响发酵产物的产量，又会造成动力和设备的浪费，因而需分级培养，而种子罐级数减少，有利于生产过程的简化及发酵过程的控制，可以减少因种子生长异常而造成发酵的波动。

种子培养要求一定量的种子，在适宜的培养基中，控制一定的培养条件和培养方法，从而保证种子正常生长。工业微生物培养法分为静置培养和通气培养两大类型，静置培养法即将培养基盛于发酵容器中，在接种后，不通空气进行培养。而通气培养法的生产菌种以需氧菌和兼性需氧菌居多，它们生长的环境必须供给空气，以维持一定的溶解氧水平，使菌体迅速生长和发酵，又称为好气性培养。

种子培养一般采用以下几种方法。

①表面培养法：表面培养法是一种好氧静置培养法。针对容器内培养基物态又分为液态表面培养和固体表面培养。相对于容器内培养基体积而言，表面积越大，越易促进氧气由气液界面向培养基内传递。这种方法菌的生长速度与培养基的深度有关，单位体积的表面积越大，生长速度越快。

②固体培养法：固体培养又分为浅盘固体培养和深层固体培养，统称为曲法培养。它起源于我国酿造生产特有的传统制曲技术。其最大特点是固体曲的酶活力高。

③液体深层培养：液体深层种子罐从罐底部通气，送入的空气由搅拌桨叶分散成微小气泡以促进氧的溶解。这种由罐底部通气搅拌的培养方法，相对于由气液界面靠自然扩散使氧溶解的表面培养法来讲，称为深层培养法。其特点是容易按照生产菌种对于代谢的营养要求以及不同生理时期的通气、搅拌、温度与培养基中氢离子浓度等条件，选择最佳培养条件。

a. 深层培养基本操作的三个控制点

灭菌：发酵工业要求纯培养，因此在种子培养前必须对培养基进行加热灭菌。所以种子罐具有蒸汽夹套，以便将培养基和种子罐进行加热灭菌，或者将培养基由连续加热灭菌器灭菌，并连续地输送于种子罐内。

温度控制：培养基灭菌后，冷却至培养温度进行种子培养，由于随着微生物的生长和繁殖会产生热量，搅拌也会产生热量，所以要维持温度恒定，需在夹套中或盘管中通冷却水循环。

通气、搅拌：空气进入种子罐前先经过空气过滤器除去杂菌，制成无菌空气，而后由罐底部进入，再通过搅拌将空气分散成微小气泡。为了延长气泡滞留时间，可在罐内装挡板产生涡流。搅拌的目的除增加溶解氧以外，还可使培养液中的微生物均匀地分散在种子罐内，促进热传递，以及 pH 适中，并使加入的酸和碱均匀分散等。

b. 几种深层培养法

控制培养法：根据罐内部的变化情况，掌握短暂时间内状态变量的变化以及可能测定的环境因子对微生物代谢活动的影响，并以此为基础进行控制培养，以达到产物的最优培养条件。为此，用测定状态变量的传感器取得数据，经电子计算机进行综合分析，再将其结果作为反馈调节的信号，将环境（培养条件）控制于给定的基准内。这就称为电子计算机控制培养，目前已大量用于露天大罐啤酒发酵。

载体培养法：载体培养法脱胎于曲法培养，同时又吸收了液体培养的优点，是近年来新发展的一种培养方法。特征是以天然或人工合成的多孔材料代替麸皮之类的固体基质作为微生物的载体，营养成分可以严格控制。发酵结束，只要将菌体和培养基挤压出来进行抽提，载体又可以重新使用。

两步法：在酶制剂的两步法液体深层培养中，每一步菌体相同而培养条件不同，因为微生物生长与产酶的最适条件有很大的差异。例如，往培养基中添加葡萄糖能大大增加菌体或菌丝的生长，然而却严重阻碍许多种酶的合成。加强培养液的通气虽然能促进微生物的生长，可是在多数场合下反而抑制酶的合成。为了取得高活力酶，必须制定一种调节方法，既要求细胞的单位酶活力高，又要求细胞数量多，也就是说，给菌体在各种生理时期创造不同的条件。两步法液体深层培养就是实现这种调节的具体措施之一。酶制剂生产两步法的特点是将菌体生长条件（生长期）与产酶条件（生产期）区分开来。菌体先在丰富的培养基上大量繁殖，然后收集菌体浓缩物，洗涤后再转入添加诱导物的产酶培养基，在此期间，菌体积累大量的酶，一般不再繁殖，营养成分或诱导物得到充分的利用。

三、影响菌种质量的因素

种子质量是影响发酵生产水平的重要因素。种子质量的优劣，主要取决于菌种本身的遗传特性和培养条件两个方面。这就是说既要有优良的菌种，又要有良好的培养条件才能获得高质量的种子。

（一）影响孢子质量的因素及其控制

孢子质量与培养基、培养温度、湿度、培养时间、接种量等有关，这些因素相互联系、相互影响，因此必须全面考虑各种因素，认真加以控制。

1. 培养基

构成孢子培养基的原材料，其产地、品种、加工方法和用量对孢子质量都有一定的影响。生产过程中孢子质量不稳定的现象，常常是原材料质量不稳定所造成的。原材料产地、品种和加工方法的不同，会导致培养基中的微量元素和其他营养成分含量的变化。例如，由于生产蛋白胨所用的原材料及生产工艺的不同，蛋白胨的微量元素含量、磷含量、氨基酸组分均有所不同，而这些营养成分对于菌体生长和孢子形成有重要作用。琼脂的牌号不同，对孢子质量也有影响，这是由于不同牌号的琼脂含有不同的无机离子。

此外，水质的影响也不能忽视。地区的不同、季节的变化和水源的污染，均可成为水质波动的原因。为了避免水质波动对孢子质量的影响，可在蒸馏水或无盐水中加入适量的无机盐，供配制培养基使用。例如，在配制生产四环素的斜面培养基时，有时在无盐水内加入 0.03%（NH_4）$_2HPO_4$、0.028% KH_2PO_4 及 0.01% $MgSO_4$，确保孢子质量，提高四环素发酵产量。

为了保证孢子培养基的质量，斜面培养基所用的主要原材料，糖、氮、磷含量需经过化学分析及摇瓶发酵试验合格后才能使用。制备培养基时要严格控制灭菌后的培养基质量。斜面培养基使用前，需在适当温度下放置一定的时间，使斜面无冷凝水呈现，水分适中有利于孢子生长。

配制孢子培养基还应该考虑不同代谢类型的菌落对多种氨基酸的选择。菌种在固体培养基上可呈现多种不同代谢类型的菌落，各种氨基酸对菌落的表现不同。氮源品种越多，出现的菌落类型也越多，不利于生产的稳定。斜面培养基上用较单一的氮源，可抑制某些不正常型菌落的出现；而对分离筛选的平板培养基则需加入较复杂的氮源，使其多种菌落类型充分表现，以利筛选。因此在制备固体培养基时有两条经验：①供生产用的孢子培养基或制备沙土孢子或传代所用的培养基要用比较单一的氮源，以便保持正常菌落类型的优势；②选种或分离用的平板培养基，则需采用较复杂的有机氮源，目的是便于选择特殊代谢的菌落。

2. 培养温度和湿度

微生物在一个较宽的温度范围内生长。但是，要获得高质量的孢子，其最适温度区间很狭窄。一般来说，提高培养温度，可使菌体代谢活动加快，缩短培养时间，但是，菌体的糖代谢和氮代谢的各种酶类，对温度的敏感性是不同的。因此，培养温度不同，菌的生理状态也不同，如果不是用最适温度培养的孢子，其生产能力就会下降。不同的菌株要求的最适温度不同，需经实践考察确定。例如，龟裂链霉菌斜面最适温度为 36.5～37℃，如果高于 37℃，则孢子成熟早，易老化，接入发酵罐后，就会出现菌丝对糖、氮利用缓慢，氨基氮回升提前，发酵产量降低等现象。培养温度控制低一些，则有利于孢子的形成。龟裂链霉菌斜面先放在 36.5℃培养 3d，再放在 28.5℃培养 1d，所得的孢子数量比在 36.5℃培养 4d 所得的孢子数量增加 3～7 倍。

斜面孢子培养时，培养室的相对湿度对孢子形成的速度、数量和质量有很大影响。空气中相对湿度高时，培养基内的水分蒸发少；相对湿度低时，培养基内的水分蒸发多。例如，在我国北方干燥地区，冬季由于气候干燥，空气相对湿度偏低，斜面培养基内的水分蒸发得快，致使斜面下部含有一定水分，而上部易干瘪，这时孢子长得快，且从斜面下部向上长。夏季时空气相对湿度高，斜面内水分蒸发得慢，这时斜面孢子从上部往下长，下部常因积存冷凝水，致使孢子生长得慢或孢子不能生长。试验表明，在一定条件下培养斜面孢子时，在北方相对湿度控制在 40%～45%，而在南方相对湿度控制在 35%～42%，所得孢子质量较好。一般来说，真菌对湿度要求偏高，而放线菌对湿度要求偏低。

在培养箱培养时，如果相对湿度偏低，可放入盛水的平皿，提高培养箱内的相对湿度，为了保证新鲜空气的交换，培养箱每天宜开启几次，以利于孢子生长。现代化的培养箱恒温、恒湿，并可换气，不用人工控制。

最适培养温度和湿度是相对的，如相对湿度、培养基组分不同，对微生物的最适温度会有影响。培养温度、培养基组分不同也会影响到微生物培养的最适相对湿度。

3. 培养时间和冷藏时间

丝状菌在斜面培养基上的生长发育过程可分为五个阶段：孢子发芽和基内菌丝生长阶段；气生菌丝生长阶段；孢子形成阶段；孢子成熟阶段；斜面衰老菌丝自溶阶段。

（1）孢子的培养时间 基内菌丝和气生菌丝内部的核物质和细胞质处于流动状态，如果把菌丝断开，各菌丝片断之间的内容是不同的，有的片断中含有核粒，有的片断中没有核粒，而核粒的多少也不均匀，该阶段的菌丝不适宜于菌种保存和传代。而孢子本身是一个独立的遗传体，其遗传物质比较完整，因此孢子用于传代和保存均能保持原始菌种的基本特征。但是孢子本身也有年轻与衰老的区别。一般来说衰老的孢子不如年轻孢子，因为衰老的孢子已在逐步进入发芽阶段，核物质趋于分化状态。孢子的培养工艺一般选择在孢子成熟阶段时终止培养，此时显微镜下可见到成串孢子或游离的分散孢子，如果继续培养，则进入斜面衰老菌丝自溶阶段，表现为斜面外观变色、发暗或黄、菌层下陷、有时出现白色斑点或发黑。白斑表示孢子发芽长出第二代菌丝，黑色显示菌丝自溶。孢子的培养时间对孢子质量有重要影响，过于年轻的孢子经不起冷藏，如土霉素菌种斜面培养4.5d，孢子尚未完全成熟，冷藏7~8d菌丝即开始自溶。而培养时间延长半天（即培养5d），孢子完全成熟，可冷藏20d也不自溶。过于衰老的孢子会导致生产能力下降，孢子的培养时间应控制在孢子量多、孢子成熟、发酵产量正常的阶段终止培养。

（2）孢子的冷藏时间 斜面孢子的冷藏时间，对孢子质量也有影响，其影响随菌种不同而异，总的原则是冷藏时间宜短不宜长。曾有报道，在链霉素生产中，斜面孢子在6℃冷藏2个月后的发酵单位比冷藏1个月的低18%，冷藏3个月后则降低35%。

4. 接种量

制备孢子时的接种量要适中，接种量过大或过小均对孢子质量产生影响。因为接种量的大小影响到在一定量培养基中孢子的个体数量的多少，进而影响到菌体的生理状态。凡接种后菌落均匀分布整个斜面，隐约可分菌落者为正常接种。接种量过小斜面上长出的菌落稀疏，接种量过大则斜面上菌落密集一片。一般传代用的斜面孢子要求菌落分布较稀，适于挑选单个菌落进行传代培养。

接种摇瓶或进罐的斜面孢子，要求菌落密度适中或稍密，孢子数达到要求标准。一般一支高度为 20cm、直径为 3cm 的试管斜面，丝状菌孢子数要求达到 10^7 以上。

　　接入种子罐的孢子接种量对发酵生产也有影响。例如，青霉素产生菌之一的球状菌的孢子数量对青霉素发酵产量影响极大，若孢子数量过少，则进罐后长出的球状体过大，影响通气效果；若孢子数量过多，则进罐后不能很好地维持球状体。

　　除了以上几个因素需加以控制之外，要获得高质量的孢子，还需要对菌种质量加以控制。用各种方法保存的菌种每过 1 年都应进行 1 次自然分离，从中选出形态、生产性能好的单菌落接种孢子培养基。制备好的斜面孢子，要经过摇瓶发酵试验，合格后才能用于发酵生产。

（二）影响种子质量的因素及其控制

　　种子质量主要受孢子质量、培养基、培养条件、种龄和接种量等因素的影响。摇瓶种子的质量主要以外观颜色、效价、菌丝浓度或黏度以及糖氮代谢、pH 变化等为指标，符合要求方可进罐。

　　种子的质量是发酵能否正常进行的重要因素之一。种子制备不仅是要提供一定数量的菌体，更为重要的是要为发酵生产提供适合发酵、具有一定生理状态的菌体。种子质量的控制，将以此为出发点。

1. 培养基

　　种子培养基的原材料质量的控制类似于孢子培养基原材料质量的控制。种子培养基的营养成分应适合种子培养的需要，一般选择有利于孢子发芽和菌丝生长的培养基，在营养上易于被菌体直接吸收和利用，营养成分要适当地丰富和完全，氮源和维生素含量较高，这样可以使菌丝粗壮并具有较强的活力。另一方面，培养基的营养成分要尽可能地和发酵培养基接近，以适合发酵的需要，这样的种子一旦移入发酵罐后也能比较容易适应发酵罐的培养条件。发酵的目的是获得尽可能多的发酵产物，其培养基一般比较浓，而种子培养基以略稀薄为宜。种子培养基的 pH 要比较稳定，以适合菌的生长和发育。pH 的变化会引起各种酶活力的改变，对菌丝形态和代谢途径影响很大。例如，种子培养基的 pH 控制对四环素发酵有显著影响。

2. 培养条件

　　种子培养应选择最适温度，前面已有叙述。培养过程中通气搅拌的控制很重要，各级种子罐或者同级种子罐的各个不同时期的需氧量不同，应区别控制，一般前期需氧量较少，后期需氧量较多，应适当增大供氧量。在青霉素生产的种子制备过程中，充足的通气量可以提高种子质量。例如，将通气充足和通气不足两种情况下得到的种子都接入发酵罐内，它们的发酵单位可相差 1 倍。但是，在土霉素发酵生产中，一级种子罐的通气量小一些却对发酵有利。通气搅拌不足可引起菌丝结团、菌丝粘壁等异常现象。生产过程中，有时种子培养会产生大量泡沫而影响正常的通气搅拌，此时应严格控制，甚至可考虑改变培养基配方，以减少发泡。

对青霉素生产的小罐种子，可采用补料工艺来提高种子质量，即在种子罐培养一定时间后，补入一定量的种子培养基，结果是种子罐放罐体积增加，种子质量也有所提高，菌丝团明显减少，菌丝内积蓄物增多，菌丝粗壮，发酵单位增高。

3. 种龄

种子培养时间称为种龄。在种子罐内，随着培养时间的延长，菌体量逐渐增加。但是菌体繁殖到一定程度，由于营养物质消耗和代谢产物积累，菌体量不再继续增加，而是逐渐趋于老化。由于菌体在生长发育过程中，不同生长阶段的菌体的生理活性差别很大，接种种龄的控制就显得非常重要。在工业发酵生产中，一般都选在生命力极为旺盛的对数生长期，菌体量尚未达到最高峰时移种。此时的种子能很快适应环境，生长繁殖快，可大大缩短在发酵罐中的迟滞期（调整期），缩短在发酵罐中的非产物合成时间，提高发酵罐的利用率，节省动力消耗。如果种龄控制不适当，种龄过于年轻的种子接入发酵罐后，往往会出现前期生长缓慢、泡沫多、发酵周期延长以及因菌体量过少而菌丝结团现象，引起异常发酵等；而种龄过老的种子接入发酵罐后，则会因菌体老化而导致生产能力衰退。在土霉素生产中，一级种子的种龄相差 2～3h，转入发酵罐后，菌体的代谢就会有明显的差异。

最适种龄因菌种不同而有很大的差异。细菌的种龄一般为 7～24h，霉菌种龄一般为 16～50h，放线菌种龄一般为 21～64h。同一菌种的不同罐批培养相同的时间，得到的种子质量也不完全一致，因此最适的种龄应通过多次试验，特别要根据本批种子质量来确定。

单元五　菌种扩大培养应用实例

谷氨酸发酵的菌种扩大培养

谷氨酸发酵的菌种扩大培养工序：

斜面菌种→一级种子培养→二级种子培养→发酵罐

1. 斜面菌种的培养

菌种的斜面培养必须有利于菌种生长而不产酸，并要求斜面菌种绝对纯，不得混有任何杂菌和噬菌体，培养条件应有利于菌种繁殖，培养基以多含有机氮而不含或少含糖为原则。

（1）斜面培养基组成　葡萄糖 0.1%，蛋白胨 1.0%，牛肉膏 1.0%，氯化钠 0.5%，琼脂 2.0 ~ 2.5%，pH7.0 ~ 7.2（传代和保藏斜面不加葡萄糖）。

（2）培养条件　33 ~ 34℃，培养 18 ~ 24h。

2. 一级种子培养

一级种子培养的目的在于大量繁殖活力强的菌体，培养基组成应以少含糖分，多含有机氮为主，培养条件从有利于长菌考虑。

（1）培养基组成　葡萄糖 2.5%，尿素 0.5%，硫酸镁 0.04%，磷酸氢二钾 0.1%，玉米浆 2.5% ~ 3.5%（按质增减），硫酸亚铁、硫酸锰各 2mg/kg，pH7.0。

（2）培养条件　用 1000mL 三角瓶装入培养基 200mL，灭菌后置于冲程 7.6cm、频率 96 次/min 的往复式摇床上振荡培养 12h，培养温度 33 ~ 34℃。

（3）一级种子质量要求　种龄：12h，pH（6.4 ± 0.1）；光密度净增 OD 值 0.5 以上；残糖 0.5% 以下；无菌检查（－）；噬菌体检查（－）；镜检为菌体生长均匀、粗壮，排列整齐，革兰阳性反应。

3. 二级种子培养

为了获得发酵所需要的足够数量的菌体，在一级种子培养的基础上进而扩大到种子罐的二级种子培养。种子罐容积大小取决于发酵罐大小和种量比例。

（1）培养基组成（以生产菌 B9 为例）　水解糖 2.5%，玉米浆 2.5% ~ 3.5%，磷酸氢二钾 0.15%，硫酸镁 0.04%，尿素 0.4%，硫酸亚铁、硫酸锰各 2mg/kg，pH6.8 ~ 7.0。

（2）培养条件　接种量 0.8% ~ 1.0%，培养温度 32 ~ 34℃，培养时间 7 ~ 8h。通风量为 50L 种子罐 1 : 0.5m^3/（m^3·min），搅拌转速 340r/min；250L 种子罐 1 : 0.3m^3/（m^3·min），搅拌转速 300r/min；500L 种子罐 1 : 0.25m^3/（m^3·min），搅拌转速 230r/min。

（3）二级种子的质量要求　种龄 7 ~ 8h；pH 7.2 左右；OD 值净增 0.5 左右；无菌检查（－）；噬菌体检查（－）。

阅读材料3

微生物遗传学奠基人乔治·比德尔

乔治·比德尔（George Wells Beadle），美国遗传学家。1903 年出生于美国内布拉斯加州。1926 年毕业于内布拉斯加州大学理学院，1927 年获得理学硕士学位，即到康奈尔大学当助教，同时研究孟德尔的不结合遗传法则。1928 年，比德尔参加了由纽约植物园一名科学家多吉（B. O. Dodge）举办的讨论会，那时这位科学家正在用一种真菌——红色面包霉作遗传杂交实验，他观察到一些很有意思的分离现象。比德尔猜测这可能与摩尔根的学生布里奇斯关于果蝇异型染色体交换（非同源染色体之间发生的基因交换）机制有关；在后来的研究中，比德尔并没有找到这两者间的确切联系，但红色面包霉却在他脑海中留下了深刻的印象。1931 年获博士学位，后去加州理工学院摩尔根实验室从事果蝇的遗传学研究。1937 年去斯坦福大学与塔特姆（Tatum）合作，开始将红色面包霉（学名为链孢菌）作为研究对象。一般情况下，链孢菌在含有糖、少量生物素和无机盐的培养基中就能很好生长。在它生活周期的一定阶段，链孢菌会产生 8 个完全相同的孢子。比德尔和塔特姆在实验中用 X 射线照射链孢菌，他们发现有的孢子会出现突变，而某些突变影响了孢子利用基本物质合成有机物的能力。例如，有的孢子不能像正常的孢子那样产生特殊的氨基酸。比德尔和塔特姆在培养基中添加不同的物质，并观察它是否能使突变的孢子正常生长。根据实验结果，比德尔和塔特姆认为：所有生物体内的一切生物化学过程最终都由基因控制；这些过程都可细分为一系列化学反应；各个反应均以某种方式受单个基因的控制；单个基因的突变只能改变细胞进行某一化学反应的能力。

比德尔和塔特姆于 1941 年提出"一个基因一种酶"假说，这一假说揭示了基因的基本功能，该学说为遗传学家普遍接受。他们所使用的营养缺陷型研究方法，以后被广泛应用于各种代谢途径和发育途径的研究。由于他们的开创性工作，比德尔和塔特姆与莱德伯格（Lederberg Joshua）分享了 1958 年的诺贝尔生理学及医学奖。

1961 年比德尔当选为芝加哥大学校长，1968 年任美国医学协会生物医学研究所所长。美国耶鲁大学和英国伯明翰大学等国内外十多所大学授予他名誉博士学位。

微生物遗传学的诞生推进了对微生物的代谢、生长发育、免疫机制以及致病性等方面的认识。例如，通过营养缺陷型和糖发酵缺陷型的研究，阐明了某些微生物的氨基酸、核苷酸等物质的合成途径以及一些糖的代谢机制等。

微生物遗传学的研究一方面要依靠生物化学的知识和方法，另一方面也对生物化学做出了许多贡献。氨基酸、核苷酸及蛋白质和核酸等大分子的生物合成的研究多采用微生物为材料，而且常用微生物遗传学方法。

微生物遗传学还推动了生产的发展。20 世纪 40 年代微生物育种工作仅限于诱变处理。随着微生物遗传学的开展，杂交、转导和转化等技术也应用到育种工作中。细菌的氨基酸合成代谢中的基因调控机制被阐明以后，通过消除阻遏作用而提高最终产物的原理被应用于氨基酸和核苷酸的发酵生产中，并取得了显著的增产效果。

重组 DNA 技术在工业、农业和医学上的应用前景更难以估量，而重组 DNA 技术也是微生物遗传学研究的产物。微生物遗传学研究对于医疗卫生事业也做出了重要的贡献，在致癌物质的检测方面尤为突出。

思　考　题

1. 简述生产菌种纯化分离的方法。
2. 紫外线诱变育种的原理和操作方法有哪些？

3. 常用的化学诱变剂有哪些？亚硝酸如何使用？

4. 什么是点突变？亚硝酸对点突变的诱变机制是什么？

5. 简述诱变育种的主要程序。

6. 菌种保藏的常用方法有哪些？

7. 微生物工业对菌种有哪些要求？

8. 简述菌种制备的过程。

模块四　工业发酵灭菌

单元一　染菌的分析及防治

一、染菌的原因分析

造成发酵染菌的原因很多，现将收集到的国内外几家抗生素工厂发酵染菌原因列于表 4-1 至表 4-3。

表 4-1　国外一抗生素发酵染菌原因分析

染菌原因	百分率/%	染菌原因	百分率/%
空气系统有菌	19.96	罐盖漏	1.54
夹套穿孔	12.36	阀门渗漏	1.45
操作问题	10.15	培养基灭菌不彻底	0.79
其他设备漏	10.13	泡沫冒顶	0.48
种子带菌或怀疑种子带菌	9.64	接种管穿孔	0.39
蛇管穿孔	5.89	接种时罐压跌零	0.19
搅拌填料漏	2.09	原因不明	24.94

表 4-2　国内一制药厂发酵染菌原因的分析

染菌原因	百分率/%	染菌原因	百分率/%
外界带入杂菌（取样、补料带入）	8.2	蒸汽压力不够或蒸汽量不足	0.6
设备穿孔	7.6	管理问题	7.09
空气系统带菌	26	操作违反规程	1.6
停电罐压跌零	1.6	种子带菌	0.6
接种	11	原因不明	35.71

表 4-3　上海第三制药厂染菌原因分析

项目	百分率/%	项目	百分率/%
种子带菌	14.15	管理不善	25.8
盘管穿孔	14.2	其他	7.49
阀门渗漏	23.3	原因不明	5.06
空气系统有菌	10		

其中管理不善而染菌的有 31 个罐批，占 25.08%。经分析有表 4 - 4 所列原因。

表 4 - 4 　　　　　　　　　　　　　染菌原因分析

项目	百分率/%	项目	百分率/%
进罐前未做设备严密检查	25.8	操作不熟练	19.35
接种违反操作规程	25.8	配料违反工艺规程	6.45
检修质量缺乏验收制度	19.35	调度不当	3.25

另外，分析染菌原因，也可以从以下几个方面进行。

（1）从染菌时间分析　发酵早期染菌，可能原因有种子带菌、培养基或设备灭菌不彻底、接种操作不当、无菌空气带菌等；发酵后期染菌，可能原因有中间补料污染、设备渗漏、操作问题等。

（2）染菌种类分析　如果污染的是芽孢杆菌，可能是培养基或设备灭菌不彻底，空气带菌也常引起芽孢杆菌污染。近年来发现，氨水中有耐碱的小芽孢杆菌。如果污染的是不耐热的杂菌，可能是种子带菌、设备渗漏、操作问题等。霉菌污染一般是无菌室灭菌不彻底。

（3）从染菌的幅度分析　如果发酵罐大面积染菌，而且所污染的是同一种杂菌，一般是空气系统出现问题；如果个别罐连续染菌，一般是设备问题。

二、染菌的途径及预防

（一）设备系统

发酵罐及安装不合理的管道和连接部件，容易出现"死角"，使蒸汽不能有效达到局部，而造成灭菌不彻底。这类"死角"主要如下。

1. 发酵罐"死角"

柠檬酸生产的发酵罐多是用不锈钢衬里，如衬里焊接质量不好，导致不锈钢与碳钢之间有空气，在灭菌时，由于两者膨胀系数不同，会使不锈钢鼓起或破裂，造成"死角"（图 4 - 1）。另外，罐底的加强板长期受压缩空气吹打而腐蚀，或焊接不当，也会造成灭菌不彻底（图 4 - 2）。

2. 法兰安装"死角"

发酵设备有大量管道，而管道之间的安装都是以法兰连接。安装时垫片内圆恰与法兰内径相等，如有偏差会造成"死角"（图 4 - 3）。

3. 移种管安装"死角"

发酵一级种子罐与二级种子罐之间，以及二级种子罐与发酵罐之间的移种必须保证无杂菌。如安装不当，就存在蒸汽不易达到的"死角" ［图 4 - 4（1）］，消除方法如图 4 - 4（2）所示。

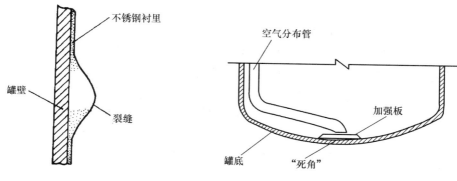

图 4 - 1　不锈钢衬里破裂造成"死角"　　　图 4 - 2　罐底的加强板造成"死角"

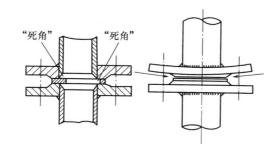

图 4 - 3　法兰安装时造成"死角"

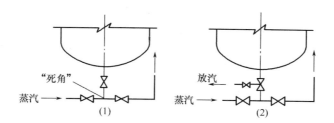

图 4 - 4　灭菌时蒸汽不易达到的"死角"及消除方法

（二）种子带菌

（1）培养基及用具灭菌不彻底　菌种培养基及用具灭菌均在杀菌锅中进行，如灭菌时锅内空气排放不完全，造成假压，灭菌的温度便达不到要求。

（2）菌种在移接过程中受污染　菌种的移接工作是在无菌室中，按无菌操作进行的。当菌种移接操作不当，或无菌室管理不严时，就可能引起污染。因此要严格无菌室管理制度和严格按无菌操作接种，并要合理设计无菌室。

（3）菌种在培养过程或保藏过程中受污染　菌种在培养过程和保藏过程中，由于外界空气进入，也使杂菌进入而受污染。为了防止污染，试管的棉花塞应用牛皮纸包扎后放冰箱保藏。每一级种子培养物均应经过严格检查，确认未受污染才能使用。

（三）培养基灭菌不彻底

（1）实罐灭菌时未充分排除罐内空气 在实罐灭菌升温时，应打开排气阀门及有关连接管的边阀、压力表接管边阀等，使蒸汽通过，达到彻底灭菌。

（2）培养基连续灭菌时，蒸汽压力波动大，培养基未达到灭菌温度，导致灭菌不彻底而污染。培养基连续灭菌应严格控制灭菌温度，最好采用自动控制装置。

（3）无菌空气带菌 无菌空气带菌是发酵染菌的主要原因之一。杜绝无菌空气带菌，必须从空气净化流程和设备的设计、过滤介质的选用和装填、过滤介质的灭菌和管理等方面完善空气净化系统。

三、灭 菌 方 法

从微生物学中我们已了解到灭菌与消毒的基本概念，但工业生产中习惯将灭菌称为消毒，如实罐灭菌称"实消"，连续灭菌称"连消"等。工业生产中常用的灭菌方法有物理灭菌和化学灭菌两大类。灭菌条件选择的原则：达到灭菌的目的，同时使培养基成分破坏减至最小。

（一）物理灭菌

物理灭菌主要方法有热力灭菌、辐射灭菌和过滤除菌。

1. 热力灭菌

热力灭菌包括湿热灭菌和干热灭菌，湿热灭菌在生产中应用最广。

（1）湿热灭菌 湿热灭菌是指直接用加压湿蒸汽进行物料或设备容器的灭菌。加压水蒸气的温度在沸点以上，可以杀死耐热的内生孢子（图4-5），通常使用的压力为0.11MPa，此时水蒸气的温度是121℃，该温度条件下的灭菌时间通常是20~30min（图4-6）。

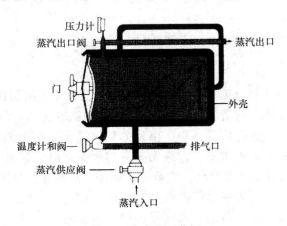

图4-5 高压灭菌锅

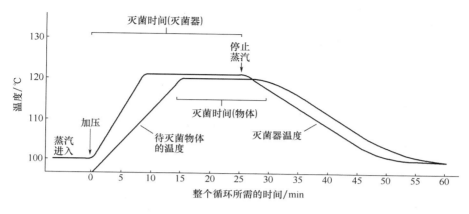

图 4-6　灭菌时间和温度规律

　　工业培养基因液体量大，热传入内部的速度较慢，应适当延长灭菌时间。湿热灭菌与干热灭菌比较有以下优点：①蒸汽具有很大潜能，蒸汽冷凝放出 2093kJ/kg 的热量，蒸汽冷凝的水分又有利于湿热灭菌；②蒸汽具有强大的穿透力，在高温及有水分存在的条件下，微生物细胞中的蛋白质极易凝固而引起微生物的死亡；③蒸汽来源容易，操作费用低廉，本身无菌。

　　（2）干热灭菌　干热灭菌包括火焰灭菌和热空气灭菌。常用的干热空气来源于电热或红外线。生产上只对一些要求灭菌后保持干燥状态的物料采用，这种方法并不常用。

　　2. 辐射灭菌

　　辐射灭菌通常用紫外线、高能量的电磁波或粒子辐射灭菌，其中紫外线最常用。紫外线杀菌的原理是紫外线的波长为 260nm，它和微生物体内核酸的吸收光谱一致，脱氧核糖核酸（DNA）容易吸收紫外线产生变异，而引起死亡。由于紫外线的穿透力低，不能穿透玻璃，工业上只限于在无菌室、培养间空间灭菌。使用 ^{60}Co 为辐射源能产生 γ 射线，该辐射多用在食品工业和医疗设备的灭菌上。美国食品药品管理局已经批准使用辐射对外科医疗器械、疫苗和药品进行灭菌，食品也可以用辐射法灭菌。由于人们担心辐射会产生有毒或致癌物质，操作人员担心它的安全问题，以及生产成本等问题，目前应用还不广泛，相信不久的将来辐射灭菌会广泛普及。

　　3. 过滤除菌

　　虽然加热法是最常见、最有效的液体灭菌法，但不适合用于热敏感气体或液体的灭菌。过滤法则是一种有效的方法。过滤器是一种带有小孔的装置，它可以使气体或液体通过但阻止微生物，以达到除菌的目的。

　　微生物学中最常见的除菌滤器是膜滤器（图 4-7），滤膜通常由醋酸纤维或硝酸纤维构成，膜上有大量的小孔，膜的孔径一般选择 0.45μm。

　　实验室采用膜滤器对少量的液体进行过滤除菌，如滤除血清和酶液中的微生物。工业上利用小板框过滤器对喷雾干燥前的抗生素液体除菌（图4-8），如庆大霉素生产时对转盐后的滤液进行除菌。

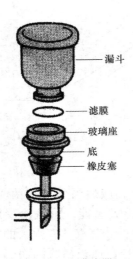

图4-7 膜滤器

图4-8 工业上使用的小板框过滤器

（二）化学灭菌

所谓化学灭菌，主要是使用化学试剂（如甲醛、苯酚、新洁尔灭、过氧乙酸、高锰酸钾等）进行某些容器或物料以及无菌区域的灭菌。如罐染菌时加甲醛闷消，无菌室用药物喷洒，接种时用75%乙醇擦拭双手等。由于这类化学试剂的选择毒力不强，即对微生物的作用无专一性，而对所有细胞都有相似作用，故化学灭菌很少用于培养基的灭菌，加上其遗留毒性及腐蚀性较大，所以化学灭菌应用的范围受到一定的限制。

单元二 培养基和发酵设备的灭菌

前面提到发酵工业中对培养基的灭菌都是采用高压蒸汽法，高温和含水量使细菌蛋白质迅速变性，但同时对培养基的营养成分也有破坏作用。如何既要达到一定程度的灭菌效果，又尽量减少营养成分的破坏，这就要恰当地掌握加热的温度和时间。

一、培养基灭菌条件的选择

（一）灭菌时间的确定

灭菌时间可根据对数残留定律导出的公式计算。所谓对数残留定律就是指在灭菌过程中，微生物在高温高湿的环境中，其减少的速率（即单位时间内菌体的减少量，可用 $-\dfrac{\mathrm{d}N}{\mathrm{d}t}$ 表示）与任何一瞬间残留的菌数成正比（残存菌数为 N）。用数学式表示为：

$$\frac{\mathrm{d}N}{\mathrm{d}t} = -K \cdot N \tag{4-1}$$

式中　N——菌的残留个数

　　　　K——速度常数，$\min^{-1}$

　　　　t——灭菌时间，$\min^{-1}$

此式移项后两边积分得

$$\int_{N_0}^{N_s} \frac{\mathrm{d}N}{N} = -K \int_0^t \mathrm{d}t \tag{4-2}$$

$$t = \frac{2.303}{K} \lg \frac{N_0}{N_s} \tag{4-3}$$

式中　N_0——开始灭菌时原有菌的个数

　　　　N_s——灭菌结束时残留菌的个数

从灭菌时间公式可见，K 值是关键。反应速度常数 K 值是微生物耐热性的一种特征，它随微生物种类和灭菌温度而异。假定灭菌时间 t 为 5min，灭菌温度为 $100℃$，N_o 为已知，N_s 可测定，则 K 值便能确定。在其他条件相同情况下，不同菌 K 值是不同的。如在 $121℃$，细菌芽孢的 K 值为 $1\min^{-1}$，而营养细胞的 K 值，最大可为 $10^{10}\min^{-1}$。K 值越小，则此微生物越耐热。同一种微生物在不同灭菌温度下，K 值也不相同，灭菌温度越低，K 值越小；灭菌温度越高，K 值越大。如硬脂嗜热芽孢杆菌 Fs1518 在 $104℃$ 时灭菌 K 值为 $0.0342\min^{-1}$，而在 $131℃$ 时 K 值为 $15\min^{-1}$。从灭菌时间公式可知 t 与 K 成反比。另外，需注意的是灭菌程度即 N_s，如果要求完全彻底灭菌，即 $N_s = 0$，则 t 为 ∞，式（4-3）无意义。一般采用 $N_s = 0.001$，即 1000 次灭菌中允许有一次失败。

例4-1　有发酵培养基 $40\mathrm{m}^3$，原始污染程度为 10^5 个菌/mL，要求无菌程度 N_s 为 10^{-3} 个菌/批，若灭菌温度 $125℃$ 时灭菌速度常数为 $1\min^{-1}$，求所需要的灭菌时间。

解：已知 $N_0 = 40 \times 10^6 \times 10^5 = 4 \times 10^{12}$ 个菌/批

　　　　$N_s = 10^{-3}$ 个菌/批

　　　　$K = 1\min^{-1}$

将上述数据代入 $t = \dfrac{2.303}{K} \lg \dfrac{N_0}{N_s}$

$$t = \frac{2.303}{1} \times \lg \frac{4 \times 10^{12}}{10^{-3}}$$

$$= 15 \times 2.303 \times 0.602 = 20.8 \text{（min）}$$

（二）灭菌温度的选择

如前所述，微生物受热被杀死属于单分子反应，所以灭菌温度与菌死亡的反应速度常数关系可用阿累尼乌斯（Arrhenius）方程式表示如下：

$$K = Ae^{-\frac{E}{RT}} \tag{4-4}$$

式中　K——菌死亡的速度常数，min^{-1}

　　　A——阿累尼乌斯常数，min^{-1}

　　　R——气体常数，J/（mol·K）

　　　T——绝对温度，K

　　　E——杀死细菌所需的活化能，J/mol

　　　e——2.718

　　式（4-4）中 E 代表活化能（J/mol）。活化能是反应分子必须达到活化态才能参与反应或指获得活化能该微生物才能被杀死。表4-5所示为某些细菌芽孢受热死亡和培养基中营养成分受热分解时的活化能数据。从式（4-4）中可知 E 越大，R 随温度的变化越大。所以 E 是反应微生物热死或营养物质受热分解，对温度敏感性的度量。已知微生物在受热死亡时的活化能，一般要比营养成分分解的活化能大得多，即在灭菌温度上升时，微生物杀灭速度的提高，超过培养基成分破坏的速度。因此在灭菌时可以选择较高的温度、采用较短的时间以减少培养基成分的破坏。这就是通常所说的高温快速灭菌法。

表4-5　　　　　　　　　　　　　**细菌芽孢和营养物的活化能**

细胞芽孢和营养物	E/（J/mol）	细胞芽孢和营养物	E/（J/mol）
叶酸	70342	嗜热脂肪芽孢杆菌	283460
维生素 B	92114	枯草芽孢杆菌	318212
葡萄糖	100488		

　　例4-2　假定灭菌温度为120℃，试比较嗜热脂肪芽孢杆菌死亡速率常数 K_S 和维生素 B_1 的分解速率常数 K_B。

　　解：已知，嗜热脂肪芽孢杆菌的活化能 $E_3 = 283460$（J/mol）

阿累尼乌斯常数 $A_S = 1.06 \times 10^{36}$（$\text{min}^{-1}$）

气体常数 $R = 8.314$［J/（mol·K）］

绝对温度 $T = 120 + 273 = 393$（℃）

代入式（4-4）中：$K_S = 1.06 \times 10^{36} \times e^{\frac{-283460}{8.314 \times 393}} = 0.024$（$\text{min}^{-1}$）

已知维生素 B_1 的活化能 $E_B = 92114$（J/mol）

阿累尼乌斯常数 $A_B = 9.30 \times 10^{10}$（$\text{min}^{-1}$）

气体常数 $R = 8.314$［J/（mol·K）］

绝对温度 $T = 120 + 273 = 393$℃

同理代入式（4-4）中：$K_B = 0.055$（min^{-1}）

例4-3　如果上题灭菌温度从120℃提高到150℃，求K_S和K_B。

根据上题的已知条件，求得$K_S = 11.12$（min^{-1}），$K_B = 0.404$（min^{-1}）。

可见从120℃升高至150℃时，芽孢K值从0.024（min^{-1}）增至11.12（min^{-1}），为原来的63倍，但同样的温度变化，维生素B_1的K值只从0.055增加到0.404，仅为原来的7.3倍。

表4-6所示为达到同样的灭菌效果，灭菌温度、时间和维生素B_1损失的关系。

表4-6　　　　　　灭菌温度、时间和维生素B_1损失的关系

灭菌温度/℃	灭菌时间/min	维生素B_1的损失/%
100	843	>99.99
110	75	86
120	7.6	34
130	0.851	9.0
140	0.107	2.3
150	0.015	<1.0

二、培养基的灭菌工艺

培养基在灭菌工业上常分为三种，即实罐灭菌、空罐灭菌和连续灭菌。

（一）实罐灭菌（实消）

实罐灭菌是将培养基装入发酵罐内直接通入蒸汽进行灭菌。该法不需要另外的灭菌设备，操作简便，染菌机会少，因而在工业上仍广泛应用。但升温和降温的时间较长，发酵罐的利用率较低。

实罐灭菌（图4-9）时，先将配制好的培养基从配料池输送到发酵罐中，由于蒸汽含一定的水分，因此培养基配制时水要比定量少加些。灭菌后可通过视镜检查液面高度。配料进罐后，开搅拌，打散团块。然后密闭，打开各种排汽阀，通入高压蒸汽加热。通用的发酵罐一般有三个口可进蒸汽，第一是出料管，第二是进空气管，第三是取样管。为了缩短升温的时间，灭菌操作时，要求三路进汽。当有蒸汽冒出时，将排汽阀逐渐关小，待罐温上升到120℃，罐压维持在$1.0 \times 10^5 Pa$（表压），并保温30min左右。灭菌结束时，迅速关闭部分排汽阀和全部进汽阀，待罐压低于分过滤器空气压力时，再通入无菌空气保压（以防培养基倒流入过滤器内）。同时，冷却降温，把罐内培养液冷却到接种温度。

（二）空罐灭菌（空消）

所谓空消，即通入饱和蒸汽于未加培养基的罐体内进行湿热灭菌。空消时罐压和罐温可稍高于实消。空消时可先从罐顶通入蒸汽，将罐内所有空气从底

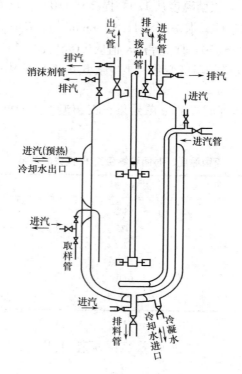

图 4 - 9　实罐灭菌发酵罐示意图

部排除，用蒸汽保压灭菌 30min 后，压出罐内冷凝水，然后关紧排汽阀，继续
闷罐 30min。闷消结束后，先开排汽阀，排除罐内蒸汽，再从已消毒的空气分过
滤器进入空气，排除蒸汽，保持罐压。空消是配合培养基连续灭菌后使用。发
酵过程中遇有染菌的罐，尤其是芽孢杆菌污染，必须先进行空罐灭菌，必要时
加甲醛熏消，以保证灭菌彻底。甲醛加量一般为罐容积的万分之一。灭菌结束
后适当加大进风量，延长吹干时间，将甲醛吹净。

（三）连续灭菌（连消）

连续灭菌是指将培养基经过专用的消毒设备，连续不断地加热、维持、降
温，然后进入空消后发酵罐的灭菌方法。所谓专用设备是指加热设备、保温设
备和冷却设备（图 4 - 10）。料液在配料罐中配料后，由连消泵送入连消塔底端，
料液被直接蒸汽立即加热到灭菌温度 126 ~ 132℃ 由顶部流出。料液进入保温罐
保温 5 ~ 7min，以达到灭菌的目的。罐压维持在 $4 \times 10^5 Pa$，然后进入冷凝管冷
却。一般冷到 40 ~ 50℃ 后，输送到预先空消过的储罐内。

连消具有如下优点。

（1）高产量　与分批灭菌相比，培养液受热时间短，营养成分破坏少，培
养基质量好，并且可以将糖和氮源分开灭菌，而实罐灭菌就很难做到这点。

（2）蒸汽负荷均衡，锅炉利用率高，操作方便。

（3）可缩短发酵罐的辅助工作时间，提高发酵罐的利用率。

（4）适于自动控制，降低劳动强度。

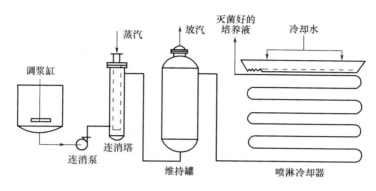

图4-10 连消塔-喷淋冷却连续灭菌流程

图4-11所示为目前工厂较多采用的薄板换热器连续灭菌系统。该系统的特点是培养基在薄板内加热或冷却，大大增加了换热面积，同时由于增加了新鲜培养基的预热过程和灭菌后培养基的冷却过程，所以节约了蒸汽及冷却水的用量。

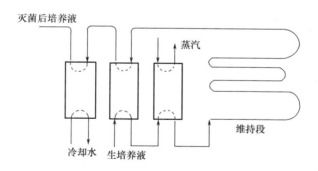

图4-11 由换热器组成的连续灭菌系统

（四）空气过滤及管道灭菌

1. 空气总过滤器和分过滤器灭菌

排除过滤器中的空气，从过滤器上部通入蒸汽，并从上、下排汽口排汽，维持压力0.147MPa，灭菌2h。灭菌完毕通入压缩空气吹干。

2. 发酵附属设备灭菌

糖水罐灭菌压力1.0×10^5Pa，时间30min左右；消沫剂罐灭菌，压力（1.5～1.8）$\times 10^5$Pa，时间60min。

3. 管道灭菌

加糖加消沫剂管道以及移种，补料管道灭菌，蒸汽压力（3~3.5）×10⁵Pa，灭菌保温 1h。

三、发酵设备灭菌

发酵设备是用于微生物生长的反应设备，广泛应用于现代教学、科研、制药、生物工程行业的各个领域。在发酵罐中各种微生物在适当的环境中生长、新陈代谢和形成发酵产物，因此，灭菌操作是微生物发酵罐设备必不可少的操作规程。微生物发酵罐设备灭菌操作主要有以下流程。

（1）取下马达，平放于桌上。罐顶端套上黑色保护帽。

（2）由罐上取下温度传感器，该传感器不需要灭菌。

（3）取下 pH 电缆线，盖上红色保护帽；将 pH 电极插到底，务必拧紧电极的上下两个固定螺帽。pH 电极灭菌前要标定。pH 电极标定：接好电缆后拧开电极的固定螺帽（第一个），将 pH 电极取出后用去离子水冲洗干净后，轻轻用面纸吸干上面的水后先放入标准溶液 pH4.01 中校正，等控制器上数据稳定后在设置为 0 处输入 4.01（不管实际数值的微弱差别）；输入完毕后从标准液中取出电极，冲洗、吸干后放入 pH7.00 的标准溶液中，等控制器上数据稳定后在自动调零处输入 7.00（不管实际数值的微弱差别）。pH 电极校正后不要关控制器。

（4）取下 DO 电缆线，DO 电缆接口处用锡箔纸包好后套上黑色帽。DO 电极灭菌完后标定。DO 电极要插到底，拧紧电极的上下两个固定螺帽。灭菌前要注意溶氧电极里头的保护液是否还有，没有则要添加。

（5）取下消泡或液位电缆线，将消泡或液位电缆插到底，灭菌后定位到所需要的高度后就不要再压下去。消泡电极的高度在离液面约 1.5cm 处。

（6）拆下发酵罐上和冷凝器上的进、出水管，拆下的同时要用夹子夹住拆下水管的接头处，以防水流出。

（7）发酵罐上的过滤器的两端都要用夹子夹死，过滤器的出口处用锡箔包好，所有过滤器的两端都要用夹子夹住。发酵完毕倒罐后注意检查过滤器是否被打湿，若有则赶快用吸球将其中的液体吹出。

（8）用铁夹夹死收获管上的硅胶管以防在灭菌锅内跑液。收获管不用时上面一定要卡死，不能移走。

（9）在灭菌前，将发酵罐的 6 个固定螺帽拧松出气，其他螺帽一定要拧紧。灭菌完打开高压锅后立刻将其拧紧，注意戴上手套防止被烫伤。

（10）酸不要在高压锅内灭菌，将空的酸液瓶上的过滤器用锡箔包好，并将瓶盖拧松出汽。灭菌完后去掉锡箔过滤器上的锡箔纸作为出汽口（注意与酸瓶相连的硅胶管不要卡死）。碱液瓶和硅胶管可以一起灭菌（与碱液瓶相连的硅胶管要卡死）。

（11）取下电热夹套，将其平铺于桌面。

（12）灭菌前调整好搅拌叶的位置，底下的搅拌叶尽量靠近空气分布器，上面的一个位置调整到所加发酵液的中间位置。

（13）取样器不要靠近挡板的位置，尽量靠中间位置。

（14）灭菌前将取样器的吸球取下。所有的硅胶管不要靠到高压锅的内壁上。

单元三　空气除菌

一、空气中的微生物

微生物在固体或液体培养物中繁殖后，细菌的芽孢或霉菌的孢子会随水分蒸发、物料移动、空气流动等进入空气中或粘附在灰尘上而漂浮于气流中。我们常说的空气质量就是指空气中尘埃颗粒的数量，而大气中尘埃数与细菌数是成正比的。一般干燥寒冷的北方，空气含菌量较少，而潮湿温暖的南方含菌量较多，人口稠密的城市比人口少的农村含量多，地平面又比高空的空气含菌量多。因此，发酵厂建厂应选择空气清新的地区，或尽量高空取风等，以便提高空气除菌系统的除菌效率，降低发酵工业产品的成本。

二、除 菌 方 法

空气除菌就是除去或杀灭空气中的微生物。工业发酵所需要的无菌空气要求高、用量大，可供选择的除菌和灭菌的方法主要有以下几种。

1. 介质过滤除菌

介质过滤除菌是目前发酵工业中经济实用、应用最广的空气除菌方法。它是采用定期灭菌的介质来阻截流过空气所含的微生物，而取得无菌空气。

2. 加热杀菌

空气压缩机在活塞高速运行和空气的压缩过程中会产生大量的热，被压缩出来的空气温度可高达 $187 \sim 198$℃。从压缩机出口到空气储罐之间加一段保温管道，保持 15min 可达到灭菌目的，如图 4 – 12 所示。有时为了改善保温段的保温、杀菌效果，和使空气在保温段内有足够的停留时间，保温装置可采用多程列管换热器。该法的缺点是空压机出口要保持高温，压力相应地要提高，消耗的动力要增加，同时压缩机耐热性能要增加，它的零部件也要选用耐热材料加工。

3. 静电除尘

静电除尘是利用经典引力吸附带电粒子而达到除菌除尘的目的。经典除菌装置按其对菌体微粒的作用可分成电离区和捕集区，如图 4 – 13 所示。电离区是一系列等距离平行且接地的极板，极板间带有用不锈钢丝构成的放电线，称

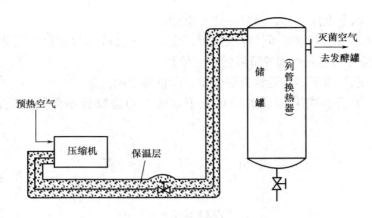

图 4 – 12　热杀菌流程图

为离化线。当放电线接上 10000V 的直流电压时，它与接地极板之间形成电位梯度很强的不均匀电场，空气通过时，它所带的细菌微粒被电离而带正电荷。

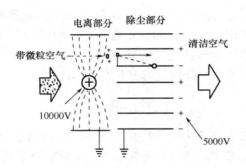

图 4 – 13　静电除尘器装置图

捕集区由高压电极板与接地电极板上加上 5000V 直流电压组成，极板间形成一个均匀电场，当气流与被电离的微粒流过时，带正电荷的微粒受静电场库仑力的作用，被吸附在极板上。

电极板上的尘厚 1mm 时就应清洗。通常采用喷水管自动喷水清洗，洗净干燥后重新投入运行。

静电除尘优点是电耗小，每处理 1000m³ 的空气每小时只需电 0.2 ~ 0.8kW，空气压力损失 0.1MPa 左右。

缺点是一次性投资费用较大，除尘效率为 85% ~ 99%，一般只能作为初步除菌。

三、介质过滤除菌的原理

过滤除菌是发酵工业中广泛使用的空气除菌法。按过滤除菌机制不同而分为绝对过滤和深层介质过滤（图 4-14）。绝对过滤是利用微孔滤膜，其孔隙小于 $0.5\mu m$（一般细菌大小为 $1\mu m$），将空气中细菌滤除（图 4-15）。绝对过滤的应用范围多数限于实验室。由于滤膜孔径特别小，对空气的阻力很大，加上这种过滤介质的生产比较困难，因此工业上的应用目前还处在研究试验阶段。深层过滤又分为两种：一种是以纤维状（棉花、玻璃纤维、尼龙等）或颗粒状（活性炭）介质为过滤层，使用时需要较多的介质经适当压紧后才能起到除菌作用，这就是深层过滤的含义；另一种是用超细玻璃纤维、石棉板、烧结金属板、聚乙烯醇、聚四氟乙烯等为介质，这种滤层较薄，但是孔隙仍大于 $0.5\mu m$，因此，也划归在深层过滤的范畴。

（一）过滤除菌的机制

棉花纤维直径约 $20\mu m$，纤维之间的间隙约 $50\mu m$，而细菌的直径约 $1\mu m$，细菌是如何被过滤除去的？研究结果表明，空气流过介质过滤层时，借助惯性冲击、拦截、静电吸附、布朗扩散和重力沉降等作用，将其尘埃和微生物截留在介质层内，达到过滤除菌目的。由于深层过滤的设备及操作费用低廉，适用于大量空气的净化处理。

图 4-14 深层介质过滤

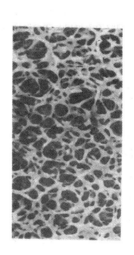

图 4-15 微孔滤膜

1. 惯性冲击作用

在过滤器中的滤层交错无数的纤维，好像形成层层的网络，随着纤维直径的减少、充填密度的增大，所形成的网络越紧密，网络的层数也就越多，纤维间的间隙就越小。当带有微生物的空气通过滤层时，无论顺纤维方向流动或是垂直于纤维方向流动，仅能从纤维的间隙通过。由于纤维交错所阻迫，空气要不断改变运动方向和运动速度才能通过滤层。现以一条纤维对气流的影响进行分析，如图 4-16 所示。图上是直径为 d_f 的纤维的断面，当微粒随气流以一定的速度垂直向纤维方向运动时，空气受阻即改变运动方向，绕过纤维前进，而微粒由于它的运动惯性较大，未能及时改变运动方向，随主导气流前进，于是微粒直冲到纤维的表面，由于摩擦黏附，微粒就滞留在纤维表面上。惯性冲击作用与气流流速成正比，空气流速大时，惯性冲击就起主导作用。

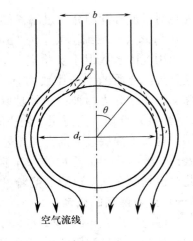

图4-16　单纤维空气流线图
b—气流宽度　d_p—颗粒直径
d_f—纤维直径

2. 拦截作用

气流速度降到临界速度以下，微粒不能因惯性碰撞而滞留于纤维上，捕集效率显著下降。但实践证明，随着气流速度的继续下降，纤维对微粒的捕集效率又有回升，说明有另外的除菌机制在起作用。拦截作用是其中一种。

微生物微粒直径很细，质量很轻，它随低气流流动慢慢靠近纤维时，微粒所在的主导气流流线受纤维所阻，而改变流动方向，绕过纤维前进，并在纤维的周边形成一层边界滞留区。滞留区的气流速度更慢，进到滞留区的微粒慢慢靠近和接触纤维而被黏附滞留，称为拦截作用。

3. 布朗扩散作用

直径很小的微粒在气流流速很小的气流中能产生一种不规则的直线运动，称为布朗扩散。布朗扩散的运动距离很短，在较大的气速，较大的纤维间隙中是不起作用的，但在很小的气流速度和较小的纤维间隙中，布朗扩散作用大大增强了微粒与纤维的接触滞留机会。

4. 重力沉降作用

重力沉降是一个稳定的分离作用，当微粒所受的重力大于气流对它的拖带力时，微粒就容易沉降。在单一的重力沉降情况下，大颗粒比小颗粒作用显著，对于小颗粒只有在气流速度很慢时才起作用。一般它与拦截作用相配合，即在纤维的边界滞留区内，微粒的沉降作用提高了拦截滞留的捕集效率。

5. 静电吸附作用

干空气对非导体的物质相对运动摩擦时，会产生诱导电荷。据测定，悬浮在空气中的微生物微粒大多带有不同的电荷，如枯草杆菌孢子20%带正电荷、15%带负电荷、15%中性，这些带电的微粒会受带异性电荷的物体所吸引而沉降。

在介质过滤系统中由哪一种过滤机制起主导作用，由颗粒性质、介质性质和气流速度等决定，而静电吸附作用只受尘埃或微生物和介质所带电荷的影响。当气流速度小时，惯性冲击作用不明显，以沉降和布朗扩散现象为主，此时，除菌效率随气流速度增大而降低，当气流速度增大到某个值时，除菌效率最小，此速度称为临界速度（v_c）。图 4-17 所示为几种不同直径的微粒对不同直径纤维的临界速度。纵坐标临界速度 v_c 的值随纤维直径和微粒直径而变化。图 4-18 的曲线为空气流速对过滤效率的影响。

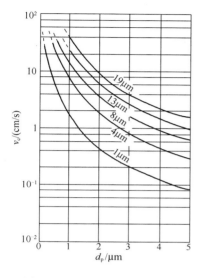

图 4-17 空气的临界速度 v_c

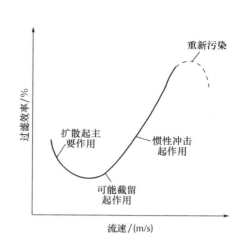

图 4-18 过滤效率与空气流速的关系

（二）过滤除菌的效率

过滤效率就是滤层所滤去的微粒数与原来微粒数的比值，它是衡量过滤设备的过滤能力的指标：

$$\eta = \frac{N_1 - N_2}{N_1} = 1 - \frac{N_2}{N_1} \tag{4-5}$$

式中　N_1——过滤前空气中微粒含量

　　　N_2——过滤后空气中微粒含量

　　　$\dfrac{N_2}{N_1}$——过滤前后空气中含有微粒数的比值，即穿透滤层的微粒数与原有

　　　　　微粒数的比值，称为穿透率

实践证明，介质过滤除菌不能达到 100% 的效果。在分批发酵过程中，介质过滤除菌的实质是通过介质的作用，使空气中的微生物大大延长了在空气中的停留时间，在整个发酵周期内保证不让空气中的杂菌漏进发酵罐而导致染菌。

四、空气过滤的介质

空气过滤介质不仅要求除菌效率高，而且还要求能耐受高温、高压、不易被油水污染、阻力小、成本低、易更换。过去发酵厂一直采用棉花纤维结合活性炭使用。近年来，很多研究者按不同的作用机制寻求新的过滤介质，如超细

玻璃纤维、烧结金属板、多孔陶瓷滤器和超滤微孔薄膜等。

（一）常用过滤介质

1. 棉花

棉花随品种和种植条件的不同而有较大的差别，最好选用纤维细长疏松的新鲜产品。储藏过久，纤维会发脆，断裂，增大了压力降；脱脂纤维会因易吸湿而降低过滤效果。棉花纤维一般直径为 $16 \sim 21\mu m$，装填时要分层均匀铺砌，最后压紧，装填密度达到 $150 \sim 200kg/m^3$ 为好。如果压不紧或是装填不均匀，会造成空气短路，甚至介质翻动而丧失过滤效果。

2. 玻璃纤维

玻璃纤维直径一般 $8 \sim 19\mu m$ 不等，纤维直径越小越好，但由于纤维直径越小，其强度越低，很容易断裂而造成堵塞，增大阻力。因此充填系数不宜太大，一般采用 $6\% \sim 10\%$，它的阻力损失一般比棉花小。如果采用硅硼玻璃纤维，则可得直径 $10.5\mu m$ 的高强度纤维。玻璃纤维充填的最大缺点是换过滤介质时会造成碎末飞扬，使皮肤发痒，甚至出现过敏现象。

3. 活性炭

活性炭具有非常大的表面积，有吸附力强、价格低、来源方便等优点。工业上应用的活性炭有粉末状活性炭和颗粒状活性炭。用于空气过滤的活性炭一般为颗粒状，直径3mm、长 $5 \sim 10mm$ 的圆柱状活性炭。其粒子间隙很大，故对空气的阻力较小，仅为棉花的1/12，但它的过滤效率比棉花要低很多。目前工厂都是夹装在二层棉花中使用，以降低滤层的阻力。它的用量为整个过滤层的 $1/3 \sim 1/2$。

4. 超细玻璃纤维纸

超细玻璃纤维纸是利用质量较好的无碱玻璃，采用喷吹法制成的直径很小的纤维（直径为 $1 \sim 1.5\mu m$）。将该纤维制成 $0.25 \sim 1mm$ 厚的纤维纸，它所形成的网格的孔隙为 $0.5 \sim 5\mu m$，比棉花小 $10 \sim 15$ 倍，故它有较高的过滤效率。图4-19所示为超细玻璃纤维纸的效率曲线。从图中可知在低速过滤时，它的过滤机制以拦截作用为主，当气流速度超过临界速度时，属于惯性冲击，气流速度越高，效率越高。生产上操作的气流速度应避开效率最低的临界气速。

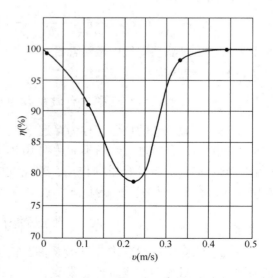

图4-19 超细玻璃纤维纸的效率曲线

5. 石棉滤板

石棉滤板采用纤维小而直的蓝石棉 20% 和 8% 纸浆纤维混合打浆压制而成。由于纤维直径比较粗，纤维间隙比较大，虽然滤板较厚（3～5mm），但过滤效率还是比较低，只适应用于分过滤器。其优点是耐湿，受潮时也不易穿孔或折断，能耐受蒸汽反复杀菌，使用时间较长。

（二）新型过滤介质

1. 烧结材料过滤介质

这类过滤介质种类很多，有烧结金属（蒙乃尔合金、青铜等）、烧结陶瓷、烧结塑料等，制造时用这些材料微粒粉末加压成型后，处于熔点温度下黏结固定，但只能在粉末表面熔融黏结而保持粒子的空间和间隙，形成了微孔通道，具有微孔过滤的作用。孔径大小决定于烧结粉末的大小，太小则温度时间难以掌握，容易全部熔融而堵塞微孔。一般孔隙为 10～30μm。

目前我国生产的蒙乃尔合金粉末烧结板，是由钛锰等合金金属粉末烧结而成的，一般板厚 4mm 左右。特点是强度高，不须经常更换，使用寿命长，能耐受高温反复杀菌，不怕受潮，不易损坏。但此材料价格比较昂贵，目前还未能推广。

烧结聚合物，如国外使用的聚乙烯醇过滤板（PVA）是以聚乙烯醇烧结基板，外加耐热树脂处理，滤板可经受得起高温杀菌，120℃、30min 杀菌不变形，每周杀菌一次可使用一年。国外常用的 PVA 滤板厚度 0.5cm，孔径 60～80μm，过滤效率较高。

2. 皱褶过滤膜介质

近年来国外开发的聚四氟乙烯（PTFE）材料为滤芯的子弹状的膜过滤器，其过滤层由聚四氟乙烯膜皱褶组成，体积小，阻力小，过滤面积大，过滤器易于拆装，膜易更换。除聚四氟乙烯外，常用的滤膜还有醋酸纤维酯类、聚四氟乙烯、聚砜物质、尼龙膜等。推荐使用膜孔径为 0.2μm，属于绝对过滤的范畴，在空气预处理较好的情况下，能彻底过滤掉干燥或潮湿空气中的微生物。这是一种新型的值得开发的空气除菌介质。

五、过滤除菌的流程

空气过滤除菌流程是按生产对无菌空气要求具备的参数，如无菌程度、空气压力、温度等，并结合吸气环境的空气条件和所用除菌设备的特性，根据空气的性质而制定的。

空气压缩机将空气压缩后，温度会升高，若经冷却它又会形成水雾，空气在压缩过程中又有可能夹带机器润滑油的烟雾，因此需要除油、除雾。这就使无菌空气的制备流程复杂化。

实验室规模的空气系统，由于空气用量小，与工业生产的空气系统有所不同，以下分别介绍。

（一）实验室空气除菌流程及设备

图 4 - 20 所示为一个简单的实验室空气除菌流程，它由空气压缩机、空气冷却器、储气罐、C 级离心式油水分离器、冷冻式压缩空气干燥机、T 级主管路过滤器、A 级微油雾过滤器和 H 级除油除臭活性炭过滤器组成。

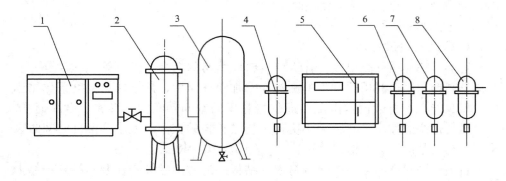

图 4 - 20　实验室空气除菌流程图

1—空气压缩机　2—空气冷却器　3—储气罐　4—C 级离心式油水分离器　5—冷冻式压缩空气干燥机

6—T 级主管路过滤器　7—A 级微油雾过滤器　8—H 级除油除臭活性炭过滤器

1. 空气压缩机

空气压缩机如图 4 - 21 所示，产气量为 $0.52 m^3/min$。如实验室发酵罐以 $1:1 m^3/(m^3 \cdot min)$ 的通气量计算，可为总容积 500L 发酵罐提供无菌空气。

2. 空气冷却器

空气冷却器常用的类型为立式列管式热交换器。空气走管内，冷却水走管外。

3. 储气罐

储气罐可以储存一定容积的压缩空气，在空气压缩机停机后，短时间供应管线完成必要的气动程序操作。另外它可以消除往复式空气压缩机的压力脉动，使气源压力趋于稳定（图 4 - 22）。

图 4 - 21　空气压缩机

图 4 - 22　储气罐

4. C级离心式油水分离器

空气分二段过滤，第一段由可拆洗的不锈钢网状核心，利用离心力分离 $10\mu m$ 或更大的固态粒子。第二段由可替换的玻璃纤维做成，可完全过滤 $3\mu m$ 或更大的固态粒子，重力作用将水分带到过滤器底部排出。去除99%的水分，40%油雾。

5. 冷冻式压缩空气干燥机

冷冻式压缩空气干燥机常用型号为 TYAD—0.5NF。利用低温进一步除去空气中的水分，然后加温进入 T 级主管路过滤器。

6. T级主管路过滤器

T 级主管路过滤器的多层玻璃纤维可完全过滤 $1\mu m$ 或更大的固态粒子，去除100%的水分，70%的油雾。

7. A级微油雾过滤器

A 级微油雾过滤器的微玻璃纤维经表面处理，可过滤 $0.01\mu m$ 的固态粒子，去除99.99%的油雾。

8. H级除油除臭活性炭过滤器

H 级除油除臭活性炭过滤器中精密的活性炭过滤 95% 的油雾及碳氢化合物，微玻璃纤维过滤 $0.01\mu m$ 的固态粒子，如图 4 – 23 所示。

图 4 – 23　空气过滤器

（二）工业化空气过滤除菌流程及设备

目前，在我国发酵工业中具有代表性的无菌空气制备系统的设备流程如图 4 – 24 所示。该流程可适应各种气候条件，能充分地分离空气中含有的水分，提高过滤效率。流程的特点是储气罐内的高温压缩空气，经第一级冷却后，大部分的水、油都已结成较大的雾粒，由于雾粒浓度比较大，故适宜用旋风分离器分离。第

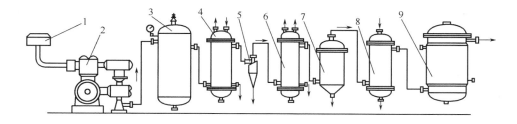

图 4 – 24　空气过滤除菌工艺流程图

1—空气粗过滤器　2—空压机　3—储气罐　4——级空气冷却器　5—旋风分离器
6—二级空气冷却器　7—丝网分离器　8—空气加热器　9—总空气过滤器

二级冷却使空气进一步冷却后析出一部分较小的雾粒，宜采用丝网分离器分离，这样发挥丝网能够分离较小直径的雾粒和分离效果的作用。经二次分离后空气中的雾沫较少，两级冷却可以减少油膜污染对热的影响。通常第一级将空气冷却到 30 ~ 35℃，第二级冷却到 20 ~ 25℃。除水后，空气的相对湿度还是 100%，可用加热的办法把空气的相对湿度降到 50% ~ 60%，一般加热到 30 ~ 35℃。

应该指出，该流程并不是标准流程。目前空气除菌的新型设备不断出现，体积小、效率高的除菌装置更加完善，因此无菌空气制备系统流程也在发展，工艺更加简化。

1. 储气罐

储气罐的作用是消除压缩机排出空气量的脉动，维持稳定的空气压力，同时也可以利用重力沉降作用分离部分油雾。储气罐的大小可按下面的经验公式计算：

$$V = 0.1 \sim 0.2W \tag{4-6}$$

式中　V——储罐容积，m^3

　　　W——压缩机的排气量，m^3/min

储气罐的结构较简单，是一个装有安全阀、压力表的空罐壳体，有些单位在罐内加装冷却蛇管，利用空气冷却器排出的冷却水进行冷却，提高冷却水的利用率。

2. 旋风分离器

旋风分离器的作用是分离空气中被冷凝成雾状的较大的水雾和油雾粒子。分离的原理是利用气流从切线方向进入容器，在容器内形成旋转运动时生产的离心力场来分离重度较大的微粒。对于 $10\mu m$ 以上的微粒效率较高，一般冷凝水雾的粒子大小为 $10 \sim 200\mu m$，适合用旋风分离器。其优点是结构简单，制造方便。图 4-25 所示为旋风分离器结构图。

3. 丝网分离器

丝网分离器如图 4-26 所示。其采用的填料有不锈钢丝网、塑料丝网、瓷环、活性炭等。工厂多采用不锈钢丝网。目前我国生产的不锈钢丝直径通常是 0.1 ~ 0.4mm，也有丝网规格为 $\phi 0.25mm \times 40$ 目的。使用时将丝网

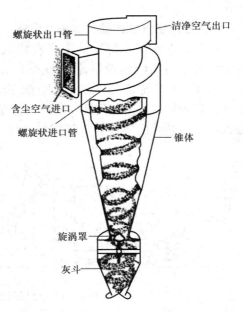

图 4-25　旋风分离器

卷成圆形套进分离器圆筒，高度常用 150mm。丝网分离器可除去较细小的雾状微粒（5μm），分离效率可达 98% ~ 99%，且阻力不大。

4. 空气加热器

空气加热器原理与空气冷却器相同，列管内走空气，管外走蒸汽。

5. 总空气过滤器

图 4 - 27 所示为棉花、活性炭过滤器。设备为立式圆筒形，内部充填过滤介质，空气由下向上通过过滤介质，以达到除菌目的。填充物按下面顺序安装：

孔板—铁丝网—麻布—棉花—麻布—活性炭—麻布—棉花—麻布—铁丝网—孔板。

安装介质时要求紧密均匀，压紧要一致。上下棉花层厚度为总过滤层的 1/4 ~ 1/3，中间活性炭层为 1/3 ~ 1/2。空气一般从下部圆筒切线方向通入，从上部圆筒排出，出口不宜安装在顶盖，以免检修时拆装管道困难。过滤器上方应装有安全阀、压力表，罐底装有排污孔，以便经常检查过滤介质是否潮湿等。

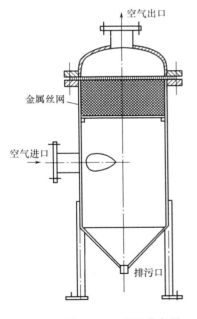

图 4 - 26　丝网分离器

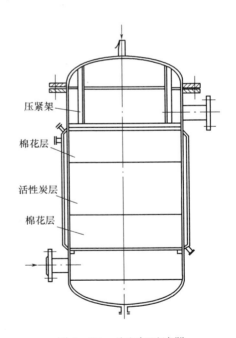

图 4 - 27　总空气过滤器

6. 分过滤器

空气通过总过滤器过滤后再进入分过滤器，然后进入发酵罐。发酵厂应用较广泛的是平板式纤维纸分过滤器。它由筒身、顶盖、滤层、夹板和缓冲层构成。空气从筒身中部切线方向进入，空气中的水雾、油雾沉于筒底，由排污管排出，空气经缓冲层通过下孔板经薄层介质过滤后，从上孔板进入顶盖排气孔排出。缓冲层一般装填金属丝网。过滤介质可用多层超细玻璃纤维纸、各种烧结材料制成的过滤板、PVA 过滤板，以及皱褶过滤膜等。

（三）无菌空气的检查

无菌空气的检查是发酵工业必需的工作内容，但要准确地测定无菌空气中的含菌量有一定的困难。常用的方法有肉汤培养基检查法和光学检查法。

1. 肉汤培养基检查法

在分过滤器空气出口端的管道支管取无菌空气，如图 4 − 28 所示，连续取气数小时或十几小时，小心卸下橡皮管，用无菌纸包扎好管的末端，置于 37℃ 培养箱培养 16h，若出现浑浊，表明空气中有杂菌。检查无菌空气的装置按以下方式制备：取 500mL 三角瓶，带有两根 90° 弯的玻璃管，其中一根长的一端插入瓶底培养基内，另一端与橡皮管连接，用牛皮纸包扎好，一根短玻璃管排气用，瓶外一端用 8 层纱布包牢。肉汤培养基是 0.5% 的牛肉膏、1.0% 的蛋白胨和 0.5% NaCl，加水溶解，配制成 25mL，pH7.0 ~ 7.4，倾入上述 500mL 三角瓶中，连同橡皮管经 120℃ 灭菌 30min，冷却后使用。

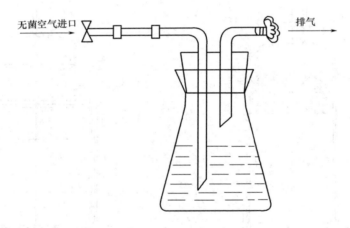

图 4 − 28　检查无菌空气装置示意图

2. 光学检查法

此法原理是利用微粒对光线的散射作用来测量空气中粒子的大小和数量（不是活菌数）。常用的检测仪器为 YO9 − 1 型粒子计数器。测量时以一定的速度将试样空气通过检测区，同时用聚光透镜将光源束的光线聚成强烈光束射入检测区，由于空气受到光线强烈照射，空气中的微粒把光线散射出去，由聚光透镜将散射光聚集投入光电倍增管，将光转换成电信号，经自动计数计算出粒子的大小和数量。粒子的大小与信号峰值相关，其数量与信号的脉冲频率有关。此法可测出空气中 0.5 ~ 5μm 微粒的各种浓度。各种发酵产品对空气净化程度的要求不同，如柠檬酸发酵，一般认为空气净化程度达到100级（即直径>0.5μm的粒子含量≤3.5个/L空气）为合格。

单元四　庆大霉素培养基灭菌及空气除菌技术

一、庆大霉素培养基灭菌

配料前应先洗净配料池及管道，而后在配料池中放水至搅拌叶，开启搅拌，加入所需各种原料并加水至规定量，使物料搅拌均匀，块状物充分打碎，化学药品完全溶解，用泵输送到种子罐或发酵罐内，加水到规定体积，一级种子罐和二级种子罐装料系数为70%，发酵罐装料系数为30%，进行实罐灭菌。

培养基实消前，开搅拌，打散团块，关闭进空气阀门和打开发酵罐的排汽阀，使罐压为0MPa，再次检查并关闭发酵罐冷凝管的进水阀门和发酵罐放料阀。然后，从进空气管、放料管和取样管三路进蒸汽直接加热培养基。实消过程中，排汽阀冒汽3~5min后，将排汽阀逐渐关小，待罐温上升到120℃，罐压维持在1.0×10^5Pa（表压），保温30min左右。

灭菌完毕，先关闭各个小排汽阀，然后关闭放料阀，并按照"由近处到远处"原则依次关闭两路管道上各个阀门。待罐压降至0.05MPa左右时，迅速打开精过滤器后的空气阀，将无菌空气引入发酵罐，调节进空气阀门以及发酵罐排汽阀的开度，使罐压维持在0.1MPa左右，进行保压。最后，关闭夹套或冷凝管冷凝水排出阀，打开夹套或冷凝管进冷却水阀门以及夹套出水阀，进冷却水降温，这时，启动冷却水降温自动控制，当温度降低至设定值即自动停止进水。自始至终，搅拌转速保持为100r/min左右，无菌空气保压为0.1MPa左右，降温完毕，备用。

庆大霉素发酵采用补料式，补料用的培养基占50%，工业上采用连消方式灭菌。

料液在配料罐中配料后，由连消泵送入连消塔底端，料液被直接蒸汽立即加热到灭菌温度126~132℃由顶部流出。料液进入保温罐保温5~7min，以达到灭菌的目的。罐压维持在4×10^5Pa，然后进入冷凝管冷却。一般冷到40~50℃后，输送到预先空消过的储气罐内备用。

二、庆大霉素空气除菌流程

庆大霉素空气除菌流程如图4-29所示。

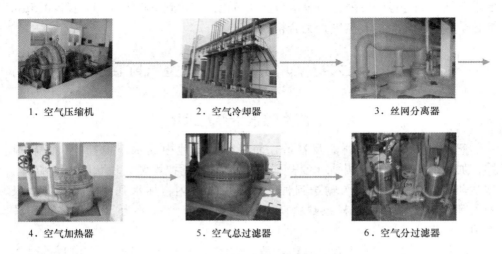

| 1. 空气压缩机 | 2. 空气冷却器 | 3. 丝网分离器 |
| 4. 空气加热器 | 5. 空气总过滤器 | 6. 空气分过滤器 |

图 4-29　庆大霉素空气除菌流程

阅读材料 4

NICOLER 动态消毒技术前景广阔

NICOLER 源自于希腊语，原是胜利的人们的意思，现指人机同场同步作业的一种消毒方式。因为空气消毒时人员无须离开消毒场所，消毒杀菌的同时对人体没有任何的伤害，此种消毒方式也可称为"食品动态杀菌机"。

NICOLER 消毒技术采用最新的 NICOLER 发生腔组合成三级双向的等离子体静电场，通过特殊的脉冲信号使得 NICOLER 发生腔产生逆电效应，生成大量的杀菌因子，分解击破污染空气中带负电细菌，整个消毒过程使用时间极短，只有 0.1s。再组合药物浸渍型活性炭等组件进行二次杀菌过滤，且在循环风的作用下，大量等离子体迅速覆盖在管道、工器具等物体表面上，抑制细菌生长与繁衍，不仅杀灭空气中的有害病菌和细菌，还可有效杀灭员工自身的菌。

该"动态杀菌机"设备外形像柜式空调，开机 60min 后，杀菌率 ≥99.9%，空气洁净度 ≥30 万等级，可达"无菌无尘"标准，实现"边工作、边消毒"同步效果，控制食品在制作及灌装过程中微生物的二次污染问题。

目前该设备主要运用于各食品企业车间内进行杀菌消毒，适用企业包括烘焙类、水产品类、冷冻食品类、米面粉制品类、糖果制品类等相关食品企业。适用车间主要为冷却车间、烘干车间、灌装车间、内包车间等。

据报道 NICOLER 消毒技术在年糕车间的应用收到良好的效果。据统计，全国有 7000 多家年糕生产企业，而有近 80% 的年糕企业卫生多少存在一些问题。历年来年糕企业产品卫生安全事件屡见不鲜，而其中更以霉菌酵母、大肠菌群和菌落总数三项为主要问题。该设备能及时在线灭杀空气中的霉菌、大肠杆菌、沙门菌等；并能替代臭氧、紫外线及药物喷洒不能在有人工作情况下持续使用的弊端。年糕企业保障了产品质量，使企业获得更大的消费市场。

思　考　题

1. 染菌的原因是什么？如何预防杂菌的污染？
2. 培养基灭菌条件的选择原则有哪些？
3. 空气除菌的方法有多种，为什么发酵工业上多采用介质过滤法？
4. 纤维介质过滤除菌的主要机制是什么？
5. 空气除菌流程中，空气为什么要先降温然后又升温？
6. 空气总过滤器和分过滤器的内部结构、填充的介质有何不同？

模块五　培养装置

　　本模块介绍的培养装置涉及利用微生物、动物和植物细胞进行工业化规模培养来生产有用的代谢产物或细胞本身所需要的反应器。

　　微生物培养按培养状态，可分为液体培养和固体培养。培养装置一般称为发酵罐。液体培养发酵罐又可分为两大类：通风发酵设备，用于柠檬酸、氨基酸、酶制剂和抗生素等产品的生产；嫌气发酵设备，用于酒精、啤酒和丙酮、丁醇等嫌气发酵产品的生产。固态发酵设备也可分为两大类型：通风型和密闭型设备，主要培养一些丝状真菌用于发酵产品的生产，如白僵菌、赤霉素、食用菌、麸曲、酱油等。

　　动、植物细胞与微生物细胞有很大的差异，例如，动物细胞没有细胞壁，非常脆弱，对剪切力很敏感；植物细胞比微生物细胞大得多，对氧的需求比较少，但是对剪切力却很敏感。因此，动植物细胞在培养装置的设计和控制等方面都有一些特殊的要求。这些将在以下做详细论述。

单元一　液体培养装置

一、通风发酵设备

　　大多数的生物化学反应都是需氧的，在抗生素、氨基酸、有机酸、酶及单细胞蛋白的生产中，都需要使用通风发酵设备。通风发酵设备应具有良好的传质和传热性能，结构简单，密封性能良好，不易染菌，能耗低，单位时间单位体积的生产能力高，操作控制与维修方便等。

　　发酵罐的制造已进入专业化生产，并实现了温度、pH、溶解氧、消泡等的计算机自动控制。

　　工业生产用的发酵罐趋向大型化，谷氨酸生产罐已达到 $600m^3$ 以上，单细胞蛋白发酵罐的容积已达到 $3500m^3$。大型发酵罐具有简化管理、节省投资、降低成本以及利于自控等优点，并已实现了自动清洗。

　　目前常用的通风发酵罐有机械搅拌通风发酵罐、自吸式发酵罐等，本部分将分别对上述几种发酵罐进行介绍。

　　此外，近年来已有越来越多的基因工程菌用于发酵生产，用于基因工程菌培养的发酵罐除了应满足一般发酵罐的工艺技术要求外，为了避免基因工程菌逃逸到大气中可能产生的危险，发酵罐的排气口应装有细菌过滤器或附设加热装置以杀灭逃逸的微生物。

（一）机械搅拌通风发酵罐

机械搅拌通风发酵罐是发酵工厂中最常用的通风发酵罐，据不完全统计，它占了发酵罐总数的 70%～80%，因此也称为通用式发酵罐。它是利用机械搅拌器的作用使通入的无菌空气和发酵液充分混合，促使氧在发酵液中溶解，满足微生物生长繁殖和发酵所需的氧气，同时强化热量的传递。

1. 机械搅拌通风发酵罐的基本要求

为了保证发酵的顺利进行，发酵罐必须满足以下基本要求。

（1）发酵罐应具有适宜的径高比　发酵罐高度与直径之比为（2.5～5）∶1，罐身长，氧的利用率较高。

（2）发酵罐应能承受一定的压力　由于发酵罐在消毒及正常工作时，罐内有一定的压力（气压与液压）和温度，因此罐体各部件要有一定的强度，能承受一定的压力。发酵罐加工制造完毕后，必须进行水压试验，水压试验压力应为工作压力的 1.5 倍。

（3）发酵罐的搅拌通风装置应能使通入的气泡分散成细碎的小气泡，增加气液接触表面积，并使气液充分混合，保证发酵液必需的溶解氧，提高氧的利用率。

（4）发酵罐应具有足够的冷却面积吸收微生物生长代谢过程放出的大量热量，为了控制发酵过程不同阶段所需的最适温度，发酵罐应配有足够的冷却面积。

（5）发酵罐内部应抛光，尽量减少死角，避免藏垢积污，使灭菌彻底，避免染菌。

（6）发酵罐搅拌器的轴封应严密可靠，始终能保持罐内正压，尽量减少泄漏。

2. 机械搅拌通风发酵罐的结构

机械搅拌通风发酵罐主要部件包括罐体、搅拌器、挡板、轴封、空气分布器、传动装置、冷却装置、消泡器、人孔、视镜等，其结构图如图 5-1 所示。

（1）罐体　罐体由圆柱体和椭圆形或碟形封头焊接而成，材料以不锈钢为好，对于腐蚀性较小的发酵液也可使用碳钢，内部涂以环氧树脂等合成树脂。为了满足工艺要求，罐体必须能承受一定压力和温度，一般要求耐受 0.25MPa（绝对大气压）和 130℃，罐壁厚度取决于罐径、罐压及材料。

小型发酵罐罐顶和罐身采用法兰连接，罐顶设手孔以方便清洗和配料。中型和大型发酵罐则装设快开人孔。罐顶还装有视镜及光照灯孔、进料管、排气管、接种管和压力表接管等。在罐身上设有冷却水进出管、进空气管及温度、pH、溶氧等检测仪表接口。取样管可设在罐顶或罐侧，视操作方便而定。罐体上的管路越少越好，如进料、补料和接种管可共用一个接口。

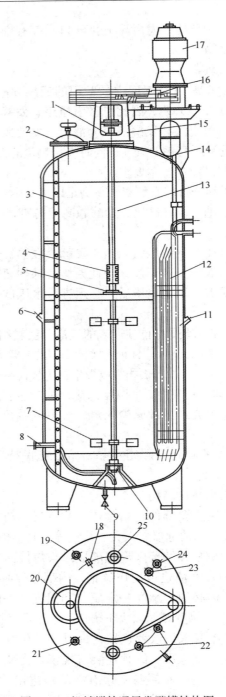

图 5 - 1   机械搅拌通风发酵罐结构图

1—轴封 2—人孔 3—人梯 4—联轴器 5—中间轴承 6—温度计 7—搅拌器
8—通风管 9—放料管 10—底轴承 11—热电偶接口 12—换热器 13—搅拌
14—取样管 15—轴承座 16—三角皮带 17—电动机轴 18—压力表 19—取样管
20—热孔 21—进料口 22—补料口 23—排气口 24—接种口 25—视镜

（2）搅拌器和挡板 搅拌器的作用是使通入的空气分散成细小的气泡并与发酵液均匀混合，增大气–液界面，以获得所需要的溶氧速率，并使细胞及不溶性颗粒悬浮分散于发酵液中，维持适当的气–液–固三相的混合与质量传递，同时强化传热过程。因此，搅拌器的设计应使发酵液有足够的径向流动和适度的轴向流动。

搅拌叶轮大多采用涡轮式，也有采用螺旋桨式的。涡轮式搅拌器的叶片有平叶式、弯叶式和剪叶式三种，叶片数一般为6个，平叶式功率消耗及剪切力较大，弯叶式次之，剪叶式又次之。涡轮式搅拌器具有结构简单、传递能量高、溶氧速率高等优点，不足之处是其轴向流动较差。

螺旋桨式搅拌器可使液体向下或向上推进，形成轴向的螺旋流动，混合效果较好，但对气泡的分散效果不好。

涡轮搅拌器结构如图5–2所示。

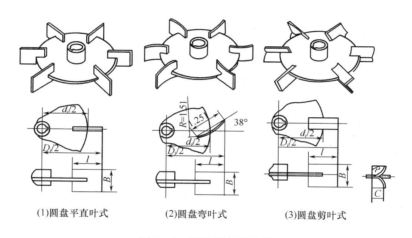

(1)圆盘平直叶式　　(2)圆盘弯叶式　　(3)圆盘剪叶式

图5–2　涡轮搅拌器结构

$D_i : d_i : l : B = 20 : 15 : 5 : 4$　　$D_i : d_i : l : B = 20 : 15 : 5 : 4$　　$D_i : d_i : l : B : C = 20 : 15 : 5 : 4 : 2$　　$R = 0.5B$

为了拆装方便，大型搅拌叶轮可做成两半型，用螺栓连成整体装配在搅拌轴上。搅拌器采用不锈钢制成。

挡板的作用是防止因为搅拌而使液面中央形成漩涡，促使液体激烈翻动，提高氧的溶解。通常设4~6块挡板，取宽度为（0.1~0.12）D，可以达到全挡板条件。所谓"全挡板条件"是指在一定转速下，再增加罐内附件，轴功率仍保持不变。

（3）轴封 轴封的作用是防止泄漏和染菌，常用的轴封是端面机械轴封（图5–3），对于搅拌轴装于罐底的大型发酵罐，因密封要求高，应选用双端面机械轴封。

端面轴封的作用是靠弹簧的压力使垂直于轴线的动环和静环的光滑表面紧

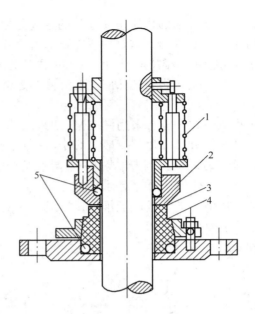

图 5 - 3　端面轴封

1—弹簧　2—动环　3—硬质合金　4—静环　5—O 形圆环

密地贴合，并做相对转动而达到密封。其优点是：①清洁；②密封可靠，使用时间较长，不易渗漏；③无死角，不易污染杂菌；④摩擦功率损耗小；⑤搅拌轴或轴套不受磨损；⑥对轴的振动敏感性小。但结构较复杂，装拆不方便，对动环和静环接触面的表面光洁度及平直度要求高。

（4）消泡器　发酵液中含有蛋白质等发泡物质，在通气搅拌条件下会产生泡沫，严重时泡沫会顺着排气管外溢，不但损失发酵液，还容易引起杂菌污染。消泡器的作用是将泡沫打破，最常用的形式有锯齿式、孔板式及梳状式等，它可直接安装在搅拌轴上，消泡器的底部应比发酵液面高出适当高度。此外还有涡轮消泡器、旋风离心式消泡器、碟片式消泡器和括板式消泡器等。由于采用机械消泡效果有限，一般生产上将机械消泡和添加化学消泡剂结合起来使用。

（5）联轴器及轴承　大型发酵罐搅拌轴较长，为了加工和安装的方便，常将轴分为 2～3 段，用联轴器使上下轴成牢固的刚性连接。常用的联轴器有鼓形及夹壳形两种。小型发酵罐的搅拌轴可采用法兰连接。轴的连接应垂直，中心线要对正。为了减少轴的震动，大型发酵罐应装有可调节中心位置的中间轴承和罐底轴承，材料采用液体润滑的石棉酚醛塑料、聚四氟乙烯等，轴瓦与轴之间的间隙取轴径的 0.4%～0.7%。在轴上增加一个轴套可防止轴颈被磨损。

（6）变速装置　小型试验罐一般采用无级变速装置。生产用发酵罐常用的变速装置有三角皮带传动、圆柱或螺旋圆锥齿轮变速装置，其中以三角皮带变速传动较为简单，噪声较小。

（7）空气分布装置　空气分布装置有单管和环形管等。常用单管式，管口对正罐底中央，管口与罐底的距离约为40mm，这样空气分散较好。空气由分布管喷出上升时，要求能被搅拌器打碎成小气泡，并与醪液充分混合，增加气液传质效果。环形管直径为搅拌器叶轮直径的0.8倍为好，喷孔直径取 2～5mm，喷孔向下，喷孔的总截面积约等于分布管的截面积。由于环形管喷孔易堵，也易形成死角，已少采用。分布管内空气流速取20m/s左右，在罐底中央可衬上一块不锈钢圆板，防止空气冲击磨损，延长罐底寿命。

研究和生产实践结果表明，当通气量在 1.2～30mL/min 时，气泡的直径与空气喷口直径的1/3次方成正比，而与气流速度无关，即喷口直径越小，气泡直径也越小，氧的传质系数也越大。但生产实际的通气量均远大于上述范围，此时气泡直径与气流速度有关，而与喷口直径无关，所以单管式空气分布效果并不低于环形管。

3. 机械搅拌通风发酵罐的尺寸及容积

机械搅拌通风发酵罐的结构和尺寸已实现规范化设计，可根据发酵的种类、厂房条件、生产规模等在一定的范围内选取。其主要几何尺寸如图 5-4 所示。

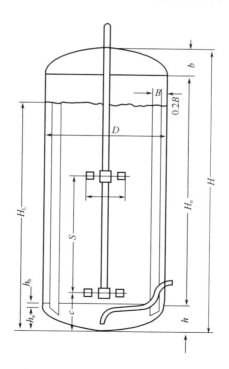

图 5-4　机械搅拌发酵罐的比例尺寸

常用的机械搅拌通风发酵罐的几何尺寸比例如下：

$$H/D = 2 \sim 5$$

$$H_0/D = 2$$
$$h_a/D = 1/4$$

发酵罐的大小一般用"公称容积"表示，所谓"公称容积"是指罐的圆柱部分与底封头容积之和。底封头的容积可根据封头的形状及直径等从有关设计手册中查得。

4. 机械搅拌通风发酵罐的换热装置

（1）换热装置的型式

①夹套式换热装置：这种换热装置主要用于小型罐，夹套的高度比罐体内静止液面的高度稍高。优点是结构简单，易加工，罐内死角少，容易清洗灭菌。缺点是传热面壁较厚，冷却水流速低，降温效果差。

②竖式蛇管换热装置：这种装置是将蛇管分组竖立安装于发酵罐内，有四组、六组或八组不等。优点是冷却水在管内的流速大，传热系数高。这种装置适用于冷却用水温度较低的地区，水的用量较少。若冷却水温较高，则发酵高峰时降温困难，影响发酵产率。此外，弯曲部位容易被蚀穿。

（2）发酵过程的热量计算　计算发酵过程所产生的热量是为了计算发酵罐所需的冷却装置面积。发酵的产品不同、时间不同，呼吸及代谢所放出的总热量也有差异。为了保证发酵最旺盛、微生物消耗基质最快以及气温最高时期的降温，必须按照热量放出高峰期来计算冷却面积，通常以一年中最热的半个月中发酵最旺盛时每小时放出的热量作为设计冷却面积的依据。

发酵过程中产生的热量计算方法如下。

①通过冷却水带走的热量进行计算：根据工艺特点，选定同类型的发酵罐，在气温最热阶段，选择主发酵期产生热量最快最大时，测定冷却水进口的水温和冷却水出口的水温，并测定这时每小时冷却水的用量，按式（5-1）计算单位体积发酵液每小时传给冷却装置的最大热量。

$$Q_{最大} = \frac{WC\ (t_2 - t_1)}{V} \tag{5-1}$$

式中　$Q_{最大}$——每立方米发酵液每小时传给冷却器的最大热量，kJ/（m^2·h）

W——冷却水流量，kg/h

t_1——冷却水进口温度，℃

t_2——冷却水出口温度，℃

C——冷却水的比热容，kJ/（kg·℃）

V——发酵罐内发酵液的总体积，m^3

根据不同类型的发酵测得的每立方米发酵液每小时传给冷却器最大的热量为：对青霉素发酵约为 4.186×6000［kJ/（m^2·h）］，对链霉素发酵约为 4.186×4500［kJ/（m^2·h）］，对四环素发酵约为 4.186×5000［kJ/（m^2·h）］，对肌苷酸发酵约为 4.186×4200［kJ/（m^2·h）］，对谷氨酸发酵约为 4.186×7500［kJ/（m^2·h）］，可供设计冷却面积时参考。

②通过发酵液的温度升高进行计算：在气温最热的季节选择主发酵期产生热量最快最大的阶段，通过罐温自动控制装置，先使罐温恒定，然后关闭冷却水，观察罐内发酵液在半小时内上升的温度，并换算成一小时内上升的温度。

在发酵过程中，由于菌种、培养基、培养条件及发酵时间不同，发酵液温度的升高也有差异，实测时应当注意条件的一致性。

③通过生物合成热进行计算：发酵过程中产生的热量包括发酵过程散发的热量和搅拌器产生的热量。

由以上几种方法计算出的发酵高峰期产生的热量基本近似，后两种方法因未考虑热散失，结果稍偏高。因此采用前两种方法计算发酵过程中产生的热量可满足工艺设计要求。

5. 发酵罐的管道配置和管道灭菌装置

在种子罐和发酵罐的培养过程中，都有可能发生染菌，使发酵产品的得率降低，甚至倒罐，造成浪费。染菌的主要原因是操作不当，或管道配置不良，造成死角，无法彻底灭菌，或设备渗漏等。在发酵工业中，防止染菌是一项重要的工作，应引起极大重视。一般可从以下几个方面采取措施。

（1）尽量减少管路　减少管路可以节省投资，缓解减少染菌机会。管路应越短越好，安装要整齐美观、不渗漏。与发酵罐连接的管路有空气管、进料管、出料管、蒸汽管、水管、取样管、排气管、接种管、补料管等，其中有些管应尽可能合并后再与发酵罐连接。例如，可将接种管、补料管、消沫剂管合为一条管后与发酵罐连接。尽量减少发酵罐内部的管路，可减少死角和染菌的机会。小型发酵罐多采用不夹套冷却，大型发酵罐多采用蛇管或排管冷却。进空气管宜从罐外下端进入。

（2）避免死角　死角是指微生物易隐藏而流动蒸汽难以到达的部位。死角最容易引起染菌，应彻底消灭。

（3）消灭渗漏　常见的渗漏有罐体穿孔渗漏、冷却蛇管渗漏、垫圈渗漏、轴封渗漏、管路焊接渗漏和阀杆填料渗漏等。为避免这些渗漏，冷却蛇管应选用不锈钢管；法兰的垫圈应平衡上紧，如果过松会造成渗入空气现象；轴封应选用机械端面轴封，必要时可在轴封处装小型蒸汽室，连续喷入蒸汽，防止微生物渗入；管路连接尽量不用螺纹连接；阀门的阀杆因经常转动，填料易被旋松而造成渗漏，所以每批放罐后应检查旋紧或更换填料；罐体与大气相连的阀门，阀杆一侧的阀腔不应与罐相通，避免阀杆渗漏时与罐相通，或选用橡胶隔膜阀，橡胶隔膜应能耐 0.4MPa 以上压力和 160℃ 以上温度，并且在压紧和放松时不易变形。气阀、水阀等应尽量选用质量好的铜阀或不锈钢阀门，而且其阀盘应使用可更换的有弹性、耐温耐压、耐用的聚四氟乙烯塑料，并要定期检查更换。

（二）自吸式发酵罐

自吸式发酵罐是一种不需要空气压缩机提供无菌空气，而是通过高速旋转的转子产生的真空或液体喷射吸气装置吸入空气的发酵罐。这种发酵罐在20世纪60年代由欧美国家研究开发，最初应用于醋酸发酵，取得了良好效果，醋酸转化率达96%～97%，耗电量小。随后在国内外的酵母及单细胞蛋白生产、维生素生产及酶制剂生产等得到应用，取得了良好成绩。

与机械搅拌式通风发酵罐相比，自吸式发酵罐的优点如下。

（1）可省去空气净化系统的空气压缩机及其附属设备，节省设备投资，减少厂房占地面积。

（2）溶氧效率高，吸入的空气中70%～80%的氧被利用，能耗较低，供给1kg溶氧耗电量仅为0.5kW·h左右。

（3）设备结构简单，用于酵母生产时发酵液中酵母浓度高，可减少发酵设备投资，经济效益高。

其缺点是：由于这种发酵罐是依靠负压吸入空气的，所以发酵过程中罐压较低，对某些产品的生产容易发生染菌。同时，必须使用低阻力损失的高效空气过滤系统，如采用超细玻璃纤维纸作为过滤介质的接叠式低速过滤器。为克服上述缺点，可在过滤器前装一台离心式通风机，适当提高无菌空气的压力，不仅可减少染菌率，而且可增大通风量。

1. 自吸式发酵罐的充气原理

自吸式发酵罐的结构如图5-5所示。其主要构件是吸气搅拌叶轮及导轮，简称转子和定子。

转子由罐底升入的主轴带动，当转子高速转动时由于形成负压而将空气由导气管吸入。转子的形式有九叶轮、六叶轮、四叶轮、三叶轮等，叶轮均为空心形。

当罐内装有液体并将转子浸没时，启动电机使转子高速转动，转子内腔中的液体或空气在离心力的作用下，被甩向叶轮外缘，液体便获得能量，转子的转速越高，液体和气体的动能也越大，吸入的空气量也越大。气体和液体通过导向叶轮均匀分布甩出。由于转子的搅拌作用，气液在叶轮周围形成强烈的湍流，使空气在循环的发酵液中分裂成细微的气泡，在湍流状态下混合、沸腾、扩散到整个罐中，因此自吸式充气装置在搅拌的同时完成了充气作用。

由于被转子甩出的空气形成细微的气泡，气液均匀紧密接触，接触表面也不断更新，提高了传质效率，提高了溶氧系数，满足微生物对氧的需求，促进了发酵代谢产物的形成。

2. 自吸式发酵罐的类型

自吸式发酵罐广泛应用于酵母生产和醋酸发酵中，根据通气的形式不同，自吸式发酵罐可分为以下三个类型。

（1）回转翼片式自吸式发酵罐　这种类型是早期开发的一种，其空气分布器是流线形的翼片，翼片上有许多小孔，空气由空心轴进入，并由小孔均匀分

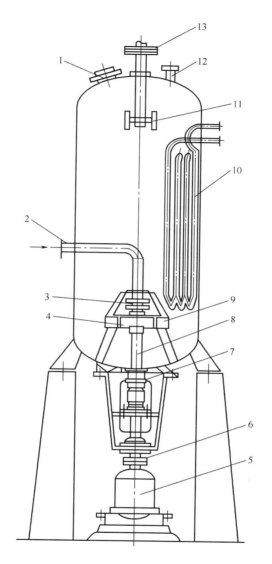

图5-5 机械搅拌自吸式发酵罐

1—入孔 2—进风管 3—轴封 4—转子 5—电机 6—联轴器 7—轴封
8—搅拌轴 9—定子 10—冷却蛇管 11—消泡器 12—排气管 13—消泡转轴

布于液体中，但空气利用率低，仅为12%~16%。

经过改进的福格尔布斯（Vogelbusch）的流线形回转翼片式高效通风自吸式发酵罐总容积为100m³，最大装液量为65m³，每小时最适通气量为3500m³，空气利用率可达24%~28%，供给1kg氧耗电0.5kW·h。

（2）喷射式自吸式发酵罐 这种自吸式发酵罐也称文氏管发酵罐，如图5-

6所示，其原理是用泵使发酵液通过文氏管吸气装置，在文氏管的收缩段使液体流速增加，形成负压而将空气吸入，并使气泡分散与液体均匀混合，促进氧在液体中的溶解。这种设备具有吸氧效率高，气、液、固三相混合均匀，结构简单，不用空压机和搅拌器，动力消耗省等优点。经验表明，当文氏管收缩段液体流动的雷诺系数 $Re > 6 \times 10^4$ 时，吸气量和溶氧速率较高。如果液体流速再增高，由于压力损失增加，动力消耗也增加，总的吸收效率反而下降。这种设备的缺点是气体吸入量与液体循环量之比较低，对耗氧量较大的微生物发酵不适宜。

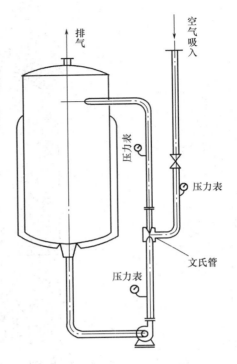

图 5-6　文氏管发酵罐示意图

另外，还有一种采用液体喷射吸气装置进行混合通气的液体喷射自吸式发酵罐，用于酵母生产取得了良好的效果。

由欧洲福格尔布斯（Vogelbusch）公司研制的溢流喷射自吸式发酵罐，其吸气装置是利用循环泵将发酵液由罐底抽出，经循环管输送到罐顶部的溢流喷射装置，借助液体溢流时形成的抛射流，使气液边界层的气体产生一定的速率，从而带动气体的流动形成自吸气作用，这种罐的溶氧比能耗降至 $0.5kW \cdot h/kg$ O_2，并已放大到 $2000m^3$ 的规模。

二、嫌气发酵设备

嫌气发酵设备用于酒精、啤酒、丙酮、丁醇等嫌气发酵产品的生产，由于发酵过程中不需供氧，所以设备结构比较简单。嫌气发酵设备也已趋向大容量发展，并实现了自动清洗。

当前，现代化的啤酒酿造和酒精工厂的发酵车间，大部分实现了机械化和半自动化或自动化操作，连续发酵生产酒精已在大多数工厂得到应用，啤酒发酵的连续化已在工业生产中逐步得到应用。近年来固定化细胞生产酒精、啤酒等的研究也已进入中型试验甚至生产应用阶段。

1. 酒精发酵罐

在酒精发酵过程中，酵母将糖转化为酒精，同时产生二氧化碳并释放出一定量的生物热，如果热量不及时移走，必将严重影响酵母的生长和代谢产物的转化率。因此，酒精发酵罐的结构必须能满足上述工艺要求，此外，还应有利于发酵液的排除，罐的清洗、维修以及设备制造安装方便等问题。

为了回收酒精发酵过程中产生的二氧化碳及其所带出的部分酒精，发酵罐一般采用密闭式。酒精发酵罐筒体为圆柱形，底盖和顶盖均为碟形或锥形，如图 5-7 所示。罐顶装有人孔、视镜及二氧化碳回收管、进料管、接种管、压力表和各种测量仪表接口管等，罐底装有排料口和排污口，罐身上、下部装有取样口和温度计接口，对于大型发酵罐，为了便于维修，往往在近罐底也装有人孔。

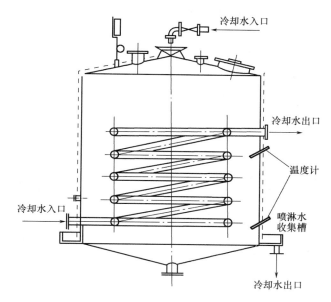

图 5-7　酒精发酵罐简图

酒精发酵罐的冷却装置，中小型罐多采用罐顶喷水淋于罐外壁表面进行膜状冷却，对于大型发酵罐，罐内装有冷却蛇管或罐内蛇管和罐外壁喷淋相结合的冷却装置。为避免发酵车间潮湿和积水，沿罐体底部四周装有集水槽，喷淋冷却水由集水槽出口排入下水道。

酒精发酵罐的清洗，过去采用人工洗涤，不仅劳动强度大，而且如果二氧化碳气体未彻底排除，工人入罐清洗会发生中毒事故。近年来大型酒精发酵罐，已采用水力喷射洗涤装置，从而改善了工人的劳动条件，提高了工作效率。水力喷射洗涤装置是由一根两头装有喷嘴的洒水管组成，洒水管两头弯成一定的弧度，洒水管上均匀地钻有一定数量的小孔，洒水管为水平安装，它通过活络接头和固定的供水管相连接，洒水管是借助两头的喷嘴以一定的速度喷水所形成的反作用力，使洒水管自动旋转，在旋转的过程中，洒水管内的洗涤水由喷水小孔均匀喷洒在罐壁、罐顶和罐底上，从而达到水力洗涤的目的。

2. 新型啤酒发酵设备

啤酒发酵设备已向大容量、露天、联合的方向发展。目前使用的大型啤酒发酵罐的容量已达1500t，常用的大型罐主要有锥形发酵罐、通用罐等。同时，为了满足露天大型发酵罐的清洗需要，采用了CIP（clean in place）自动清洗系统。

（1）锥形发酵罐　是一种圆柱体锥底的发酵罐，又称奈坦罐（图5-8），我国1984年后全面推广应用，已广泛用于上面及下面发酵啤酒生产。锥形罐可单独用于前发酵或后发酵，也可以将前、后发酵合并在一个罐中进行，即一罐法。

锥形罐直径与高度之比一般为1:（1.5~6），锥底内角一般为60°~75°，排污时可使酵母顺利滑出。罐的有效容量是每批冷麦汁量的整倍数，应在12~16h内装满一罐为宜，罐的装液系数取80%~85%。

锥形罐罐顶装有压力表、安全阀和玻璃视镜，罐身和罐顶均装有人孔，用于观察和维修罐内部，罐身还装有取样管和中、下两个温度计接管。已灭菌的新鲜麦芽汁和酵母由罐底部进入罐内，发酵过程中通过冷却夹套维持适宜的发酵温度。冷却夹套

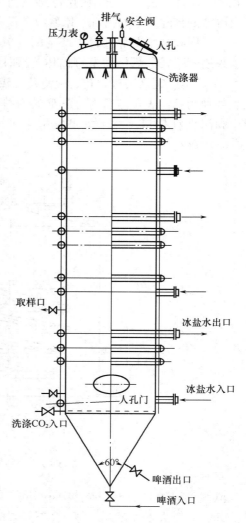

图5-8　啤酒锥形发酵罐

可分为2~4段，视罐的高度而定，罐锥体部分可设一段冷却夹套。锥形罐冷却夹套的形式有扣槽钢、扣角钢、扣半管、罐外缠无缝管、冷却夹套内加导向板及长形薄夹层螺旋环形冷却带等，效果较理想的是后两种形式。冷却夹套总传热面积与罐内发酵液体积之比，可视冷媒种类及冷却夹套的形式取0.2~0.5m^2/m^3。冷媒多采用乙二醇或乙醇溶液，也可使用氨（直接蒸发）作冷媒。

为减少冷、热耗量，发酵罐外应加保温层，可采用填镶泡沫块保温，也可采用夹层聚氧酯现场发泡保温，并罩以塑料、铝或薄不锈钢外壳。

主发酵结束后沉积于锥底的酵母，可通过开启锥底阀门（最好选用蝶阀）

将酵母排出罐外,部分留作下次发酵使用,为了在后发酵过程中饱和 CO_2,罐底设有净化 CO_2 充气管。

为了回收发酵过程中产生的 CO_2,锥形罐应设计为密封的耐压罐,罐内最高工作压力视其用于前、后酵或一罐法而不同,为 $0.09 \sim 0.15MPa$,设计压力为工作压力的 1.33 倍,实际试压为工作压力的 1.5 倍。

大型发酵罐在发酵完毕后放料速度很快,可能会形成一定的负压。另外,放罐后罐内可能留有一定的 CO_2 气体,当对罐进行清洗时,清洗溶液中碱性物质能与 CO_2 起反应而除去 CO_2 气体,也会造成罐内真空。所以锥形罐应设有防止真空的真空安全阀。

发酵罐的材料有不锈钢或碳钢加涂料。所使用的涂料,国外有保证使用 10 年以上的双组分涂料,如德国的 Munkadur 涂料,瑞士的 Obrit 涂料,日本的 NE – 508 涂料。我国研制成功的无溶剂双组分涂料有航天部 621 研究所研制的 T – 541 涂料,兵器部二三四厂、山东化工厂研制的 H99 – 30 涂料和轻工业部西安设计院等研制的 SY – 1 型涂料。

不锈钢发酵罐内表面的焊缝应磨平,内表面抛光并酸洗、钝化。冷却夹套应做气密性试验。

(2)通用罐 通用罐国外称为"universal tank",意为单罐或联合罐。它是一种具有浅锥底的大直径发酵罐,高径比为 1:1 ~ 1:3。这种罐可作为前、后发酵罐或储酒罐,也能用于多罐法及一罐法生产。

通用罐构造如图 5 – 9 所示,通用罐是由带人孔的薄壳圆柱体、拱形顶及有足够斜度以除去酵母的锥底组成。圆柱体部分由 7 层 1.2m 宽的不锈钢板组成,总容积 $765m^3$,通用罐的基础是一个钢筋混凝土圆柱体。

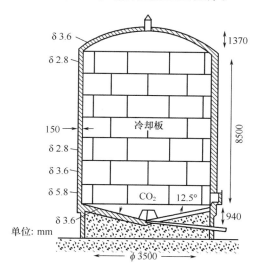

图 5 – 9 通用罐

通用罐一般用不锈钢制造，也可以用碳钢制造，钢板焊接完后表面抛光并涂一层双组分涂料。罐的中上部设有一段双层冷却板，传热面积能保证在发酵液的初始温度为 13~14℃ 的情况下，在 24h 内其温度降低 5~6℃，这样在发酵旺盛阶段也能使发酵液保持一定的温度。正常条件下，当罐容积为 $780m^3$、冷却面积达 $27m^2$ 时就能控制发酵温度。

通用罐罐体外部采用 150mm 厚的泡沫状聚尼烷作保温层，外面再包盖一层铝板。通用罐内部中央装有一个 CO_2 注射圈，其高度应恰好在酵母层之上。通用罐内可设机械搅拌装置，也可以通过罐体结构的精心设计来达到良好的自然搅拌作用。

单元二　固态发酵设备

一、传统固态发酵设备的基本性能要求

固态发酵设备是为微生物在固态培养基上生长并产生代谢产物提供适宜的环境及条件的空间。发酵设备应满足以下条件：

（1）可容纳物料。

（2）尽可能防止外界微生物对系统内培养物的污染。

（3）尽可能使物料分布均匀。

（4）防止发酵微生物泄漏到外界环境中。

（5）使培养物保持适宜的温度和湿度。

（6）对于好氧微生物应提供足够的氧气，对于厌氧微生物则要提供厌氧环境。

（7）设备的设计应便于物料的翻拌和进出。

（8）尽可能便于发酵产物的提取。

二、固态发酵设备的分类

根据不同的分类依据，固态发酵设备有多种分类方法。根据所用的微生物，发酵分为好氧及厌氧。固态发酵设备也可分为两大类型：通风型和密闭型设备。通风型固态发酵设备分为自然通风和强制通风设备。详细分类如图 5-10 所示。

三、传统固态发酵设备

1. 培养瓶

培养瓶本是实验室常用的发酵容器，目前有些食用菌的大规模生产中，仍然采用玻璃三角瓶或塑料瓶作为发酵容器。

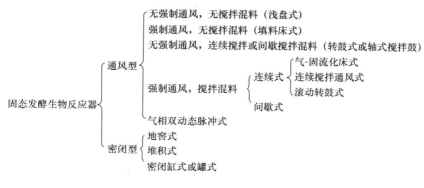

图 5 - 10　固态发酵设备的分类

2. 半透性塑料袋

半透性塑料袋是采用一种半透性塑料膜制成的容器。空气可自由进出，但水汽不能透过塑料袋。在药用或食用菌的培养中常用，类似于三角瓶或塑料瓶发酵。

3. 堆积发酵

传统的堆肥和青储饲料，采用这种堆积方法。只需要选择一块平整而结实的地面，地面铺上干草，将物料堆积其上，物料外面用泥土或塑料布盖严实即可。这种方式简单实用，费用低。这种发酵方式的缺点主要是无法控制温度。随着条件的改善，已开发了专门用于青储饲料或堆肥的设备。

4. 地窖发酵

地窖可用于青储饲料的生产，但地窖广泛应用于传统白酒的发酵，故地窖也称为酒窖或泥窖。掘地为窖，将发酵容器建在地面下，此法创于何时何地，历史文献中少有记载。四川省宜宾有窖龄达五六百年的老窖，地窖的挖筑、采用在明代之初。

5. 酿缸发酵

酿缸发酵容器，主要有陶瓷、混凝土池和金属罐。大多数用于半固态发酵。发酵初物料常呈固态，但发酵时物料被液化，故呈半固态。

四、现代固态发酵设备及其应用

20 世纪以来，随着固态发酵技术应用领域不断扩大，传统的发酵设备已不能满足需要。新型固态发酵系统，特别是适合于大规模生产的固态发酵设备不断被发明创造出来。自动化和机械化程度高的，多种功能集于一体的固态发酵设备特别受到关注。与固态发酵相关的配套设备层出不穷。现代的固态发酵设备的要求是：

（1）整个生产线紧凑，系统占地少，发酵罐多功能化，大部分工序都能在设备内完成。

（2）发酵容器密闭，防污染能力强。

（3）保温和保湿效果好，节约能源。

（4）机械化或汽动翻拌物料。

（5）工艺参数的检测和控制可实现自动操作。

（6）操作简单，劳动强度低，用人少，生产效率高。

（7）投资小，运行费用低。

（一）浅盘式培养发酵设备

在一个培养箱内或培养室内，放置若干多层架子，浅盘分层叠放在架子上，浅盘之间有一定的间隔。浅盘的材料有竹木材料、铝材或不锈钢材。浅盘上面敞口，底板开孔（以加强通风）或不开孔，铝材或不锈钢材质更容易清洗。

目前国内一些生物农药如白僵菌、绿僵菌、木霉菌的生产即采用此方式，优点是投资小，对场地要求不高，成本低，但是因为生产过程的不可控容易造成染菌、烧盘，只能在 11 月至 3 月空气温度不高、杂菌含量相对较低的时候生产（图 5 - 11）。

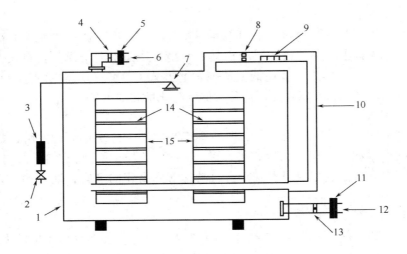

图 5 - 11 浅盘发酵设备

1—培养室 2—水阀 3—UV 灯管 4，8，13—鼓风机

5，11—空气过滤器 6—空气出口 7—加水增湿装置

9—加热器 10—空气循环 12—空气进口 14—浅盘 15—盘架

（二）填料床型发酵设备

填料床型发酵设备属于无搅拌混料强制通风型发酵设备，比较适合对搅拌敏感、易造成菌丝断裂的微生物的固态发酵。

此类设备主要用于科研、中试生产，因机械化程度较低，缺乏在线传感仪器，尚未实现大规模生产（图 5 - 12）。

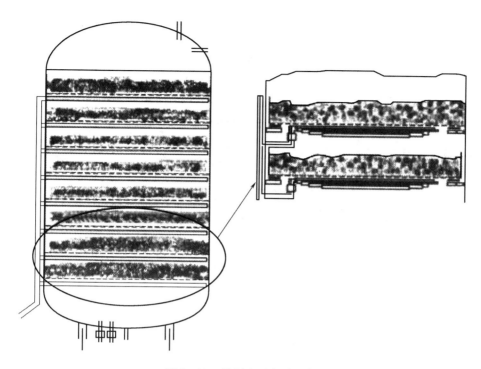

图 5 - 12 填料床型发酵设备

（三）转鼓式固态发酵设备

转鼓式固态发酵设备是非强制通风混料的发酵设备。转鼓是水平轴圆筒体，其两端固定在支架上，转鼓可向正反两个方向旋转。随着转鼓式容器的旋转，物料依靠自身的重力而下落，达到翻料的目的。转鼓的转轴可与水平线成一定的倾斜角，因此在发酵器内，传热、传质效果均有明显的改善。

此类设备因放大影响到反应器的热量扩散和培养基的灭菌效果，因此反应器体积放大有一定的局限性。此外，前期过多拌料等因素对一些菌属的生长有较大的影响，目前被应用于酒精、酶、制曲、植物细胞培养、根霉发酵大豆及丹贝等生产中（图 5 - 13）。

（四）连续翻料强制通风型固态发酵设备

连续翻料强制通风型固态发酵设备有以下几种形式。

1. 机械搅拌通风固态发酵设备

搅拌式发酵反应器和液态反应器类似，有立式和卧式之分，卧式反应器根据搅拌方式又可分为转轴式和转筒式。但由于固态基质的搅拌特性，对搅拌桨的设计有特殊要求。此类搅拌器在食品工业早已应用，日本生产的小型带柴油发动机是专门用于纤维素物质固态发酵的搅拌式小型反应器，可供乡村家庭使用，其发酵产物可直接用作饲料。江苏大学生物与控制工程研究所研制的固态

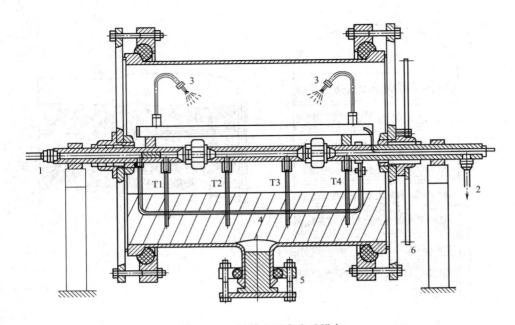

图 5 – 13   转鼓式固态发酵设备

1—空气进口   2—空气出口   3—喷水嘴   4—物料层中空气分布槽

5—出料孔   6—齿轮盘节   T1～T4—4 个温度传感器，分别插在物料层不同的高度

发酵反应器将物料的混合、灭菌、冷却、接种、发酵几个工艺过程，集中在一个工位完成，避免了物料的搬动，保证微生物生长所需的环境条件，防止了杂菌的污染，但是该设备仍不能大规模放大，特别是发酵阶段，不适合喜光、对搅拌敏感的菌种，需要与其他固态发酵设备配套使用（图 5 – 14）。

图 5 – 14   机械搅拌通风固态发酵设备

2. 气－固流化床式发酵设备

在流化床中，固体粒子可以像流体一样进行流动，这种现象就是所谓的流态化。气－固流化床式发酵设备混合效果很好，消除了发酵基质中的温度和湿度梯度，有利于过程中工艺参数的控制。由于通气良好，因此有助于好氧微生物的生长，在流化床上生长的微生物呼吸率可以达到静态培养的 10 倍，代谢热的去除十分完全，不会发生培养基温度过高的问题；气体和挥发性的代谢产物可以很快消失，减小抑制；相对于传统的固态培养，生产效率大大提高，因此可以减少生产所占用的空间和生产操作费用。某些产物（如单细胞蛋白）可以直接在反应器中进行干燥（图 5 － 15）。

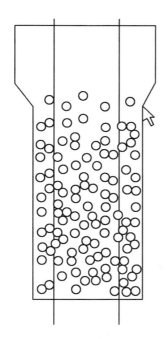

图 5 － 15　气－固流化床式发酵设备

（五）间歇式搅拌翻料强制通风型发酵设备

间歇式搅拌翻料强制通风型发酵设备是工业上应用最广泛的固态发酵设备。厚层通风发酵池、圆盘制曲机（图 5 － 16）都属于这种类型。

（六）袋式发酵设备

物料灭菌后装入厚度为 3 ~ 5cm 的发酵袋，再将此发酵袋装入发酵架，每个发酵架可装 10 ~ 20 个发酵袋，每个发酵房可放 20 ~ 50 个发酵架。

发酵袋由微孔透气材料制成，其微孔孔径为 0.01 ~ 5.0μm，能有效防止杂菌污染，发酵架按单元分隔，能够有效地克服大容量固态发酵反应器中物料温度分布不均一、易感染杂菌、传质传热性差等缺陷，发酵过程具有良好可控性。

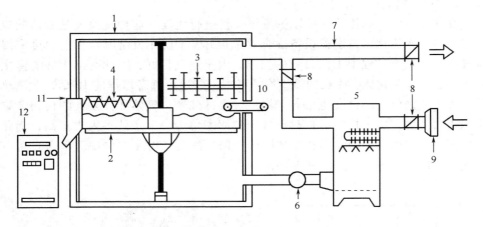

图 5 - 16　圆盘制曲机

1—培养室　2—假底　3—搅拌器　4，11—螺旋式出料器
5—空气温度和湿度调节装置　6—鼓风机　7—空气出口
8—回风挡板　9—空气过滤器　10—进料装置　12—控制柜

发酵房的温度和湿度可自动调控，并定时补充净化空气。采用这种发酵袋进行发酵，发酵装置的装载率高，节约空间，易实现规模化生产。此发明为重庆大学王中康教授专利，已经用于生物农药白僵菌的大规模生产（图 5 - 17）。

图 5 - 17　袋式发酵

（七）气相双动态固态发酵设备

中国科学院陈洪章等设计了一种新型的气相双动态固态发酵设备，该发酵设备包括卧式固态发酵罐、罐内压力脉动控制系统、罐内空气循环系统、盘架系统和机械输送系统。

气相双动态固态发酵装置是在浅盘发酵的基础上研制的，承载发酵物料仍为浅盘，但是实现了发酵过程的自动控制，解决了固态发酵大规模操作过程中的杂菌污染问题，实现了固态纯种发酵；采用气压周期脉动变化的方式进行固态发酵，通过对压力脉冲周期、气体分布板和循环速率的研究，有效地强化了发酵反应器中固态床层的热量传递和氧传递，消除了固态床层的温度梯度，避免了局部菌体死亡；同时在压力脉动的基础上，实现多个发酵反应器之间的气流交换，形成气相双动态（压力脉动和气流循环），进一步改善了固态发酵的温度、湿度的分布，使菌体生长和代谢得到优化。

发酵罐为卧式圆筒形受压容器，故可用压力蒸汽进行严格的空罐和实罐灭菌。每个罐体的前、后端均设有可快速启、闭罐门的快开门结构。每个罐体上罐壁两端分别安装由进气阀控制的进气管，每个罐体的上罐壁两端分别安装由排气阀控制的排气管，罐体之间以管道连成一体以形成循环风道。气相双动态固态发酵设备中的一个重要设想是依靠罐内压力脉动控制系统，即通过无菌空气的充压和泄压实现罐内气相压力的脉动。

气相双动态可促进微生物发酵，强化细胞内外的传质，减少代谢产物的反馈抑制，从而缩短发酵周期。

该技术目前已用于生物农药白僵菌和绿僵菌的大规模生产（图 5 - 18 和图 5 - 19）。

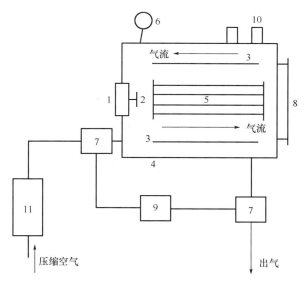

图 5 - 18　气相双动态固态发酵装置示意图

1—变速马达　2—循环风扇　3—空气挡板　4—发酵罐体　5—浅盘
6—压力表　7—电池阀　8—手柄　9—继电器与温度记录仪　10—观察孔　11—过滤器

图 5 - 19　气相双动态固态发酵装置实例图

(八) 带单向排气阀的发酵袋

原料接种后用塑料袋密封包装，发酵在包装袋内进行。

采用更新换代的呼吸膜生产技术，发酵袋采用单向排气装置，单向排气装置拥有独特的过滤网，可以排除细碎粉体对单向排气阀排气的影响，在大大提高包装袋排气效果的同时具有更好的密封功效，让包装袋内气体排出去的同时不让饲料发酵袋内固体（包括粉尘）泄露，又使得外界空气无法进入袋内。

目前该技术用于饲料的生产，使微生物饲料在生产及储存过程中，易于生产和保持其活性状态，最大程度上保障发酵产品微生物的活性，通过营造厌氧环境，最大程度提高发酵成功率。饲料发酵袋能使活菌（主要是乳酸杆菌、酵母）在包装袋内长期保持其自然高活性。微生物在发酵过程中产生的气体达到设定压力以后通过饲料发酵袋排出，但是外界的空气始终不能进入包装袋内。饲料发酵袋的单向排气装置确保了包装袋内的无氧和无杂菌污染的环境，不仅保证了微生物的活性，同时也保证了产品能长期储运。

单元三　动、植物细胞培养反应器

一、动物细胞培养反应器

随着基因工程和杂交瘤细胞技术的发展，通过动物细胞培养能够生产出许多疗效高的药物、灵敏的诊断试剂及生物制品，并已形成一些新兴的高新技术产业，具有良好的发展前景。同时，随着基因工程技术和细胞融合技术的进一步发展，人类已能够将外源蛋白基因转入到动物细胞中并大量扩增，使动物细胞能够高质量地表达有价值的蛋白。杂交瘤细胞技术也可使各种单克隆抗体通过杂交瘤细胞分泌产生。

体外培养的动物细胞有两种类型，一种是非贴壁依赖性细胞，如来源于血液和淋巴组织的细胞、许多肿瘤细胞及杂交瘤细胞等属于这种类型，它们可采用悬浮培养方法。另一种是贴壁依赖性细胞，大多数动物细胞包括许多异倍体细胞属于这种类型，它们需要附着于固体或者半固体的表面上生长。

自20世纪70年代以来，动物细胞培养生物反应器的研究和开发取得了很大的发展，类型越来越多，规模越来越大。下面将介绍几种已经成功应用于生产或具有应用前景的动物细胞培养反应器。

（一）气升式细胞培养反应器

气升式生物反应器最初用于生产单细胞蛋白，后来用于培养其他微生物和动植物细胞，特别应用于生产次级代谢产物的分泌型细胞。和通气搅拌式生物反应器相比，气升式生物反应器所产生的湍动温和而均匀，剪切力相当小，反应器内没有机械运动部件，因而细胞损伤率比较低；同时，采用直接喷射空气供氧，氧传递速率高，供氧良好；反应器内液体循环量大，细胞和营养成分能均匀地分布于培养基中。

气升式生物反应器主要有内循环式和外循环式两种类型，动物细胞培养一般采用内循环式。两种有关参数的比较见表5-1，其结构原理如图5-20所示。

表5-1　　　　　　　　　内、外循环气升式反应器比较

参　　数	生物反应器	
	内循环式	外循环式
体积溶氧系数（$K_L a$）	较高	较低
总持气量	较高	较低
升液管持气量	较高	较低
降液管持气量	较高	较低
循环时间	较短	较长
液体湍动	较温和	较强
传热系数	较低	较高

气升式反应器内部导流管下装有环形管气体喷射器，喷射器喷孔的设计要保证在所控制的气速范围内产生的气泡直径为1～20mm，空气流速一般控制在0.01～0.06m³/（m³·min）。

反应器高径比一般为3:1～12:1。

气升式反应器已经在大规模动植物细胞培养中得到广泛应用。英国Celltech公司首先采用它来培养杂交瘤细胞生产单克隆抗体。从1980年的10L规模，逐步放大到100L、200L、1000L和2000L，到1990年放大到10m³。逐级放大解决的主要问题是控制通气速率和混合性能，以达到细胞、氧和营养物质的均匀分布。培养工艺采用阶段式系统。首先转瓶（1L）培养接种10L罐，培养2～3d

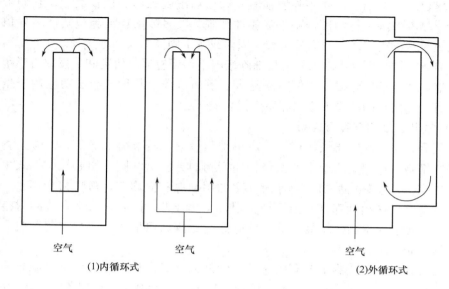

(1)内循环式   (2)外循环式

图 5-20　气升式生物反应器原理

当细胞密度达到 10^6 个/mL 时，接种到 100L 罐中，为 1000L 罐准备种子细胞。从 10L 到 1000L 培养，共需 17d 时间，可收获单克隆抗体 100g。

在气升式反应器中，浓氧的控制可以通过自动调节进入空气、纯氧或氮气的流量来实现。pH 可通过在进气中加入二氧化碳或采用氢氧化钠来控制。温度采用夹套循环水根据需要进行控制。在满足细胞所需要的溶氧供应的通气量下，一般不会产生过多泡沫，必要时，可采用专门的消泡剂来控制。培养过程中，可通过无菌取样进行细胞计数对细胞生长进行监测，也可以通过测定氧的消耗等方法对细胞生长进行间接测定。为了使培养环境稳定，可对各种控制阀门和泵等采用微机操作以实现过程控制自动化。

动物细胞培养，培养基成分复杂，培养周期长，特别容易染菌。因此，如何保持绝对无菌至关重要，生产用的反应器，是不锈钢压力容器，可使用高压蒸汽原位灭菌。对反应器罐体与各种管路的连接、反应器的清洗、无菌空气的制备等，均与本模块单元一中的通风发酵设备的要求一致。培养基经过滤除菌后进入灭好菌的反应器中，校正好 pH、溶氧和温度电极，并调整培养液至最佳细胞生长条件。当采用血清清洗时，应预先灭活以防支原体污染。

应用结果表明，在气升式反应器中，气体喷射对细胞的损伤和细胞活性没有明显影响，和非搅拌培养（如滚瓶）一样，也没有发现培养液中的蛋白质失活。同时，气升式反应器放大后，在相同的氧传递速率下的剪切力会变小。

气升式反应器放大后因高度增加，使罐底的静压也相应增加。当细胞从颈部循环至底部时，会经历一个压力循环。当人为改变罐顶部的压力达 0.12MPa

时（相当于11m高的罐压），未发现对细胞产生损害。在100L和1000L反应器中，当反应器顶部压力高达70kPa时也没有发现对细胞生长和产物形成产生不良影响。

（二）中空纤维细胞培养反应器

中空纤维细胞培养反应器既可培养悬浮生长的细胞，又可培养贴壁依赖性细胞，细胞密度可达10^9个/mL数量级，如果能控制系统不受污染，则能长期运转。这种反应器已经在大规模动物细胞及杂交瘤细胞培养中广泛使用。

中空纤维一般是用聚砜或聚丙烯制成，也有用醋酸纤维素、硝酸纤维素、聚苯乙烯、聚四氟乙烯等材料制成的。管壁的厚度为 $50 \sim 75 \mu m$，直径为 $200 \mu m$。管壁是半透膜，能截留不同相对分子质量大小的物质。其结构是将数千根中空纤维，密封在特制的圆筒里，使圆筒内形成两个空间：每个中空纤维管内成为"内室"，可灌流无血清培养液供细胞生长；管与管之间的间隙称为"外室"，培养的细胞贴附在"外室"的管壁上，并吸取从"内室"渗透出来的营养，迅速生长繁殖。培养液中所需要的血清则输入到"外室"，由于血清和细胞分泌产物（如单克隆抗体）的相对分子质量大而无法穿透到"内室"去，只能留在"外室"并不断被浓缩。需要收集产物时，只要把"外室"总出口打开，产物就可以流出来。细胞生长繁殖过程中产生的代谢废物，因为都是一些小分子物质，可以经管壁渗进"内室"，最后从"内室"总出口排出，不会对"外室"细胞产生毒害作用。一般细胞在培养1~3周后就可以完全充满"外室"管壁表面，细胞的厚度最终可达10层。细胞依次增殖后，仍可维持其高水平的代谢和分泌功能，长达几个星期甚至几个月。中空纤维细胞培养反应器如图5-21所示。主要用于培养杂交瘤细胞生产单克隆抗体。

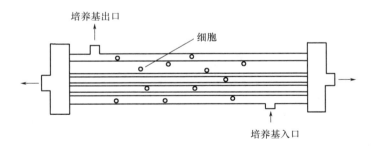

图5-21 中空纤维细胞培养反应器

（三）通气搅拌式细胞培养反应器

各种搅拌式生物反应器的主要区别在于搅拌器的结构。对于动物细胞培养反应器，根据动物细胞培养的特点，要求搅拌器转动时产生的剪切力小、混合性能良好。已开发的笼式通气搅拌器的细胞培养反应器有1.5L、2.5L、5L的赛里君（CelliGen）（图5-22），这类反应器内剪切力比较小，实际应用过程也取得了满意的结果，能够满足微载体系统培养动物细胞的要求。

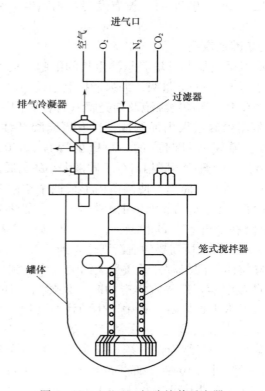

图 5 – 22　CelliGen 细胞培养反应器

虽然 CelliGen 系列反应器有许多优点，但还存在如下缺点。

（1）气路系统不能在原位灭菌，需将罐体置于消毒锅内高压灭菌，因此难以应用于大型的生物反应器。

（2）氧传递系数小，不能满足培养高密度细胞时的耗氧要求。

针对上述缺点，华东理工大学在放大设计这类生物反应器时，将单层笼式通气搅拌器改为双层笼式通气搅拌器，以扩大丝网交换面积，提高氧传递系数。经过改进的 20L 双层笼式通气搅拌器生物反应器，与控制系统、管路系统和蒸汽灭菌系统组装成完整的动物细胞培养装置 CellCul – 20。该反应器用于悬浮培养杂交瘤细胞生产单克隆抗体和微载体培养 Vero 细胞和乙脑病毒，均取得了较满意的结果。

（四）微载体培养系统

微载体培养动物细胞是 Van Wezel 于 1967 年首先研发的一种方法。它是利用珠径为 $60 \sim 250 \mu m$ 的固体小颗粒作为载体，使细胞在载体的表面附着，通过在通气搅拌式反应器或气升式反应器中悬浮培养，形成单层生长繁殖。由于微载体表面积大，扩大了细胞的附着面，能充分利用生长空间和营养物质，因此大大提高了细胞的生长效率和产量。这种细胞培养模式，是把贴壁培养和悬浮培养融合在一起，兼有两种培养模式的优点，是当前大规模培养动物细胞最有潜力、最具前途的培养系统。其优点是：①具有较大的表面积体积比，单位体积培养基的细胞产率高；②生长环境均一，条件易于控制，放大容易；③兼有贴壁培养和悬浮培养的优点；④取样及监测细胞在微载体上的生长情况很简便；⑤细胞和培养基易于分离；⑥大规模培养只需对通气搅拌式或气升式培养系统稍加改进即可。

采用微载体培养系统培养细胞生产细胞生物制品，微载体质量优良与否是关键。优良的微载体应具备以下特点：①微载体不得含有毒害细胞的成分；②微载体与细胞必须有良好的相融性，使细胞容易贴壁生长；③微载体相对密度应略大于培养基，一般要求为 1.03～1.05，不大于 1.1，经轻度搅拌即能悬浮于培养基中，停止搅拌即能较快地沉降下来；④微载体珠径为 40～120μm，经生理盐水溶胀后珠径增大到 60～280μm，粒度分布均匀，径差不大于 ±（20～25）μm；⑤微载体应有良好的光学性质和透明度，便于用显微镜观察细胞生长情况；⑥能在磷酸缓冲生理盐水中耐 120～125℃、20～30min 高压灭菌；⑦基质必须是非刚性材质，避免培养过程中相互碰撞而损伤细胞；⑧不吸附培养基中的营养成分，特别是血清；⑨表面须具有一定的亲水性，使细胞容易贴壁；⑩价廉，或能重复使用，不易变性。

微载体一般由天然葡聚糖或各种合成的聚合物组成。近年来国内外新开发的微载体主要有甲壳质微载体、大孔明胶微载体、DEAE－纤维素微载体、聚苯乙烯微载体、聚氨酯泡沫微载体、聚丙烯酰胺衍生的微载体、磁性微载体、液膜微载体等。目前已商品化的微载体有 Cytodex 1、2 和 3，Biocarrier，Biosilon，Superbeads，Cytosphere，DE－52，DE－53 等。

微载体培养系统为细胞生物学研究和病毒及其他生物制品的生产提供了大量的细胞，而且可以为某些不能在悬浮培养情况下生长的细胞如原代细胞、二倍体细胞的转向悬浮培养及大量繁殖提供有效的手段。

二、植物细胞培养反应器

植物可以为人类提供食物、药品、香料、色素等产品。据报道，地球上 75% 的人口以植物作为治病防病的药物来源，美国的药方中有 1/4 含有来源于植物的药品，由于人口的快速增长和对植物来源药物需求的急剧增加，造成了人类对天然植物药资源的掠夺性开发，许多植物药的天然资源已经枯竭，而许多有价值的植物必须生长在热带或亚热带地区，还要受到各种自然条件和人为因素的影响。此外，许多植物从种植到收获需要几年时间，靠大面积人工栽培再收获提取药物的方法也难以满足市场需求。

1902 年德国著名植物学家哈伯兰特（Haberlandt）根据细胞学说提出了植物体细胞有再生为完整植株的潜在全能性，并进行了长时间的试验研究。1934 年 White 进行番茄根组织培养获得成功，建立了无性繁殖系，开始形成一种真正的培养技术。20 世纪 80 年代末期兴起的植物细胞培养技术，为缓解植物药源的供需矛盾，生产出更多的有用物资提供了机会和方法。利用植物细胞培养技术已能够生产出许多有用的初级代谢产物和次级代谢产物，而植物细胞培养反应器的研制，是植物细胞培养技术向工业化规模发展的关键。由于植物细胞本身具有固有的特性，例如，植物细胞要比微生物细胞大 50 ~ 100 倍，细胞在培养液中所占的体积可达 40% ~ 50%，植物细胞在培养过程中，其细胞形态有明显的变化，在培养初期，多半是比较大的游离细胞，接着开始分裂成一个一个较小的细胞，同时较小的细胞聚集成细胞块，在生长停止后，细胞便伸长、涨大，块状细胞就游离分散。因此，植物细胞培养液的黏度和微生物发酵液明显不同，它随细胞浓度的增加而显著上升。烟草细胞对数生长期时培养液的黏度约为培养初期的 30 倍。同时，植物细胞培养的需氧量要比微生物培养低得多，但对剪切力却很敏感。因此，研制出适合植物细胞培养要求的生物反应器是植物细胞培养技术向工业化规模发展的关键。植物细胞培养主要采用悬浮培养和固定化细胞培养系统。以下介绍几种主要的植物细胞培养反应器。

（一）机械搅拌式细胞培养反应器

日本在开展植物细胞培养研究的早期，利用 30L 机械搅拌式反应器培养烟草细胞以获得尼古丁，并随后成功地在 1500L 和 20m^3 的反应器上进行连续和分批培养，还成功地用于其他植物细胞的培养。

机械搅拌式反应器主要的优点是能够获得较高的 $K_L a$ 值，但是机械搅拌式反应器应用于植物细胞培养存在的主要问题是植物细胞的细胞壁对搅拌剪切力的耐受力差。但是，研究结果证明，经适当改进的机械搅拌式反应器既能够满足植物细胞对溶氧的要求，其搅拌剪切强度又不致对植物细胞造成伤害。例如，日本的田中（Tanaka）的研究结果表明，采用桨形板搅拌器用于植物细胞培养效果好；克莱斯（Kreis）等比较了使用不同形式搅拌器的气升式反应器对金花小檗细胞合成原小檗碱的影响，结果显示平叶形搅拌器加挡板培养结果与气升式反应器相当，比较适宜于植物细胞的培养。此外，通过对植物细胞在搅拌式反应器上的长期驯化培养，细胞对搅拌器剪切力的耐受程度也会大大提高。

大多数植物细胞不需要太高的溶氧系数，而在极低的 $K_L a$ 值时，机械搅拌式反应器单位体积发酵液消耗的功率比非机械搅拌式反应器高。不同细胞株对剪切力的敏感程度是不同的，即使是同一细胞株，随着细胞年龄的增加，其对剪切力的敏感程度也提高。由于多数的植物次级代谢产物往往在细胞生长的后期产生，因此如何更好地将机械搅拌式生物反应器应用于植物细胞次级代谢产物的生产还需要做更深入的研究。

（二） 固定化植物细胞培养反应器

植物细胞培养的最大问题是培养过程中的细胞遗传和生理的高度不稳定性。由于细胞间的不一致性，在培养过程中高产细胞系往往出现产率低和产生其他代谢物的情况。固定化细胞培养可以在一定程度上克服这种倾向。固定化细胞包埋于支持物内，可以消除或极大地减弱流体流动引起的剪切力对细胞的影响。细胞在一个限定的范围内生长也可以导致植物细胞一定程度的分化发育，从而促进次级代谢产物的生成。此外，还便于连续化操作。因此，固定化细胞培养系统比悬浮培养系统更适合于植物细胞的培养，并已成功用于辣椒、胡萝卜、长春花、毛地黄等植物细胞的培养。

固定化植物细胞培养反应器有以下几种类型。

（1）填充床反应器　在此反应器中，细胞固定于支持物表面或内部，将固定化细胞颗粒装入反应器中堆叠成床，培养基由反应器底部进入，在床层间流动，与细胞接触，提供细胞所需的营养。填充床反应器的特点是单位体积中细胞数量较多。但填充床反应器也存在一些缺点，由于反应器内混合效果不好，常使床内氧的传递、气体产物（如 CO_2）的排除、温度和 pH 的控制较困难。支持物颗粒的破碎或培养基中含有不溶性微粒时还易造成填充床阻塞。

（2）流化床反应器　典型的流化床反应器是利用流体（液体或气体）的能量使固定化细胞颗粒处于悬浮状态。由于使颗粒呈流化状态所需的能量与颗粒大小成正比，所以，通常采用小固定化颗粒，反应器内较好的混合效果和小颗粒良好的传质特性是流化床反应器的主要优点。

流化床反应器最大的缺点是流体的剪切力和固定化颗粒的碰撞会损坏固定化细胞，同时，流体动力的复杂性使其放大困难。

（3）膜反应器　膜固定化是采用具有一定孔径和选择透性的膜固定植物细胞。营养物质可以通过膜渗透到细胞中，细胞产生的代谢产物通过膜释放到培养液中。膜反应器主要有中空纤维反应器和螺旋卷绕反应器。在中空纤维反应器中，细胞既可处于纤维管中，也可处于管外。螺旋卷绕反应器是将固定有细胞的膜卷绕成圆柱状。与海藻酸盐凝胶固定化相比，膜反应器的操作压力降较低、流体动力学易于控制，易放大，而且能提供更均匀的环境条件，还可以同时进行产物分离以解除产物的反馈抑制。

膜反应器的优点是可以重复使用，因此，尽管一次性投资较大，但重复使用让这种形式的固定化比较经济。

阅读材料5

真菌农药——白僵菌

松毛虫是危害森林的大敌。喷洒化学药剂，尽管暂时能起到一些作用，但化学药剂也能杀死害虫的天敌，到头来可能反而会使害虫更加猖獗！

科学家们于是又想到了微生物，他们从僵死的蚕体中找到了一种称为白僵菌的真菌，把它们制成菌剂喷洒到松树上，白僵菌不仅不会杀死害虫的天敌，相反，它们会携手并肩一起向松毛虫发动进攻。白僵菌杀死松毛虫的手段主要是通过菌丝穿过害虫的皮肤进入虫体，另外也可能以孢子的形式通过害虫的嘴巴钻进虫肚子里。有时候，你到田间或者林地去，不是可以看到一些表面密密麻麻地生长着白色、黄色、绿色、黑色或灰色的茸毛，全身僵硬而且很轻的虫尸吗？那就是真菌，特别是白僵菌玩的把戏。原来白僵菌的分生孢子成熟后，能在空气中自由漂浮，当空气中湿度较大时，极易黏附在昆虫的体壁上。在适宜的温度和湿度条件下，孢子吸水膨胀萌发出菌丝，白僵菌能分泌几丁质酶和蛋白质毒素，以溶解寄主体表的几丁质为突破口，很快将昆虫毒死。侵入虫体内的菌丝，直接用昆虫体液和脂肪组织作为营养而生长繁殖，有的菌丝钻入各种组织或细胞内，特别是脂肪组织内，细胞内的原生质被消耗，细胞萎缩，虫体各种组织被破坏。最后，因为菌丝在生长过程中要大量地吸取虫体内的水分，因而虫尸干硬僵化。当菌丝吸尽虫体内的养分以后，便沿着虫体的气门间隙和各环节的间隙伸出体外，生成气生菌丝。在气生菌丝顶端又可产生分生孢子。这时，虫尸上覆盖着白色茸毛和粉状微粒，即是白僵菌的气生菌丝和分生孢子。分生孢子又可随风飘扬，到处传播，可以使一批又一批的松毛虫感染白僵菌而死亡。不光是白僵菌，还有530多种真菌能够使昆虫得病。在昆虫的各种疾病里，大约有60%是由这些真菌引起的。白僵菌是其中最重要的一种，它们分布广，寄主多，使害虫生病的能力强。包括松毛虫、大豆食心虫、玉米螟、茶毒蛾、甘蔗象鼻虫等在内，有200多种昆虫会遭到白僵菌的袭击，得病后2~3d就死亡。

白僵菌已被我们培养并做成农药，通过喷雾、喷粉等方法，撒布到地里，成为我们对害虫进行"细菌战"的主要武器之一。白僵菌对人畜无害，而对多种害虫却有传染致病作用，因此它是当前一种较好的生物防治菌剂。

白僵菌的工业化生产目前是采用发酵工程方法，主要有液体发酵法、固体发酵法、液固双相发酵和气相双动态固态发酵。

1. 液体发酵

通常的白僵菌液态发酵一般产生芽生孢子。白僵菌应用于工业生产时，曾尝试采取液态发酵这种方式。然而，随后的研究表明，白僵菌芽生孢子生活力低下、不耐储藏，难以应用于生产实际。于是有些研究者通过改变培养基配方、添加微量元素、选育合适菌株等手段进行液体发酵条件下生产分生孢子的研究。如前苏联早在1971年已能液体深层培养生产分生孢子，并获两项生产专利，其产品分生孢子量可达3×10^{10}个/g，但所产分生孢子比固体发酵的分生孢子寿命要短得多，只有3个月，终未能于工业生产中得到广泛应用。前捷克斯洛伐克在白僵菌液体静止发酵时加入聚乙烯软垫，该法简单方便，很有特色，全过程无杂菌污染。培养12d，每$0.1m^2$面积的培养管，可产生分生孢子1×10^{13}个/g，但难以形成商业规模。20世纪80年代，加拿大、美国和中国相继开展了液体深层发酵生产白僵菌分生孢子的研究。结果表明，培养液营养成分不同是形成各种类型孢子（芽生或分生）的主要因子。总之，液体发酵法生产的分生孢子的产量、毒力及储藏期等方面，至今仍是未解决的难题，以致无法应用于生产实际。

2. 固体发酵

多年来，固态发酵是白僵菌工业生产采用的主要方式。特别是在我国，关于白僵菌的固态发酵，研制和发展了多种方法，并得到了大量的应用。研究初期也就是20世纪60~70年代主要以室内浅盘式、室外大床式、塑料袋培养等土法生产。这种方法以廉价易得的农副产品下脚料麸皮和谷壳为主要原料，无需复杂设备，方法简单易行，且成本低，适合就地生产、就地使用。

但该法生产周期长、污染率高、产品质量低下且不稳定，特别是产品粉碎、包装过程中，生产车间粉尘浓度高，易引起操作工人的过敏反应。尽管如此，从生产方法和规模看，20世纪70年代仍是我国自50年代起步后的白僵菌生产和应用大发展时期。80年代，白僵菌的规模化生产工艺研究被列入国家"六五""七五"计划，针对当时的土法生产工艺进行了一系列改进。这期间，国内有4条白僵菌工业化生产工艺路线进行了试验并通过了鉴定。它们是：①窗纱式营养膜机械化生产白僵菌新工艺；②平板生产工艺；③液固两相快速产孢新工艺；④载体半固体砖式开放培养新工艺。期间，白僵菌纯孢粉工业生产工艺的研制成功，是白僵菌固态发酵生产工艺的一大突破性进展，大大方便了运输与应用，降低了防治成本。然而一个共同存在的问题是仍然没能摆脱固体开放培养的工艺，还受到一定程度的杂菌污染。

在国外，比较有特色的固态发酵方法是加拿大的Goettel于1984年发明的尼龙高压灭菌袋培养法。该方法将麦麸培养料装入金属浅盘内，上覆以半透膜性玻璃纸，然后放入尼龙高压灭菌袋内，灭菌后用注射器向袋内玻璃纸上注射液体菌种，培养两周后可获得不带培养基的纯菌体与分生孢子的混合物。该方法简单、成本低、不易染菌，缺点是难以形成规模化工业生产。

另外，早在1963年，美国Mechales的一项专利就介绍了一种固体发酵生产白僵菌的方法，其特点为发酵过程中，不断由料层底部通以一定温度和湿度的空气。通过控制通入空气的温湿度从而满足白僵菌不同生长发育阶段对温湿度的不同要求，但实际应用中对设备和发酵条件要求较高，工程放大尤其困难。

3. 液固双相发酵

该法首先经几级液态发酵制得大量白僵菌芽生孢子或菌丝体，再将其接种于固体料上继续培养，以获得分生孢子，然后经旋风分离收集纯孢粉，含孢量

可达 1.2×10^{11} 个/g。湖南省微生物所以浓培养基液体深层发酵培养白僵菌菌丝体，载体快速产孢工艺是在一般双相培养工艺上的改进。

该工艺缩短了生产周期，减轻了培养后期的杂菌污染，甚至载体可不做消毒处理，从而节省了人力和能源消耗。国家"八五"科技攻关期间，对白僵菌生产的液固两相工艺进行了规范化研究，进一步优化了工艺参数和发酵条件，确立了规范化生产工艺流程和配套机械，同时使生产周期进一步缩短，并降低了生产成本。但发酵后期仍为半敞开式培养。

4. 气相双动态固态发酵

目前，应用于白僵菌规模化工业生产效果较好的要数气相双动态固态发酵。气相双动态可促进微生物发酵，强化细胞内外的传质，解决了固态发酵大规模操作过程中杂菌污染问题，减少了代谢产物的反馈抑制，从而缩短了发酵周期，实现了发酵过程的自动控制。

思 考 题

1. 机械搅拌通风发酵罐必须满足哪些基本要求？

2. 发酵工业生产中，为了防止和减少染菌，应该从哪几个方面采取措施？

3. 简述气相双动态固态发酵的原理。

4. 动物细胞、植物细胞与微生物细胞相比较有哪些差异？在设计动、植物细胞培养反应器时，应当注意哪些因素才能获得预期的效果？

模块六　发酵工艺控制

单元一　微生物发酵的类型

一直以来关于微生物发酵的定义有很多，通常所说的发酵多指生物体对于有机物的某种分解过程。现代发酵的定义则为通过对微生物（或动植物细胞）进行大规模的生长培养，使之发生化学变化和生理变化，从而产生和积累大量人们发酵所需的代谢产物的过程。

根据发酵的特点和微生物对氧的不同需要，可以将发酵分成若干类型。

（1）按发酵原料来区分　分为糖类物质发酵、石油发酵及废水发酵等类型。

（2）按发酵产物来区分　如氨基酸发酵、有机酸发酵、抗生素发酵、酒精发酵、维生素发酵等。

（3）按发酵形式来区分　分为固态发酵和液体深层发酵。

（4）按发酵工艺流程来区分　分为分批发酵、连续发酵、补料分批发酵和固态发酵。

（5）按发酵过程中对氧不同需求来区分　一般可分为厌氧发酵和通风发酵两大类型。

现重点介绍分批发酵、连续发酵、补料分批发酵和固态发酵。

一、分　批　发　酵

分批发酵又称为分批培养，是指在一个密闭系统内投入有限数量的营养物质后，接入少量的微生物菌种进行培养，使微生物生长繁殖，在特定的条件下只完成一个生长周期的微生物培养方法。也可以表述为在一个封闭系统内含有初始限量基质的发酵方式。在这一过程中，除了氧气、消沫剂及控制 pH 的酸或碱外，不再加入任何其他物质。发酵过程中培养基成分减少，微生物得到繁殖，培养基的量一次性加入，产品一次性收获，是目前广泛采用的一种发酵方式。

分批发酵的优点：①对温度的要求低，工艺操作简单；②比较容易解决杂菌污染和菌种退化等问题；③对营养物的利用效率较高，产物浓度也比连续发酵要高。

分批发酵缺点为：①人力、物力、动力消耗较大；②生产周期较短，由于分批发酵时菌体有一定的生长规律，都要经历延滞期、对数生长期、稳定期和衰亡期，而且每批发酵都要经菌种扩大发酵、设备冲洗、灭菌等阶段；③生产效率低，生产上常以体积生产率（以每小时每升发酵物中代谢产物的克数来表示）来计算效率，在分批发酵过程中，必须计算全过程的生产率，即时间不仅包括发酵时间，而且也包括放料、洗罐、加料、灭菌等时间。

如果生产的产品是生长关联型（如菌体与初级代谢产物），则宜采用有利于细胞生长的培养条件，延长与产物合成有关的对数生长期；如果产品是非生长关联型（如次级代谢产物），则宜缩短对数生长期，并迅速获得足够量的菌体细胞后延长稳定期，以提高产量。

二、连续发酵

连续发酵是指以一定的速度向发酵罐内添加新鲜培养基，同时以相同速度流出培养液，从而使发酵罐内的液量维持恒定的发酵过程。连续发酵（continuous fermentation）是相对于分批发酵（batch fermentation）而言的，也是连续培养技术在发酵工业上的应用，即连续培养放大后用来大规模生产微生物的产品。连续发酵方式和生物反应器类型也各式各样，主要是具有菌体再循环或不循环的单罐（级）连续发酵和具有菌体再循环或不循环的多罐（级）连续发酵。连续发酵的主要优势是简化了菌种的扩大培养，发酵罐的多次灭菌、清洗、出料，缩短了发酵周期，提高了设备利用率，降低了人力、物力的消耗，提高了生产效率，使产品更具商业性竞争力。例如，面包酵母连续发酵生产与用分批发酵生产相比，其生产效率较高，而成本较低。如丙酮丁醇梭菌（*Clostridium acetobutylicum*）采用两罐（级）连续发酵生产丙酮丁醇。第一罐培养液的稀释液为 0.125/h，即流速控制成 8h 更换一次罐内的培养液，发酵温度 37℃，pH4.3。此罐主要产菌体，第二罐稀释率为 0.04/h，即 25h 更换罐内培养液一次，33℃，pH4.3 发酵。这样连续发酵大规模生产丙酮、丁醇溶剂，连续运转一年多，比分批发酵的效益高得多。连续发酵有以下优点：①可以提高设备的利用率和单位时间产量，只保持一个期的稳定状态；②发酵中各参数趋于恒值，便于自动控制；③易于分期控制，可以在不同的罐中控制不同的条件。同时也有以下缺点：①对设备的合理性和加料设备的精确性要求甚高；②营养成分的利用较分批发酵差，产物浓度比分批发酵低；③杂菌污染的机会较多，菌种易因变异而发生退化。

连续发酵已被用来大规模生产酒精、丙酮、丁醇、乳酸、食用酵母、饲料酵母、单细胞蛋白，和石油脱蜡及污水处理，并取得较好效果。对大部分微生物来说，进行连续培养研究其生理、生化和遗传特性，并不困难，连续培养技术发挥了重要作用，获得了很多研究成果，但用连续发酵进行大规模生产还是困难的。主要原因是连续发酵运转时间长，菌种多退化，容易污染，培养基的利用率一般低于分批发酵。而且工艺中的变量较分批发酵复杂，较难控制和扩大。尤其是在次生代谢产物，如抗生素大规模工业生产中，难以实现连续发酵，因生成次生代谢产物所需的最佳条件，往往与其产生菌种生长所需的最佳条件不一致，有的还与微生物细胞分化有关，现代发酵工业中又多使用高浓度营养组分，这些都是连续发酵亟待解决的难题。连续发酵推广应用中所遇到的困难和问题，随着对该技术的深入研究、改进，尤其是与各项高新技术密切结合，相信将日趋完善，有着广阔的应用发展前景，能发挥更大的效益。

三、补料分批发酵

补料分批发酵是在微生物分批发酵过程中，以某种方式向发酵系统中补加一定物料，但并不连续地向外放出发酵液，使发酵液的体积随时间逐渐增加，是介于分批发酵和连续发酵之间的一种发酵技术。补料分批发酵具有以下优点：①可以解除底物的抑制、产物的反馈抑制和分解代谢物的阻遏作用；②可以减少菌体生长量，提高有用产物的转化率；③降低菌种的变异及染菌易控制；④便于自动化控制；⑤避免在分批发酵中一次性投入糖过多导致细胞大量生长，耗氧过多，以致通风搅拌设备不能匹配的状况。缺点为对补料过程中加入的物料无菌要求高，如果这个过程中有处理不当，之前的过程全部作废，发酵倒罐。

补料分批发酵通过控制底物初始浓度水平来消除高浓度底物对生长代谢的抑制作用或由可被快速利用的碳源所引起的分解阻遏作用，并且能使发酵对溶解氧的需求保持在发酵罐通气能力范围之内；还可避免某些培养基组分高浓度下对微生物生长及代谢的抑制甚至毒副作用，延长发酵生产时间，特别是代谢产物的积累时间，以提高发酵产量。

四、固 态 发 酵

固态发酵（solid state fermentation）又称固体发酵，是指微生物在没有或几乎没有游离水的固态的湿培养基上的发酵过程。固态的湿培养基一般含水量在50%左右，而无游离水流出，此培养基通常是"手握成团，落地能散"，所以此发酵也可称为半固体发酵。我国农村的堆肥、青饲料发酵和做酒曲，就是固态发酵。固态发酵工艺历史悠久，在现代微生物工业中应用较少。

厌氧菌固态发酵生产较简易，一般采用窖池堆积，压紧密封进行。好氧菌的固态发酵生产可以将接种后的培养基摊开铺在容器表面，静置发酵，也可通气和（或）翻动，使能迅速获得氧和散去发酵产生的热。因通气、翻动、设备条件、发酵菌种和产物等的不同，固态发酵的反应器和培养室也是多种多样，固态发酵的特征，体现在它与液态发酵相比的相对优点上。与液态发酵相比，固态发酵有以下优点：①水分活度低，基质水不溶性高，微生物易生长，酶活力高，酶系丰富；②发酵过程粗放，不需严格无菌条件；③设备构造简单、投资少、能耗低、易操作；④后处理简便、污染少，基本无废水排放。

微生物工业的生产是选择固态发酵工艺还是液态发酵工艺，取决于所用菌种、原料、设备、所需产品、技术等，比较两种工艺中哪种可行性和经济效益高，就采用哪一种。现代微生物工业大多数都是采用液态发酵，这是因为液态发酵适用面广，能精确地调控，总的效率高，并易于机械化和自动化。

随着机械化、自动化、化工工程技术和设备的发展，尤其是电子技术、计算机产业的飞速进展，这些先进的技术和设备在固态发酵中的应用，使固态发酵的劣势逐步化解，而优势更显突出，使古老的固态发酵工艺焕发青春，在微生物工业中的作用和地位逐步提高，使某些发酵产品的生产用固态发酵将比液态发酵更好。

单元二　发酵过程中代谢变化参数

产生菌的代谢是在一定的发酵条件下进行，并通过各种参数反映出来的，与代谢变化有关的参数可以分为物理、化学和生物三种。

一、物 理 参 数

发酵生产和发酵试验采用的物理参数有下列几个。

1. 温度

温度影响发酵过程中酶反应的速率及氧在培养液中的溶解度，其与菌体生长、抗生素合成都有很密切的关系。不同产生菌或同一产生菌而代谢阶段不同，则其适宜的温度也各异。

2. 压力

发酵罐维持正压可以杜绝由于罐压为零时造成的染菌，并增加氧在培养液中的溶解度，有利于菌的生长及合成抗生素。但是二氧化碳在水中的溶解度比氧大 30 倍，罐压增大，二氧化碳的分压也增大，因此罐压不宜过高。

3. 搅拌转速

提高搅拌转速可以增加氧溶解速度。在发酵过程中，不同发酵阶段对溶解氧的要求不同，故需要调节搅拌转速。

4. 搅拌功率

供氧系数 $K_L a$ 与搅拌功率有关。抗生素发酵，一般每立方米体积发酵液消耗的搅拌功率以 $2\sim4kW$ 为好。

5. 空气流量

空气是给好气菌提供氧的重要来源。空气流量过小会对发酵不利，但空气流量过大，会导致泡沫产生过多，培养液表观体积增大，装料体积减小，并缩短空气在罐内的滞留时间，浪费无菌空气。

6. 溶解氧

抗生素产生菌一般必须摄取培养液中的溶解氧，以满足菌体发育、生长、繁殖及合成抗生素的需要。发酵过程中溶解氧浓度的大小和氧的传递速率及产生菌的摄氧率有关，它可以用来了解产生菌对氧利用的规律、指示发酵的异常情况、作为发酵中间控制的参数及设备供氧能力的指标。

7. 表观黏度

发酵液的表观黏度不仅与培养基的成分有关，而且与菌体的浓度也有关系。因此表观黏度的大小，既表示氧传递的阻力，也可以相对地表示菌体的浓度。

二、化 学 参 数

工业生产上采用的化学参数有下列几个。

1. 基质浓度

发酵过程中糖、氮、磷等营养物质的含量是反映产生菌代谢变化的重要参数。产生菌的生长和抗生素的合成都与这些营养物质的代谢有关。控制这些物质的供给和消耗是提高抗生素产量的重要手段。因此，在发酵过程中必须经常测定糖（还原糖和总糖）、氮（氨基氮 NH_2—N 或氨氮 NH_3—N）等基质的浓度。

2. pH

发酵液的 pH 是发酵过程中各种生化反应的酸碱性的综合反映。酶的活力与基质的 pH 有关，又由于参与合成菌体和合成抗生素的酶类不同，其合适的 pH 也不同。故必须经常测定并控制发酵液的 pH，使其符合生产的需要。

3. 脱氧核糖核酸（DNA）

DNA 是细胞生长的基本物质。以 DNA 为参数可以清楚地区分发酵的各个阶段。有人认为 DNA 是发酵动力学研究中正确反映细胞生长的参数。

三、生 物 参 数

生产上和发酵动力学研究中采用的生物参数有下列几个。

1. 菌丝形态

发酵过程中菌丝形态的改变是代谢变化的反映。抗生素生产中，一般都以菌丝形态作为衡量种子质量、区分不同的发酵阶段、控制发酵过程的代谢变化及决定发酵周期的依据之一。

2. 菌体干重（或菌体浓度）

发酵过程中的各种生化反应都是通过菌体的各种酶类来进行的，因此测定菌体干重（或菌体浓度）具有重要意义。菌体干重（或菌体浓度）与补料及供氧工艺、抗生素产量等都有关系，掌握了菌体干重，即可确定合适的补料量和供氧量，以保证生产达到预期的水平。

菌体干重（或菌体浓度）与培养液的表观黏度有关，而黏度的大小又影响发酵液中的溶解氧浓度。

3. 菌体比生长速率

每小时单位质量的菌体所增加的菌体量称为菌体比生长速率，单位为 h^{-1}。菌体比生长速率与代谢有关，特别是在抗生素合成阶段，比生长速率过大，菌体量增加过多，代谢向菌体合成的方向发展，不利于合成抗生素。因此，必须将菌体比生长速率控制在一定范围内，以便使抗生素的生产速率维持在较高的水平。菌体比生长速率是发酵动力学中的一个重要参数。

4. 氧比消耗速率

氧比消耗速率又称呼吸强度（Q_{O_2}），是每小时单位质量的菌体所消耗的氧的数量，其单位为 mmol（O_2）／[g（干菌体）·h]。如果已知菌体质量，则可以根据氧比消耗速率计算单位时间内消耗的氧量。

5. 糖比消耗速率

每小时单位质量的菌体所消耗的糖量称为糖比消耗速率，其单位为 g 或 mmol（己糖）／[g（干菌体）·h]。如果已知菌体质量，则可以根据糖比消耗速率计算单位时间内消耗的糖量。

6. 氮比消耗速率

每小时单位质量的菌体所消耗的氮（NH_2—N 或 NH_3—N）的数量称为氮比消耗速率，其单位为 g（NH_2—N 或 NH_3—N）／[g（干菌体）·h]。如果知道菌体质量，则可以根据氮比消耗速率计算单位时间内消耗的 NH_2—N 或 NH_3—N 的数量。

单元三　温度及其控制

温度是影响微生物生长发育及代谢活动的重要因素。因为一切代谢活动都与它本身的酶系统的活力有密切关系，各种生化反应的酶活力都要在最适温度范围内才得以发挥。生产菌在最适温度范围以下培养时，生长代谢慢，反之则生长代谢加快。总之，微生物生化反应与温度有着密切的关系，这种关系，很复杂并且受多种因素影响，必须通过反复实践掌握规律，控制最适当的温度以保证发酵产量的提高。

一、发酵最适温度的选择

发酵控制的最适温度因品种而异，如四环素、土霉素一般控制在 30~31℃，青霉素多控制在 24~26℃，链霉素一般控制在 27~29℃。在有些抗生素发酵过程还采取分段控制不同温度，前期温度范围接近菌体生长最适温度，中后期接近抗生素合成的最适温度。但一般生产上控制的发酵温度都适当兼顾到菌体生长和有利于抗生素的合成两个方面，并不具体控制在生长最适温度范围或合成最适温度范围，而往往最偏重于抗生素合成的中间范围。若分段控制，则前期接近生长最适温度，中后期温度更有利于抗生素的生物合成。

发酵温度的选择不仅考虑到菌体生长和抗生素合成两种最适温度的需要，还应联系发酵培养基的成分、浓度及其他设备条件，如搅拌通气等，统筹兼顾，全面考察。通过生产实践，摸索掌握规律，选择最适当的控制温度，尽量缩短菌种的迟滞期，延长平衡期以提高抗生素合成的速度和延长分泌时间，以取得最大的产率。

国外通过电子计算机模拟最佳发酵条件的试验，认为可以根据实际需要在不同时期控制不同温度和不同 pH，能更好地发挥抗生素产生菌的潜力。根据模拟试验，得出青霉素发酵的最适温度控制过程如下：0 ~ 5h，30℃培养，随后降到25℃培养35h，再降到20℃培养85h，最后回升到25℃，培养40h放罐。该试验按上述方法分阶段控制温度，比在恒温 25℃条件下培养青霉素产量提高14.7%。这个试验不能为我们直接套用，但它可以给我们以启发，表明了目前习惯的恒温控制法是可以改变的。控制最合适的温度进行发酵，可以大幅度提高产量，但是也不能忽视其他条件的配合。

几种常见抗生素的生物合成适宜温度见表6 – 1。

表6 – 1　　　　　几种常见抗生素的生物合成适宜温度

抗生素名称	抗生素生物合成的适宜温度/℃	抗生素名称	抗生素生物合成的适宜温度/℃
青霉素	24 ~ 26	卡那霉素	28
链霉素	27 ~ 29	多黏菌素 B	25
金霉素	26 ~ 28	杆菌肽	37
土霉素	24 ~ 30	丝裂霉素 C	28 ~ 30

二、发酵热与罐温控制

发酵过程中，随着产生菌对培养基的利用，以及通气搅拌的作用，产生一定热量，使罐温逐渐上升。产生菌生长繁殖越快，菌体细胞数量越多，代谢越旺盛，大量产生发酵热，罐温上升越快。

1. 生物热（$Q_{生物}$）

产生菌在生长繁殖过程中所产生的大量热能称为生物热（$Q_{生物}$）。它主要是培养基中的碳水化合物（即糖类）、脂肪和蛋白质被微生物分解利用后产生的。其中部分能量被产生菌利用来合成高能磷酸化合物（ATP）储藏起来，供产生菌代谢活动和合成抗生素使用，其残余部分则以热能的形成散发到周围环境中去引起温度变化。

生物热的产生有明显的时间性，即生物热的大小因培养时间而不同。在孢子发芽和生长初期，产生的热能是有限的，当菌的增殖进入对数生长期后，细胞数量增多，代谢旺盛，生物热大量产生，成为影响发酵罐温度的主要因素。

2. 搅拌热（$Q_{搅拌}$）

抗生素生产多为好气性发酵。好气培养的发酵设备，都装有较大功率的搅拌器。由于机械搅拌，高速运转造成液体之间、液体和设备之间的摩擦，从而产生热能，这种热能称为搅拌热（$Q_{搅拌}$）。搅拌热可由电机消耗的电能扣除部分其他形式的能量散失后估算。

3. 蒸发热（$Q_{蒸发}$）

通入发酵罐的空气，其温度和湿度随季节及控制条件不同而有所变化。空气进入发酵罐后就和发酵液广泛接触，进行热交换，同时必然会引起水分的蒸发，蒸发所需要的热量即为蒸发热（$Q_{蒸发}$）。水的蒸发热及排出气所带的部分显热（$Q_{显}$）都散失到外界。

4. 辐射热（$Q_{辐射}$）

由于发酵罐内外的温度不同，发酵液中有部分热通过罐体向外辐射，这种热能称为辐射热（$Q_{辐射}$）。辐射热的大小，决定于罐内外温差的大小，天冷影响大些，天热影响小些。

5. 发酵热（$Q_{发酵}$）

发酵过程中释放出来的净热量，称为发酵热（$Q_{发酵}$）。即发酵过程中产生的总热量减去通过金属罐壁的传导和辐射热与液体的蒸发热的损失，以及被排气所带走的一部分显热，就是发酵过程中释放出来的净热量。因此发酵热可用下列方程式表示出来：

$$Q_{发酵} \left[以 kJ/（m^3 \cdot h）表示 \right] = Q_{生物} + Q_{搅拌} - Q_{蒸发} - Q_{辐射}$$

由于 $Q_{生物}$、$Q_{蒸发}$ 及 $Q_{显}$ 在发酵过程中是随时间变化的，因此发酵热在整个发酵过程中也是随时间变化的。为了使发酵在一定温度下进行，生产上必须采取措施，随时在罐夹层（即夹套）或盘管（即蛇管）内通入冷却水或冰盐水来调节。在小型种子罐或发酵罐前期，散热量常常会大于产生的热量，特别是在气候寒冷的地区或冬季，则需通热水保温。

影响生物热的因素很多。生物热随着生产菌株的性能、种子接种量的大小、菌丝浓度、培养基的成分和发酵时间而改变。一般生命力旺盛的菌株，接种量大，菌丝健壮、浓厚，培养基丰富，培养条件合适，特别在发酵前期 $10 \sim 50h$，菌体大量增殖，糖类、氮被迅速利用，生物热的产生也是最旺盛期。例如，四环素发酵以 $20 \sim 50h$ 的生物热最大，可达 $29288kJ/（m^3 \cdot h）$，最低约为 $8368kJ/（m^3 \cdot h）$，平均发酵热为 $16736kJ/（m^3 \cdot h）$，通常发酵单位较高的罐批，其生物热往往都比普通罐批高，这反映产生菌在发酵前期生长迅速，代谢旺盛，为中后期发酵奠定良好的基础。

经实测得知，一般抗生素发酵过程中最大的发酵热为 $12552 \sim 20920kJ/（m^3 \cdot h）$。

单元四　pH 的影响及其控制

pH 是决定微生物产生菌各种酶活力的重要因素。为了使菌的生长和合成产物的代谢活动能在最适的 pH 下进行，我们不仅需要了解发酵过程中 pH 的变化规律，还必须控制它。

一、pH 对发酵的影响

抗生素产生菌同所有微生物一样，在发酵过程，菌体的生长繁殖及抗生素合成都有其最适 pH 范围。生长与合成的最适 pH 范围不完全相同，所以要认真研究掌握不同菌种和不同阶段的 pH 要求。再则，pH 的变化是菌体代谢状况的综合反映，从 pH 的变化曲线可以看出菌体生长代谢及抗生素合成的基本状态。为了使产生菌保持在最适 pH 中生长繁殖，并在最适 pH 条件下合成抗生素，必须根据各菌种的特性和培养基的组成，加强发酵过程中 pH 的调节控制（表 6-2）。

表 6-2　　　　　　　　　　　几种主要抗生素发酵 pH 控制范围

品种	菌体生长最适 pH 范围	抗生素合成最适 pH 范围
青霉素	6.5~6.9	6.2~6.8
链霉素	6.3~6.6	6.7~7.3
四环素	6.1~6.6	5.9~6.3
土霉素	6.0~6.6	5.8~6.1
红霉素	6.6~7.0	6.8~7.1
灰黄霉素	6.4~7.0	6.2~6.5
庆大霉素	6.5~7.0	6.8~7.5

为什么 pH 会影响微生物的生长代谢呢？在前面已经讲过，pH 同温度一样是影响酶活力的重要环境条件。微生物生长代谢及合成抗生素都是由一系列酶催化反应的结果。在不同的 pH 环境中，各种酶的活力不同，对培养基的分解利用就不同；同时合成抗生素的酶活力也受到 pH 的影响。pH 不同不仅影响合成能力，有时还改变合成方向。如酵母在酸性条件下产生乙醇，而在碱性条件下发酵产物则是甘油。为了促进产生菌生命活动及合成抗生素的各种酶活力增加，必须控制适当的 pH 范围。pH 的控制一般也有阶段性，前期 pH 要适合菌体生长繁殖的需要，中后期则以利于抗生素的合成为主。菌体的生长代谢过程、分解利用培养基等会引起 pH 的变化，需要采取稳定和调节措施。

二、引起 pH 变化的因素

在培养基成分和配比的设计中，虽然已经注意了稳定 pH 的问题，但 pH 还是要发生一定范围的变化。引起 pH 变化的因素很多，如培养基的性质、产生菌的代谢及发酵工艺的控制等都是影响 pH 的因素。培养基中碳源物质，如糖类、脂肪的分解，中间代谢产物丙酮酸、醋酸等积累时可使 pH 下降。在充分氧化时，大量有机酸分解为 CO_2 和 H_2O，使 pH 波动不大。由于微生物的代谢机制不同，同一菌种使用不同的碳源物质，对 pH 的影响也不相同，如青霉素发酵，以乳糖为主要碳源时，产生有机酸不多，在生长前期 pH 略有下降后，即迅速回升；用葡萄糖代乳糖发酵，产生有机酸较多，并迅速堆积，造成 pH 大幅度下降，此情况会影响发酵单位的增长。

有机氮源和无机氮源的分解利用也会引起 pH 的变化。有机氮源物质，多数是蛋白质和氨基酸。经微生物酶的分解代谢，其中的含碳物质（如酮酸、醇等）被利用后，释放出 NH_3，使 pH 上升。许多品种（如土霉素、四环素等）发酵初期出现 pH 上升高峰，即为此种原因。但在 NH_3 大量被利用时 pH 则不上升。培养基的糖氮比例不合适，有机氮源过多，也能使 pH 上升。发酵染菌时杂菌大量增殖，或其他原因造成代谢异常，也会引起 pH 的异常变化。

总之，发酵过程中凡能导致酸性物质的生成或释放和碱性物质的消耗，都会引起 pH 下降。反之，凡能造成碱性物质的生成或释放和酸性物质的利用，就能使 pH 上升。尿素、硝酸铵和氨水等，容易使 pH 上升，而硫酸铵作为酸性无机氮源使用，它可以使 pH 下降。

三、发酵过程中 pH 的调节

控制和调节发酵过程 pH 的方法有以下几种。

（1）根据菌种特性和培养基性质，选择适当的培养基成分和配比，有些成分可在中间补料时补充调控。

（2）加入适量的缓冲剂，以控制培养基 pH 的变化。常用的缓冲剂有碳酸钙、磷酸盐等。其中碳酸钙使用最普遍，因为它的价格便宜，使用方便，效果好。它的主要作用是中和各种酸类产物，防止 pH 急剧下降。

与有机酸作用：

$$CaCO_3 + 有机酸 \longrightarrow 有机酸钙 + H_2O + CO_2 \uparrow$$

与无机酸作用：

$$CaCO_3 + H_2SO_4 \longrightarrow CaSO_4 + H_2O + CO_2 \uparrow$$

另外，碳酸钙还容易与四环类抗生素形成络合物，而有利于抗生素的合成。磷酸盐作为缓冲剂，在大生产上较少使用，一方面价格高，另一方面磷酸浓度增高对发酵有影响。

（3）在发酵过程出现 pH 过高或过低的情况时，可以直接加入酸或碱类物质加以调节，使之迅速恢复正常，也可多加糖、油等来降低 pH，或加入氨水、尿素等提高 pH。

单元五　溶解氧浓度对发酵的影响及其控制

一、微生物对氧的需求

不同微生物对氧的需求情况不同。分子态氧（O_2）对许多微生物是必需的，而对某一些种类则起抑制甚至毒害作用。根据微生物与氧气的关系可将它们分为不同类群：专性好氧菌（strict aerobe）必须在有分子氧的条件下才能生长，有完整的呼吸链，以分子氧作为最终氢受体，细胞含有超氧化物歧化酶和过氧化氢酶。微好氧菌（microaerophilic bacteria）只能在较低的氧分压下才能正常生长，通过呼吸链并以氧为最终氢受体而产能。兼性好氧菌（facultative aerobe）在有氧或无氧条件下均能生长，但有氧情况下生长得更好，在有氧时靠呼吸产能，无氧时利用发酵或无氧呼吸产能；细胞含有 SOD 和过氧化氢酶。耐氧菌（aerotolerant anaerobe）是可在分子氧存在下进行厌氧生长的厌氧菌，生长不需要氧，分子氧也对它无毒害，不具有呼吸链，依靠专性发酵获得能量，细胞内存在 SOD 和过氧化物酶，但缺乏过氧化氢酶。厌氧菌（anaerobe）分子氧对它有毒害，短期接触空气，也会抑制其生长甚至致死；在空气或含有 $10\% \, CO_2$ 的空气中，在固体培养基表面上不能生长，只有在其深层的无氧或低氧化还原电势的环境下才能生长；生命活动所需能量通过发酵、无氧呼吸、循环光合磷酸化或甲烷发酵提供；细胞内缺乏 SOD 和细胞色素氧化酶，大多数还缺乏过氧化氢酶。通常微生物呼吸强度（比耗氧速率）指的是单位质量的菌体（以干重计）在单位时间内消耗氧的量，单位为 mmol O_2/（g 干细胞·h），用 Q_{O_2} 表示。而耗氧速率指单位体积培养液在单位时间内消耗氧的量，以 r 表示，单位为 mmol O_2/（L·h）。

$$r = Q_{O_2} \cdot X$$

式中　r——耗氧速率，mmol O_2/（L·h）

　　　Q_{O_2}——菌体呼吸强度，mmol O_2/（g 干细胞·h）

　　　X——发酵液中菌体浓度，g/L

临界氧浓度指在溶氧浓度低时，呼吸强度随溶解氧浓度的增加而增加，当溶氧浓度达到某一值后，呼吸强度不再随溶解氧浓度的增加而变化时的溶解氧浓度。用 $c_{临界}$ 表示，临界溶氧浓度指不影响呼吸所允许的最低溶氧浓度。即满足微生物呼吸的最低溶氧浓度，对产物而言，是不影响产物合成所允许的最低氧浓度。在临界氧浓度以下，微生物的呼吸速率随溶解氧浓度降低而显著下降。好氧微生物临界氧浓度是饱和浓度的 $1\% \sim 25\%$。

二、氧在溶液中的传递

在发酵中微生物只能利用溶解于水中的氧，不能利用气态的氧。而氧是难溶气体，在 1 个大气压下，20℃时，氧在纯水中的溶解度为 0.21mmol/L，在发酵液中溶解度更低，每升发酵液中菌体数一般为 $10^8 \sim 10^9$ 个，耗氧量非常大，如果终止供氧，极短时间内发酵液中溶氧将降为零。因此，氧常常成为发酵过程的限制性基质，如何解决好氧传递是发酵过程的关键问题。体积溶氧系数 $K_L a$ 是表征生物反应器传递氧效能的重要指标。工业生产中，将除菌后的空气通入发酵液中，使之分散成细小的气泡，尽可能增大气泡接触面积和接触时间，以促进氧的溶解。

氧的溶解实质上是气体传递的过程，氧从气泡传递到微生物细胞内要克服一系列的阻力，阻力的大小取决于流体力学的特性、温度、细胞的活性和浓度、液体的组成、界面特性等因素。这些阻力如图 6-1 所示。

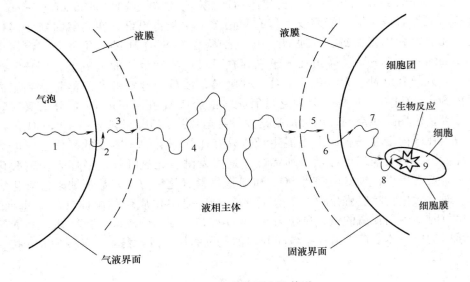

图 6-1　氧在溶液中的传递

1—气膜阻力 $1/k_1$（气-液界面）　2—气-液界面阻力 $1/k_2$　3—液膜阻力 $1/k_3$（气-液界面）

4—液体主流中的传递阻力 $1/k_4$　5—细胞表面的液膜阻力 $1/k_5$　6—固液界面的传递阻力 $1/k_6$

7—菌丝丛（或团）内的传递阻力 $1/k_7$　8—细胞壁阻力 $1/k_8$　9—细胞呼吸酶与氧反应的阻力 $1/k_9$

图 6-1 中 1~4 是供氧方面的阻力，5~9 是耗氧方面的阻力，当细胞以游离状态存在于液体中时，阻力 7 消失，当细胞吸附在气液界面时，则阻力 4、5、6、7 消失。

在供氧方面液膜阻力 $1/k_3$ 是氧溶于水时的限制因素；需氧方面菌丝丛（或团）内的传递阻力 $1/k_7$ 对菌丝体的摄氧能力影响显著；细胞壁阻力 $1/k_8$ 和细胞呼吸酶与氧反应的阻力 $1/k_9$ 主要与菌种的遗传特性有关。

三、影响氧传递速率的主要因素

氧的传递速率总方程式：

$$OTR = K_L a \ (c^* - c_L)$$

式中　　OTR——单位体积培养液中的传氧速率，$mol/(m^3 \cdot s)$

$\quad\quad K_L$——以浓度差为推动力的总传质系数，m/s

$\quad\quad a$——比表面积，m^2/m^3

$\quad\quad K_L a$——以浓度差为推动力的体积传递系数，是反映发酵罐内氧传递（溶氧）能力的一个重要参数，s^{-1}

$\quad\quad c^*$——饱和溶氧浓度，mol/m^3

$\quad\quad c_L$——溶液中氧的实际浓度，mol/m^3

根据气液传递速率方程，影响供氧的主要因素是推动力（$c^* - c_L$）和体积氧传递系数 $K_L a$。

要提高推动力（$c^* - c_L$）；必须提高 c^*，或降低 c_L。

（一）影响推动力（$c^* - c_L$）因素

1. 提高 c^*

（1）增加罐压　但是要注意的是增加罐压虽然提高了氧的分压，从而增加了氧的溶解度，但其他气体成分（如 CO_2）分压也相应增加，且由于 CO_2 的溶解度比氧大得多，因此不利于液相中 CO_2 的排出，而影响了细胞的生长和产物的代谢，所以增加罐压是有一定限度的。

（2）降低发酵温度　发酵液温度降低，溶液中的氧饱和浓度上升，但微生物生长需要合适的温度，因此发酵温度的降低也有一定的限度。

（3）降低溶质的浓度　发酵液溶质含量越低，氧的溶解度就越高。在抗生素生产中，发酵后期有时需要补水，原理是使溶液稀释，提高 c^*。但发酵液溶质降低也有一定的限度。

2. 降低发酵液中的 c_L

降低发酵液中的 c_L，可采取减少通气量或降低搅拌转速等方式，但是，发酵过程中发酵液中的 c_L 不能低于 $c_{临界}$，否则就会影响微生物的呼吸。目前发酵所采用的设备，其供氧能力已成为限制许多产物合成的主要因素之一，故此种方法也有局限性。

（二）影响 $K_L a$ 的因素

1. 增加比表面积

根据气液传递速率方程：$OTR = K_L a \ (c^* - c_L)$，比表面积 a 越大，氧传递速率越大，气液比表面积的大小取决于截留在培养液的气体体积以及气泡的大小。截留在液体中的气体越多，气泡的直径越小，那么气泡比表面积就越大。

2. 搅拌

采用机械搅拌是提高溶氧系数的行之有效的方法。

（1）搅拌能把大的空气泡打碎成为微小气泡，增加了氧与液体的接触面积，而且小气泡的上升速度要比大气泡慢，相应地氧与液体的接触时间也就增长。

（2）搅拌使液体做涡流运动，使气泡不是直线上升而是做螺旋运动上升，延长了气泡的运动路线，增加了气液的接触时间。

（3）搅拌使菌体分散，避免结团，有利于固液传递中的接触面积的增加，使推动力均一，同时也减少了菌体表面液膜的厚度，有利于氧的传递。

（4）搅拌使发酵液产生湍流而降低了气液界面的液膜厚度，减少了氧传递过程的阻力，增大了 $K_L a$ 值

同时要注意的是搅拌速度并不是越大越好。

3. 空气线速度

空气的线速度增大，增加了溶氧，氧传递系数 K_L 相应也增大。

过大的空气线速度会使搅拌桨叶不能打散空气，气流形成大气泡在轴的周围逸出，使搅拌效率和溶氧速率都大大降低。

4. 空气分布管

空气分布管的型式、喷口直径及管口与罐底距离的相对位置对氧溶解速率有较大的影响。

5. 培养液的性质

微生物的生命活动，引起培养液的性质的改变，特别是黏度、表面张力、离子液度、密度、扩散系数等，从而影响到气泡的大小、气泡的稳定性，进而对氧传递系数 K_L 带来很大的影响。

发酵液黏度的改变还会影响到液体的湍流性以及界面或液膜阻力，从而影响氧传递系数 K_L。当发酵液浓度增大时，黏度也增大，氧传递系数 K_L 就降低。发酵液中泡沫的大量形成会使菌体与泡沫形成稳定的乳浊液，影响到氧传递系数。

四、液相体积溶氧系数的测定

溶氧系数的测定方法很多，最早是采用化学法测定，即亚硫酸盐氧化法；随后是极谱法；至今多采用耐高压蒸汽灭菌、灵敏度较高的复膜电极的溶解氧测定仪，可以测定在发酵过程中溶解氧浓度 c_L，与氧气分析仪相配合，可直接测量实际发酵液中的体积传氧系数 $K_L a$。

下面介绍工业上应用最广泛的复膜氧电极测量溶解氧浓度的原理。

溶氧电极可以看作是一种电解电池，它有两只具有不同正电性的电极，一只是银丝做成的阴极，另一只是铝皮卷成的阳极。这对电极装置在两端开口的细的玻璃套管内，在靠近阴极的一端用一种耐热的、只允许气体透过而不透过

水及离子的半透塑料膜覆盖，形成一个有一定容积的电池，在电池中加入数毫升的电解质溶液（5mol HAc + 0.5mol NaAc + 0.1mol PbAc$_2$）。这就在两极之间产生了一个电位，使阳极的铅变成铅离子 Pb^{2+} 进入电解质溶液，同时放出的电子在阴极上把透过半透膜进入电池的氧立即还原成 OH$^-$（图6-2）。

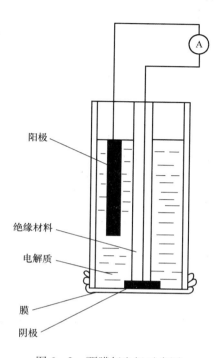

图6-2 覆膜氧电极示意图

阳极 $Pb \rightarrow Pb^{2+} + 2e$

阴极 $2e + \frac{1}{2}O_2 + H_2O \rightarrow 2OH^-$

如果将电极插入待测的强烈搅拌的液体中，在两极间接一电流表 A，那么待测液体中的溶氧透过膜而进入电池，立即在和膜面贴近的表面积很大的阴极上被还原，而产生相应的电流，在电流表上指示出来。由于氧一进入膜内就立即被还原，实际上电池内部的溶氧浓度为零，因此氧的透过速率正比于待测液体中氧的分压，也就是说，此电池电极所产生电流的大小，在强烈搅拌、液膜阻力小而稳定的情况下，也正比于待测液体中溶氧的浓度。

覆膜氧电极操作：在实罐灭菌时将电极装入，灭菌后电流表指示为最低值，这时通气保压、搅拌、降温，溶氧 c_L 会到达最大值，电流表指示为100%。一般在抗生素生产时，接种后11h电流值保持一定，12h后开始下降，43h为最低值，随后电流值便上升。

单元六 发酵过程中的代谢及其控制

在发酵过程中，由于一系列酶的催化作用，产生菌在不断生长代谢，使培养基的性质、含量等不断变化，为及时掌握这些代谢变化情况，并加以适当控制，必须进行发酵过程的中间分析，使发酵沿着有利于提高产量、质量的方向进行。

一、菌体浓度的影响及其控制

1. 抗生素效价

发酵过程通常以测定发酵液中的抗生素效价来观察和掌握产生菌的合成能力和产品的积累程度。定时连续测定效价，可以了解分析发酵罐内的生长代谢趋势，以利于选择最合适的发酵条件，控制适当的发酵周期。

测定发酵单位，目前多用化学方法和生物法。化学测定法以抗生素的分子结构为基础，通过一定的化学反应进行测定。此法简单迅速，可在较短时间内得出结果。但容易受其他杂质或类似化合物的干扰，准确度稍差。生物测定法以抗生素的抑菌或杀菌作用为基础，方法比较复杂，需要无菌操作。生物法测定有操作和生物误差。此法中间化验一般不用，大都作为发酵终点样品和出厂成品样的测定方法。

种子罐一般测定接入发酵罐的种子液效价。移种前的效价是控制种子质量的指标之一，要力求准确。发酵罐一般从接种后 20~30h 开始测定，通常每 8h 测定一次。

2. pH

pH 是影响酶活力的重要因素。pH 的变化又是产生菌代谢状况的综合反映。为了使培养过程的 pH 控制在适合菌体生长和抗生素合成的范围内，以利于各类酶活力的充分发挥，须及时测试和调节培养液的 pH。

pH 可以根据颜色反应，用试纸或指示剂测试。为了精确，一般用酸度计（pH 计）测定。使用酸度计操作时，缓冲液的标定要准确，以防误差，影响工艺控制。

3. 糖含量

糖是产生菌生长、繁殖的主要碳源和能源物质，又是抗生素合成的碳素原料和能源。因此，在发酵过程中，定期测定糖含量，分析代谢情况，并加以适当控制是非常重要的。糖的消耗速率既可以反映产生菌的生长繁殖情况，也可间接反映合成抗生素的水平和两者之间的关系。人们根据不同菌种和产品的特性，控制培养液的糖浓度，如果含量低于要求水平时，要及时适量补入，以利发酵正常进行。

糖含量的测定包括总糖和还原糖两种。总糖是指发酵液中各种糖的总量，总糖的分析数据是掌握糖消耗的主要依据。总糖测定方法是把含糖的发酵液过滤后用酸水解，使多糖及双糖类变为葡萄糖，然后测定其还原糖总含量。

还原糖是指培养液内含有醛基的单糖，通常是指葡萄糖。因为葡萄糖能直接被菌体吸收利用，参与发酵代谢及抗生素合成，因而还原糖的变化可以直接反映产生菌的代谢情况，它与发酵关系非常密切。

发酵液糖含量一般以 g/100mL 表示。

4. 氨基氮和氨氮

氮源物质的代谢变化也是反映微生物生长代谢状况的重要方面。生产上一般测定氨基氮（$NH_2—N$）和氨氮（$NH_3—N$）。这两种形式的氮都可用甲醛测定。其法简便迅速，测定时加热或加碱去氨气，测定的数值为氨基氮。如不加热或加碱去氨，则测定值为氨基氮与氨氮之和，一般测定时不去氨氮。各种微生物对氮源的利用不同，氨基氮的新陈代谢规律和要求也不一样。发酵过程氨氮代谢统一掌握，对其浓度都要控制，氨基氮测定数据，可作为分析代谢状况和确定补充氮源的依据。发酵中氨氮的波动往往同 pH 的升降相关联。有些产品发酵过程以补充氨水调 pH，同时兼作氮源被消耗利用。

发酵液中氨基氮或氨氮含量，一般以 mg/100mL 或 μg/mL 表示，同一浓度的氨基氮含量，以后者表示时，其数值为前者的 10 倍。

5. 磷

微生物代谢活动对磷的要求很高，反应敏感。磷的供应，以磷酸盐为主，有机磷为辅。培养液中测定的是磷酸根中的磷，通常以 mg/kg 表示，必要时测总磷。

磷是影响糖及其他营养物质代谢的重要元素，为了严格控制其含量，培养基灭菌或接种后要及时取样测定磷。若磷含量低于规定数量，必须补加，否则会影响发酵的顺利进行。

磷酸根在培养液中很容易与钙离子作用，形成不溶性钙盐。因此，要特别注意碳酸钙的质量、用量以及配制方法和消毒条件，减少其对磷含量的影响。

配料时，磷含量的计算可按磷酸盐分子中磷的组成比例求得，使用磷酸二氢钾时，每克中含磷理论量约为 227mg，每千克约为 227g。稀释 1000 倍时其含量为 227mg/kg。因为工业用磷酸二氢钾的纯度略低，一般在 98%，则实际含量为 222.5mg/kg。

6. 菌丝浓度和黏度

菌丝浓度即单位体积培养液中的菌丝数量。菌丝浓度测定是观察分析和衡量控制产生菌在整个培养过程中菌体生长变化的重要项目。产生菌的生长及菌丝量的变化大体可分为三个时期，即前期、中期、后期。前期，从孢子发芽开始，至菌丝浓度基本长稠，其间菌丝量随时间延长而增加。中期，即微生物生长规律中的平衡期，菌丝浓度变化不大，此间为抗生素的合成和分泌的旺盛期。后期，菌体逐步衰老，渐趋自溶，菌丝浓度递减，生物合成最后接近停止。通过菌丝浓度的测量配合以镜检，是观察分析和掌握微生物生长规律的重要措施，便于及时正确地调控发酵工艺参数。

常用的菌丝浓度测定方法有三种：第一，湿重法。取一定量发酵液样品（发酵液很稠厚，可加水稀释）进行过滤，滤后菌体用水洗净，然后用吸水纸将水分挤干，直接称重。一般菌体湿重为干重的 2.5～5 倍，浓度可在 50～20g/L。第二，干重法，即称取一定数量的湿菌丝（如湿重法操作），在真空干燥箱 80℃ 烘干至恒重，或用电烘箱 105～110℃ 烘干至恒重后称量，即为菌丝干重。第三，体积法，取样品 10mL，放于刻度离心管内，用转速为 3000r/min 的离心机分离约 10min，计算菌丝体积分数，此法简便易用。上述三种方法的测定，都包含有固体原料的数量，但在配比不变的条件下测定，具有相对的准确性。通常使用第三种方法，偶尔用第二种方法，第一种方法一般不用。

对种子罐菌丝浓度的观测，可用静置沉淀分层的方法，用 10mm×20mm 的小玻璃管取样，放置一定时间，待分层后，根据菌丝体积，计算百分浓度。同时观察菌丝下沉或上浮的变化及色泽等，作为控制种子质量的指标。

细菌发酵可用测定浑浊度的方法分析菌体浓度。使用光电比色计测定比较准确，也可用目测比浊或用比浊计测定。

由于培养基成分及代谢变化的影响，发酵液中的黏度也在不断变化，黏度高时对通气搅拌有明显影响，同时黏度的变化也是代谢变化的反映。为了观察掌握发酵中的代谢情况和及时控制培养液的物理性状，某些品种需要进行黏度测定。黏度过大时，要采取补水或补稀料的方法予以稀释，降低黏度，提高溶氧系数，以提高发酵水平。

黏度测定可用旋转式黏度计，黏度单位为 Pa·s，实测发酵液黏度为 0.001～5Pa·s。生产上也用其他简便方法做参考测定。如用一根长 0.5m、直径 0.8cm 的玻璃管，吸取一定量的发酵液，用秒表记录其流出速度，测定时要注意温度与罐内相同，数值才更接近实际。

二、营养基质的影响及其控制

各级种子罐及发酵罐的基础培养基配比浓度，是影响微生物生长代谢和生物合成的重要因素。培养基中各成分的含量及总浓度控制在什么范围，要从多方面考虑。首先应考虑生产菌种的代谢特性，还要注意到发酵设备、通气搅拌等条件，同时要与中间补料统筹兼顾一并考虑。在搅拌功率不太大的情况下，培养基质的总浓度不宜过高，以能满足菌体在一定时间内的生长代谢需要为原则。中间浓度低时，可通过补料予以补充。补料数量应有所限制，使培养基维持在一个适当的浓度，既不要因浓度过高而影响细胞呼吸，又不要出现营养贫乏影响生长代谢。这是控制发酵的一个重要方面。

基质浓度和补料控制相辅相成，控制发酵代谢的正常进行，基质浓度是原始基础，补料则是有节制的补充，起到有效的控制作用。所以，许多品种在采用中间补料、通氨工艺之后，明显地推迟了产生菌的自溶期，而使产生菌的分泌期得到延长，提高了发酵单位，增大了发酵液体积，使产量大幅度上升。另外，补料也作为纠正异常发酵的手段而被广泛采用。

（一）补料内容

补料可根据物料的作用性质分为以下情况。

1. 补充碳源和能源物质

基础培养基内的碳源物质部分被消耗后，浓度会低于规定范围，这就需要添加一些经灭菌的糖类原料，如液化淀粉、糊精、饴糖、葡萄糖等。

2. 补充氮源物质

根据氨基氮消耗利用情况，在发酵中适量补充酵母粉、蛋白胨、玉米浆、尿素等有机氮源或一些无机氮源，如硫酸铵、氯化铵、磷酸铵、硝酸钠、硝酸钾等。有些产品采用通入氨水调节 pH，兼作无机氮源。

3. 补充无机盐、微量元素前体和促进剂

根据代谢需要，在发酵过程中还添加一些无机盐、微量元素，如磷酸盐及含金属离子的硫酸锌、硫酸锰、氯化钴、氯化钙、碳酸钙、硫酸钠及促进剂等。有些产品还要在适当时期补入前体物质，以控制和加强抗生素的生物合成。

另外，有些品种在发酵过程中，培养液的菌丝浓度或黏度太大，影响通气搅拌和抗生素合成。采取补水或补稀料的措施，收到较好的效果。稀料的成分，各品种不同，有的补全料，有的只补部分碳源和氮源物料。

（二）补料控制

补料的目的和原则，就在于有节制地向接近贫乏的罐内补充营养物质，从而控制抗生素的中间代谢，使之向有利于抗生素合成和积累的方向发展。为此，要根据产生菌的生长代谢、生物合成的规律，在中间补料过程给予适当调节和控制，使之延长抗生素分泌时间，提高生产水平，并防止因糖、氮浓度过高，而只长菌丝不产产物或产物增长很慢的现象的出现。也要注意不能造成严重饥饿状况，致使菌丝提前衰老自溶而影响产量。

1. 补糖

糖是产生菌生长代谢及合成抗生素的主要物质和能量来源，需要量最大，补加的时间较早，次数也较多，这是多数产品的实际情况。补糖时间的选择一般视培养液中的糖浓度而定。根据代谢速率，以预计将糖补入后，罐内糖浓度不超出规定范围为最恰当。补得过早，会刺激菌丝生长太快，增加糖的利用，干扰代谢平衡，增大菌丝浓度而影响合成抗生素。浓度过高，还会影响呼吸作用。补得过迟，因菌体缺乏能源和碳源而生长不良，也影响发酵水平。补糖的

方式方法和补加的数量很重要，发酵中期补糖，有的品种要控制菌丝保持半饥饿状态，促使它大量合成和分泌抗生素，青霉素发酵对葡萄糖的浓度反应很敏感，必须严格控制补糖率（即单位时间、单位体积发酵液中补入的糖量），防止糖补得过多，菌丝生长旺盛，而影响抗生素分泌，四环素补糖一般以还原糖为控制指标，维持在 0.8% ~ 1.5% 较为合适。土霉素以总糖含量为控制指标，前期控制总糖在 5% ~ 6%，中期保持在 4% ~ 5%，后期一般控制在 3% ~ 4%，放罐时残糖在 1% ~ 2%。

控制补糖率还要参考糖的消耗速度、pH 变化、菌丝生长情况以及搅拌效率，发酵液黏度、实际体积等参数适当增减。

补糖的方式较多，有的少量多次，间歇补加；有的少量连续滴加，有的大量分次补加或定时补加等。其关键是控制糖浓度，保持在产生菌需要范围，有利于提高抗生素产量。

2. 通氨及补氮

通氨是许多抗生素发酵代谢控制的重要项目。它的主要作用是调节 pH 和补充无机氮源，从而控制产生菌的生长代谢活动。各种产生菌对氨水的敏感度表现不一样，有些对氨表现敏感性强，超过一定浓度，引起菌丝自溶，但有许多放线菌有较强的适应性。通氨方法，一般采用少量间歇添加或少量自动流加。为了避免通氨过多造成局部偏碱影响发酵，氨水经过滤后由空气分布管通入，借搅拌作用与发酵液迅速混合，并能减少大量泡沫的产生。

所用氨水，一种为工业用（20%）氨水，一种用液氨配制。氨水效力快，有些产品适合用尿素，尿素须经尿酶水解为氨和二氧化碳后再利用，所以尿素效力稍慢。

土霉素、四环素通氨工艺比较相似，主要以 pH 为依据，少量多次。用氨水调节 pH 大体分两个阶段，即前期菌体生长阶段和中后期抗生素合成阶段。具体通入数量，因罐体积大小或代谢快慢不同而异。生产中应具体掌握，以保证 pH 稳定在规定范围为准。氨水需要量较大时，采取分次通入的方法，不要一次通入，以免碱度猛增引起异常代谢和产生大量泡沫。

发酵过程除通氨补充无机氮源外，有些品种还添加一些有机氮源，如酵母粉、蛋白胨、玉米浆等。土霉素前期补糖的同时适当补加 2 ~ 3 次酵母粉，其发酵单位可比对照罐提高 1500 单位/mL。作为有机氮源的天然原料中，往往还含有不同量的生长素、维生素、微量元素、有机磷等，这些成分对某些产生菌发挥一定作用。

3. 补充无机元素和促进剂、前体

发酵过程中有时还要补充其他一些无机盐和微量元素，如磷酸盐、硝酸盐、碳酸钙及氯化钴等。要特别注意补料液中的磷量的控制，其浓度的高低对发酵也有明显影响。

有些产品根据抗生素合成的需要，还补加适量前体或促进剂等。

以上各成分的原料，在补入前都必须经灭菌或过滤除菌，以免引起污染。为了有利于灭菌和控制发酵液的体积，补料液要严格控制浓度。

单元七 泡沫的影响及其控制

发酵中通气搅拌和代谢所产生的气体是泡沫产生的原因。泡沫是气体被分散在少量液体中的胶体体系，气泡间被一层液膜隔开而彼此不相连通。抗生素发酵所遇到的泡沫，其分散相是无菌空气和代谢气体，连续相是发酵液。由于发酵液的性质不同，泡沫的类型分两种：一种存在于发酵液的液面上，这种泡沫气相所占比例特别大，泡沫和它下面的液体之间有能够分辨的界限，如某些稀薄的前期发酵液或种子培养液中的泡沫；另一种泡沫出现在黏稠的发酵液中，这种泡沫分散很细，很均匀，也较稳定，泡沫与液体间没有明显的液面界限，在鼓泡的发酵液中气体分散相占的比例由下而上地逐渐增加，这种泡沫有人称为流态泡沫。

泡沫过多，特别是持久性的泡沫多，会给发酵带来许多不利因素，如发酵罐的装料系数（装料量与容积之比）减少，会造成排气管大量逃液；泡沫升到罐顶有可能从轴封渗出，增加污染杂菌的机会，并使部分菌体粘附在罐盖或罐壁上而失去作用；泡沫严重时还会影响通气搅拌的正常进行，从而妨碍菌的呼吸，造成代谢异常，导致抗生素的产量下降或菌体提早自溶。后一过程如果任其发展会促使更多的泡沫生成。因此，控制发酵过程中产生的泡沫对取得高产优质有着重要意义。

一、消除泡沫的方法

消除泡沫的方法可以归结为机械消沫和消沫剂消沫两大类。

1. 机械消沫

机械消沫是一种物理作用，靠机械引起的强烈振动或压力变化促使泡沫破裂。

机械消沫又可分为罐内和罐外消沫两种。罐内消沫法，最简单的是在搅拌轴上方安装消沫桨，其型式有多种。消沫桨的效率不高，对黏性流态泡沫几乎不起作用，故必须同时配合使用消沫剂；罐外消沫法，是将泡沫引出罐外，通过喷泉嘴的加速作用或利用离心力来消除泡沫的一种方法。

机械消沫的优点在于不需要加入外界物料，可节省原料，减少污染杂菌的机会。但其效果往往不如化学消沫显著，而且需要一定的设备，有的设备复杂不易掌握，并需消耗一定的动力。其最大的缺点在于它不能从根本上消除引起泡沫稳定的因素。

2. 消沫剂消沫

由于泡沫形成的因素很多，所以化学消沫的机制也不能以单一的理论来加以概括，一般说，消沫剂消沫的机制大致有以下两种。

（1）当泡沫的表层存在着极性的表面活性物质而形成双电层时，可以加入另一种具有相反电荷的表面活性剂，以降低其机械强度；或加入某些具有强极性的物质，以与发泡剂争夺液膜上的空间，并使液膜的机械强度降低，进而促使泡沫破裂。

（2）当泡沫的液膜具有较大的表面黏度时，可加入某些分子内聚力较小的物质，以降低液膜的表面黏度，从而促使液膜的液体流失而使泡沫破裂。

一个好的消沫剂最好能同时具备上述两种性能即能同时降低液膜的弹性（机械强度）和液膜的表面黏度。此外，为了使消沫剂易于散布到泡沫面上，消沫剂需有较小的表面张力。

用消沫剂消沫的优点是效果好，较机械消沫作用迅速，尤其是化学合成消沫剂需要量较少，效率比天然油脂高。其不足之处是：有的消沫剂在使用不当时对菌的生长代谢有干扰（影响抗生素的生物合成）；发酵过程中经常添加消沫剂增加原材料单耗；在设备不严密时增加污染的机会；残留的消沫剂可能造成提炼上的麻烦。但其根本的长处在于它不仅能消除泡沫，而且还有防止泡沫产生的能力。

二、消沫剂的应用

现将与消沫剂应用有关的知识介绍于下。

1. 消沫剂的选择

抗生素发酵对消沫剂的要求比较严格，被选用的化学消沫剂应具备下列特征。

（1）消沫剂必须是表面活性物质，且具有较低的表面张力。例如，硅酮的表面张力为 $2.4 \times 10^{-4} N/cm$，聚氧乙烯氧丙烯甘油的表面张力为 $3.3 \times 10^{-4} N/cm$，向日葵油的表面张力为 $4 \times 10^{-4} N/cm$。

（2）消沫剂对气液界面的铺展系数必须足够大，以能迅速发挥它的消沫活性。这就要求消沫剂具有一定的亲水性。

（3）消沫剂在水中的溶解度极小，以保持其持久的消泡或抑泡性能。

此外，所选用的消沫剂还必须无毒、能耐高温灭菌、对设备无腐蚀性、不干扰其他发酵参数的测定、不妨碍氧的传递，并对发酵、提炼及抗生素的质量和产量无影响，而且成本低、来源广。

2. 消沫剂的种类和性能

（1）天然油脂　用作消沫剂的有玉米油、米糠油、豆油、棉籽油、菜籽油和鱼油、猪油等。油脂不仅用来消沫，还可以作为供产生菌利用的碳源和中间控制的手段。

油脂的一个重要质量指标是以碘价（即表示其分子结构含有不饱和键的多少）表示的，一般碘价很高的油对抗生素发酵有不良的作用。油脂的酸价对抗生素合成也有影响，如鲸油的酸价若超过 1，将显著抑制菌的生长和四环素的合成。油的新鲜程度也有影响，油越新鲜，所含的天然抗氧剂越多，形成过氧化物的机会少，酸价也低，消沫能力强，副作用也小。

不同的油脂类消沫剂对抗生素发酵产生的作用也不同。例如，对青霉素 194 菌种发酵，抹香鲸油有刺激作用，可以促进青霉素的形成。又如，土霉素发酵，豆油、玉米油较好，而亚麻油就会产生不良作用。葵花籽油、花生油可提高金霉素 536 菌种的发酵质量，而胡荽油则具有毒性。植物油与铁离子接触能与氧形成过氧化物，对四环素、卡那霉素等合成不利。

由于油脂的分子中无亲水基，在发沫介质中难铺展，所以它的消沫活性差。又油的成本和折粮单耗都较高且用量大，目前已有逐渐被合成消沫剂取代的趋势。

（2）高碳醇和酯类　在高碳醇中，十八醇是较常用的一种，它可以单独或与载体一起作用。据报道，将它与冷榨猪油（通过冷榨得到的猪油）一起用来控制青霉素发酵效果尚好。另外聚二醇同样具有消沫效果持久的特点，尤其适用于霉菌发酵。

其相对分子质量大致相当于 2000 个乙二醇的聚合物，是一种透明、稍为黏稠的液体，使用时不需加载体。

苯乙酸酯类（苯乙酸乙酯等）和苯乙醇及苯乙醇油酸酯等，在青霉素发酵中既可作为前体又可作为消沫剂，效果很好。特别是苯乙醇油酸酯，还可提高青霉素发酵单位。这些消沫剂对霉菌无毒性，作为前体用可以多加。苯乙酸月桂醇酯也是作为前体和消沫两用的物质，在青霉素发酵试验中已取得成果。

（3）聚醚类　聚醚类消沫剂的品种很多，生产上用得较多的是聚氧丙烯甘油和聚氧乙烯氧丙烯甘油（又称泡敌）。前者用于链霉素发酵，全部代替食用油，在基础料中加入这种消沫剂（大罐加 0.015%，中罐 0.011%，小罐 0.01%）效果明显，对菌种发酵和链霉素成品质量尚未发现有不良影响。后者用于四环类抗生素发酵中效果很好。这两种消沫剂的消沫效力高，在四环类抗生素发酵中，其消沫效力一般相当于豆油的 10~20 倍，在链霉素发酵中，消沫效力一般相当于豆油的 60~80 倍。

聚氧丙烯甘油亲水性差，但在发沫介质中的溶解度却小，所以这种消沫剂使用在稀薄发酵液中（如链霉素）要比使用在黏稠发酵液（如土霉素）中的效力高。其抑沫性能比消沫性能优越，适宜在培养基中加入，以抑制整个发酵过程中泡沫的产生。

聚氧乙烯氧丙烯甘油的亲水性好，在发沫介质中易铺展，消沫能力强，但其相应的溶解度也大，消沫活性维持的时间短。也就是说，这种消沫剂的消沫速效性好，持续性差。因此，它在黏稠发酵液中使用的效果比在稀薄发酵液中好。

这类消沫剂如果使用得法，对菌体生长和抗生素合成几乎没有影响，且性能稳定，能耐受高压灭菌，具有使用简便、易控制、用量少、成本低等优点，值得推广。

聚氧丙烯甘油是由氧化丙烯与甘油作用聚合而成的，如果再继续与环氧乙烷进行加成聚合则生成聚氧乙烯氧丙烯甘油。它们的分子结构通式如下：

$$
\begin{array}{ll}
\text{CH}_2\text{—O}(\text{C}_3\text{H}_6\text{O})_m\text{H} & \text{CH}_2\text{—O}(\text{C}_3\text{H}_6\text{O})_m\text{—}(\text{C}_2\text{H}_4\text{O})_n\text{H} \\
\text{CH—O}(\text{C}_3\text{H}_6\text{O})_m\text{H} & \text{CH—O}(\text{C}_3\text{H}_6\text{O})_m\text{—}(\text{C}_2\text{H}_4\text{O})_n\text{H} \\
\text{CH}_2\text{—O}(\text{C}_3\text{H}_6\text{O})_m\text{H} & \text{CH}_2\text{—O}(\text{C}_3\text{H}_6\text{O})_m\text{—}(\text{C}_2\text{H}_4\text{O})_n\text{H} \\
\text{聚氧丙烯甘油} & \text{聚氧乙烯氧丙烯甘油}
\end{array}
$$

在使用合成消沫剂时，由于减少了天然油脂和用量，培养基的碳源相对减少，补料时应做适当调整。

3. 消沫剂的增效作用

所谓消沫剂的增效，即是使消沫剂具有良好的分散性及降低它的黏度，以提高它的消沫效力。消沫剂增效的方法有下列几种。

（1）加载体增效　所用的载体一般为惰性液体（如矿物油、植物油等），消沫剂应能溶解或分散在载体中。如硅酮消沫剂，以石蜡油为载体比使用纯硅酮效力高，以葵花籽油为载体也提高了消沫效力。磷酸酯消沫剂以锭子油、葵花籽油等为载体协同增效，用于发酵工业还能消除磷酸酯的毒性。

我国有些工厂使用载体增效有一定的经验，如聚氧丙烯甘油用豆油为载体（消沫剂∶油＝1∶1.5）的效果比单用消沫剂好。聚氧乙烯氧丙烯甘油用玉米油为载体并加水分散（水∶消沫剂∶油＝9∶1∶1.5）的增效作用相当明显。

（2）消沫剂并用增效　两种不同的消沫剂配合使用的效力比各自单独使用好。使用方法有两种，一种是两种消沫剂混合后加入发酵罐，另一种是在发酵过程中交替使用两种不同的消沫剂。例如，由硅酮0.5%～3%、植物油或矿物油20%～30%、聚乙二醇二油酸酯5%～10%、多元醇脂肪酸酯1%～4%与水组成的消沫剂，可加强其作用并扩大使用范围。我国有的厂用亲水性强的聚氧乙烯甘油和亲水性差的聚氧丙烯甘油按1∶1混合使用于土霉素发酵生产，结果比单用聚氧丙烯甘油效力提高2倍。

（3）消沫剂乳化增效　消沫剂乳化增效的目的在于使消沫剂能在发酵液的液膜内迅速有效地铺展，从而提高消沫效力。乳化增效是用加乳化剂或分散剂的方法来乳化消沫剂，一般只适用于亲水性差的消沫剂。有人研究了聚氧丙烯甘油用吐温80为乳化剂的增效作用，经试验测定对庆大霉素发酵的消沫效力提高了 1~2 倍。

4. 抗生素发酵使用消沫剂应注意的问题

（1）由于抗生素发酵所用的培养基成分和产生菌的代谢情况各不相同，所用的消沫剂也不一样，通用的消沫剂是没有的。因此选用消沫剂时需对其适应性进行试验测定。

（2）消沫剂使用量大，则会给发酵带来不利的影响，如妨碍微生物的生长或阻碍抗生素合成等，因此消沫剂的加入方法应以少量多次为宜。

（3）加入消沫剂的方式也很重要，最好能使消沫剂细密地扩散在整个泡沫表面上，这样才能充分地发挥它的效力。特别是对于黏度较大的消沫剂，如果用注加法，则消沫剂难以分散，效果不好。消沫剂加入装置的报道很多，如离心喷洒装置，简便可行，可供借鉴。

（4）储存消沫剂的容器应采用耐腐蚀材料制成，如用铁制容器会产生腐蚀作用。过多的铁离子存在，对抗生素生产不利。

（5）消沫剂的用量应事先通过摇瓶试验确定其极限值。这样可以避免由于消沫剂加入过多而产生毒性，不致使产生菌生长和抗生素合成受到影响。

三、泡沫控制的方法

我国抗生素厂在控制泡沫方面积累了许多经验，大致可归纳为以下几个方面。

1. 减少泡沫形成的机会

泡沫形成和稳定的两个必要条件，一是外力的推动，一是发酵液本身的性质。因此减少泡沫可从通气搅拌的剧烈程度、罐压高低和原材料性质等着眼，各个厂都有自己的经验，控制方法随抗生素品种、菌种性质、原材料质量、发酵时间等不同而异。

一般，发酵初期泡沫较多，难以控制，空气流量往往加不上去而有的品种加油又受到限制，在这种情况下，可从原材料配比考虑进行调整，使一些易起泡的原材料在不影响单位的条件下少加或缓加。例如，有不少抗生素品种的基础料被抽出一部分作为前期料，在菌丝长浓及空气加上去后加入，这也是克服泡沫的有效措施。

2. 消除已形成的泡沫

关于这一方面，国内使用较多的是天然油脂和合成消沫剂。另外，在机械消沫方面应用较多的是设置消沫桨，其他装置用得较少。

实践证明，采用合成消沫剂部分或全部地代替天然油脂是可取的，它可以大幅度降低油耗，节约大量油料。但合成消沫剂本身或其杂质对菌代谢与抗生素合成的影响仍须注意。

单元八　发酵终点的判断及不正常发酵的处理

一、发酵周期与终点判断

多数抗生素是发酵中期的次级代谢产物，因此要提高发酵单位和增加产量，通常都采取延长周期的办法。但菌体细胞总不免要趋向衰老自溶，抗生素的生物合成能力和单位增长速度常伴随着发酵时间的延长逐渐减退。到了发酵后期，抗生素的分泌速率明显减慢或接近停止，有的发酵单位甚至下跌。因此要合理地确定发酵周期，准确判断放罐时间，须考虑下列一些因素。

1. 提高抗生素的生产率，降低成本

这就要求在抗生素的分泌速率相当高的情况下延长发酵时间，分泌速率减小或接近停止，单位总亿增加有限，生产率大幅度下降，此时继续延长周期徒然增加动力消耗，提高成本，得不偿失。

2. 保证提炼质量

放罐时间对过滤提炼工序有很大影响。若放罐时间过早，发酵液内残留糖、氮、消沫油等含量还相当多，则将增加过滤困难，增加乳化作用，或干扰树脂吸附。如放罐时间太晚，菌丝容易自溶，氨氮大量释放，发酵液变黏，pH 上升，非但造成过滤困难，延长过滤时间，有时还会使发酵单位大量下跌，打乱了提炼的作业计划。

3. 放罐前做好发酵控制

根据各种不同发酵的特点，在后期适当时间内进行具体控制。接近放罐时，补糖、补氮或加油消沫都要慎重考虑残留物质对提炼质量可能带来的不良影响。补糖须根据后期糖的消耗速率，计算到放罐时允许的残糖量来控制。消沫油在不必要时可早些停止添加，其他如通氨水、滴加葡萄糖或调节 pH 等也应根据发酵的具体情况，尽量早些结束。

多数老抗生素品种，发酵周期和放罐时间都已有所掌握，应根据作业计划，在正常情况下准时放罐。但遇发酵不正常，如严重染菌、菌体提早自溶或发生事故时，则须根据当时具体情况紧急处理，尽量减少损失。新品种发酵需要经过实践，摸索合理的周期及放罐时间。

判断放罐的指标主要有抗生素发酵单位、菌丝形态阶段、菌丝浓度、残留糖氮含量、发酵液外观、pH、菌丝黏度等，如发酵液要板框过滤，更须考虑过滤速度的问题，特别是染菌罐，以免难于过滤而影响质量。

不同抗生素品种的发酵，放罐时间的掌握也各不相同，有的掌握在菌丝开始自溶前，有的掌握在菌丝部分自溶后，有的用残留碳/氮作为放罐的标准，以使菌丝体内的残留抗生素全部释放出来。总之，发酵终点的掌握，必须综合上述一些参数，全面予以考虑决定。

二、发酵不正常现象和处理

各种抗生素发酵的不正常现象多种多样，各有其特点。如培养液转稀、培养液过浓、糖氮代谢缓慢、pH 不正常、菌丝质量差及生产设备事故等是常见并有普遍性的几种，简单介绍于下。

1. 培养液转稀

培养液转稀，是指发酵尚未进入后期培养液即逐渐稀化。如金霉素和卡那霉素发酵感染噬菌体后，菌丝稀化自溶，单位下降。这种稀化现象有时可补入抗噬菌体菌株的培养液来挽救，以避免倒罐危险。又如，链霉素发酵在夏季因冷却水供应失调，罐温偏高，也会出现培养液稀化、氨氮上升，使单位低落。又如，链霉素发酵使用高温培养时，少数罐批曾出现菌丝提前在培养 100h 左右自溶稀化。这都明显地表明培养液稀化和温度有关。发酵过程中，有时因泡沫多，大量逃液，加油无效，被迫采取间歇停搅拌的方法，就在停搅拌的几分钟内溶解氧迅速下降到零点，菌丝窒息死亡，造成菌丝自溶稀化。有些发酵罐内菌丝没有长好、长浓，若添加一些氮源、碳源或进行补种，都可使发酵液转稀为浓，发酵恢复正常。

2. 培养液过浓

培养液过浓，多数是由于培养基过于丰富所引起的，如卡那霉素发酵，由于淀粉培养基中糖氮相当丰富，发酵液异常黏稠，严重影响氧的溶解，影响菌体对气体和养料的交换和菌体的正常代谢，此时宜有计划地定期分次大量补水，使菌丝浓度稀释，并降低黏度，改善发酵情况，其他如四环素和土霉素发酵中间补料、补水都能不断改善发酵条件，可能增加抗生素的总产量。一般补水量为 5% ~30%，依发酵具体情况而定。

3. 糖氮代谢缓慢

糖氮代谢缓慢的原因很多。如斜面孢子和种子质量欠佳，培养基消后色过深，培养基内可利用的磷酸盐浓度下降或不足等都能引起糖氮缓慢利用。这类现象出现时，可补充磷酸盐或适量氮源。链霉素发酵前期菌丝生长阶段，如磷酸盐含量过低，必须立即补入一定量磷酸盐，以利于生长，补料过迟，效果即差。培养中期出现碳/氮缓慢利用时，有时补入 10 ~20mg/kg 无机磷有一定效果。发酵后期残糖太高时，可适当提高罐温，利于糖氮利用和提高发酵单位。又如链霉素发酵过程中曾发现发酵中后期氨氮间歇不利用、氨水通不进、单位不动或下跌、有时还伴随着有 pH 上升等现象，这与生产菌株的性能有关，调换菌种后，即不再出现氨氮不利用的现象。

4. pH 不正常

pH 不正常，也是发酵过程中常见的现象。pH 变化是发酵过程中全部代谢反应的综合结果。发酵过程中 pH 必须稳定在一定范围内。生产上通常选用适当的培养基组成，利用菌体的代谢作用，尽量控制 pH 在适当的范围，并采用中间加酸、碱或一些生理酸性或生理碱性的物质来人工调节，培养基的配比、原材料和水的质量、消毒质量等都可引起培养过程中 pH 的变化。发酵条件的变化也会引起 pH 波动；通气量过大，可促使 pH 上升，加糖、加油过多或过于集中，可引起 pH 下降。

此外，菌丝质量差的种子，不能接种发酵罐，可改用发酵液来倒种或混种。在接种过程中，采取接种管道用空白培养液冷却的措施，以防种子菌丝烫伤。若质量差的种子液已接进发酵罐，前期情况不正常，菌丝生长缓慢，加油消沫无效，同时由于加油过多，发酵液面上形成一层白色肥皂水似的乳状液，菌丝稀少，遇到这些情况，可放掉部分发酵液重新补种，适当加大空气流量，必要时可加一些尿素及硫代硫酸钠（如青霉素发酵）促进菌丝生长。采用这些措施后，往往可以挽救一些特低单位的罐批。

在发酵过程中，如遇到罐内搅拌叶脱落或轴套松脱无法运转等情况，可采取紧急措施，将发酵液压适量入另一待放发酵液的空罐，继续运转。如措施迅速恰当，可完全避免损失。

思 考 题

1. 影响生物热的因素有哪些？发酵热如何测定？
2. 发酵过程中的生物参数有哪几个？
3. 发酵过程中的 pH 如何调节？
4. 发酵过程中为什么要补料？
5. 补料的内容和方式有哪些？
6. 泡沫产生的因素有哪几个？
7. 消泡的机制是什么？
8. 放罐的指标有哪些？

模块七　固定化技术及其应用

　　工业化生产的酶已广泛应用于食品、轻工、医药、化工、分析检测、环境保护和科学研究等各项领域，酶制剂与我们日常生活也息息相关，如洗衣粉里有酶，家庭做甜酒，酒药中就有根霉菌，它能产生淀粉酶和糖化酶等。随着酶制剂的广泛应用，人们也注意到酶的一些不足之处，例如，

　　（1）溶液中的游离酶只能一次性使用，不仅造成酶的浪费，而且会增加产品分离的难度和费用，影响产品的质量。如工业上广泛使用的淀粉酶、糖化酶，就是将一定比例的淀粉和水加入糖化锅中，升温，加入酶，水解完全后，再升温灭活酶。

　　（2）溶液酶很不稳定，在温度、pH 和无机离子等外界因素的影响下，容易变性失活。

　　如果能将酶固定化，这样既能保持其原有的催化活性，又能反复使用。

　　固定化酶（immobilized enzyme）的研究从 20 世纪 50 年代开始。1953 年德国的格鲁布霍费（Grubhofer）和施来思（Schleifh）采用聚氨基苯乙烯树脂为载体，经重氮化法活化后，分别与羧肽酶、淀粉酶、胃蛋白酶等结合，而制成固定化酶。20 世纪 60 年代后期，固定化技术迅速发展。1969 年日本的千畑一郎首次在工业生产规模应用固定化氨基酸化酶，从 DL－氨基酸连续生产 L－氨基酸，实现了酶应用史上的一大变革。由于酶需要分离、纯化后，才能用载体固定，使其在工业上使用受到限制。1976 年千畑一郎用聚丙烯酰胺凝胶包埋产氨短杆菌，由反丁烯二酸连续生产 L－苹果酸。由于固定化菌体细胞优点在于：①无须进行酶的分离纯化；②细胞保持酶的原始状态，固定化过程中酶的回收率高；③细胞内酶比固定化酶稳定性更高等，而应用于工业化生产中。目前我国 L－苹果酸的生产主要是固定化细胞法。1976 年法国首次用固定化酵母生产啤酒和酒精。由于酵母在载体中不断地生长繁殖，有学者称之为固定化活细胞。1982 年，日本首次研究用固定化原生质体生产谷氨酸，取得进展。随后，A. M. Klibanov 等人打破了传统酶学思想的束缚，将酶引入到非水介质中进行催化反应，并将酶用凝胶固定，开辟了非水酶学这一新的研究领域，极大地拓宽了酶的应用范围，为酶学研究注入了新的生机和活力。

单元一　固定化细胞的方法

　　固定化酶、固定化菌体和固定化活细胞都是以酶的应用为目的，它们制备

和应用方法也基本相同。但细胞的固定化主要适用于胞内酶，要求底物和产物容易透过细胞膜。由于篇幅所限，本书只介绍工业上应用较广的菌体细胞的固定化方法。

一、包 埋 法

包埋法是将酶或含酶菌体包埋在各种多孔载体中，使酶固定化的一种方法。这是固定化细胞中应用最多的方法。包埋法根据载体材料和方法的不同，可分为凝胶包埋法（网格型）和半透膜包埋法（微囊型）两大类，如图 7 - 1 所示。

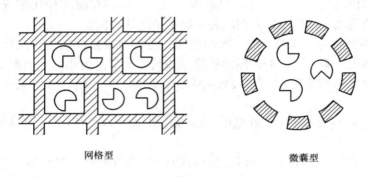

网格型   微囊型

图 7 - 1　包埋法固定化细胞模式图

（一）凝胶包埋法

凝胶包埋法是将细胞包埋在各种凝胶内部的微孔中，制成一定形状的固定化细胞，大多数为球状，（表面积大、耐压、使用半衰期长）或块状（某些凝胶难成球状）。

常用的凝胶有琼脂、海藻酸钠、卡拉胶（角叉菜胶）、聚丙烯酰胺凝胶、PVA（聚乙烯醇）等。

1. 琼脂

琼脂是我们最熟悉的凝胶，2% 的浓度可制成固体培养基。作为固定化细胞的载体，可根据包埋菌的大小（细菌或酵母）选择浓度合适的琼脂，溶化后 50℃水浴中保温，加入菌体（一般为 0.3g 湿菌体/mL 左右），充分搅拌，使之分散均匀。冷却凝固后切成块。缺点是机械强度较差。如增加琼脂的浓度，则网格孔径太小，通透性差。

2. 海藻酸钠

海藻酸钠是 D - 甘露糖醛酸和 L - 古罗糖醛酸通过 1，4 键连接组成的。它的优点是在水相中海藻酸钠呈溶解状，具有一定黏度，将其滴入钙溶液中，由于离子转移的胶凝作用，便形成珠状颗粒。

海藻酸钠的缺点是钙离子在磷酸缓冲液中会沉淀，固定化颗粒的机械强度将降低，最后重新溶解。因此用海藻酸盐包埋的固定化细胞不能用于磷酸缓冲液中。尽管如此，由于海藻酸钠价格便宜，来源丰富又无毒性，且操作简便，条件温和，目前仍是应用较广的包埋载体之一。

3. 卡拉胶

卡拉胶是一种含有许多硫酸根基团的多糖化合物，也属于天然凝胶。作为包埋载体同琼脂一样，加热融化，遇冷凝固。不同点在于，在钾离子存在下，凝胶的机械强度大大增加。最初由日本人千畑一郎应用于L-苹果酸生产，至今国内L-苹果酸生产仍主要使用卡拉胶，装柱后可连续生产6个月以上。卡拉胶的缺点是需要在45~55℃加入菌体，大规模工业化生产时，有时菌体还未搅拌均匀，便已凝胶，如温度较高加入，酶的活性会受到影响。

4. 聚丙烯酰胺凝胶

包埋的方法如下：在含细胞的水溶液中，加入一定比例的单体丙烯酰胺和交联剂 N，N'-甲撑双丙烯酰胺。然后加入一定量的过硫酸钾和四甲基乙二胺，混合后让其静置聚合，获得所需形状的固定化细胞胶粒。

用聚丙烯酰胺凝胶制备的固定化细胞机械强度高，可通过改变丙烯酰胺的浓度以调节凝胶的孔径，适用于多种细胞固定化。缺点是丙烯酰胺单体对细胞有一定的毒害作用，应尽量缩短聚合时间。

（二）半透膜包埋法

半透膜包埋法利用高分子聚合物形成的半透膜将细胞包埋，形成微囊型固定化细胞。半透膜的孔径可以根据需要加以控制和改变。微囊的直径为1~2mm的胶粒。其制备过程一般先将细胞用海藻酸钙包埋，制成直径为1~2mm的胶粒，再用聚赖氨酸处理，使胶粒外层包上一层聚赖氨酸薄膜，然后将它泡在柠檬酸钠溶液中，使海藻酸钙凝胶溶解，便获得由聚赖氨酸膜包埋的近乎透明的微囊型固定化细胞。

二、载体结合法

载体结合法是将酶与聚合物载体以共价键或离子键结合的固定化方法，是固定化酶研究中最活跃的一大类方法，如图7-2所示。它与吸附法的原理基本相同，所用的载体主要为阴离子交换树脂、阴离子交换纤维素及聚氯乙烯等。

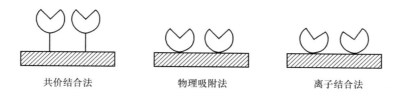

共价结合法　　　　　物理吸附法　　　　　离子结合法

图7-2 载体结合法固定化细胞模式图

用结合法制备的固定化酶，酶和载体之间结合相当牢固，即使用高浓度底物溶液或盐溶液，也不会使酶分子从载体上脱落下来，具有酶稳定性好、可连续使用较长时间的优点。缺点是吸附容量小，结合强度低。

三、交 联 法

交联法是借助双功能试剂使酶分子之间相互交联呈网状结构的固定化方法。由于交联法所用的化学试剂的毒性能引起细胞破坏而损害细胞活性，如用戊二醛交联法的大肠杆菌细胞，其天冬氨酸酶的活力仅为原细胞活力的 34.2%，故交联法的应用较少（图 7-3）。

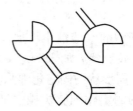

图 7-3　交联法固定化细胞模式图

四、热 处 理 法

热处理法也称无载体法，它是将含酶细胞在一定温度下加热处理一段时间，使酶固定在菌体内，而制备得到固定化菌体。该法只适用于那些热稳定性较好的酶的固定化。例如，将培养好的含葡萄糖异构酶的链霉菌细胞在 $60 \sim 65℃$ 的温度下处理 15min，葡萄糖异构酶全部固定在菌体内。

以上四种固定化酶方法各有其优缺点。往往一种酶可以用不同方法固定化，但没有一种固定化方法可以普遍地适用于每一种酶。在实际应用时，常将两种或数种固定化方法并用，以取长补短。

单元二　固定化细胞的特性

与游离酶和天然细胞相比，固定化细胞具有下列性质。

1. 酶活力的稳定性增加

各种固定化细胞具有一定的酶活力的半衰期，各种固定化细胞的半衰期是不同的，半衰期越长，说明固定化细胞酶活力的稳定性越强。如含天冬氨酸的大肠杆菌经三醋酸纤维素包埋后，用于生产 L-天冬氨酸，于 37℃ 连续运转两年后，仍保持原活力的 97%。

2. 酶促效率明显提高

和固定化酶不同，菌体细胞在固定化过程中通常不损伤细胞本身，细胞内的酶系统也最大限度地保持着天然状态，因此它具有较高的酶促效率。

3. 细胞透性增加

与游离细胞相比，固定化细胞质膜的透性增强。例如，天然的恶臭假单胞菌和底物精氨酸一起保温进行细胞酶系合成时，如果不加入增加透性的表面活性剂溴化十六烷基三甲基胺时，几乎没有瓜氨酸形成，这是底物和产物均不能透过细胞质膜的结果。用聚丙烯酰胺包埋的固定化恶臭假单胞菌在不加表面活性剂时，也能合成瓜氨酸。这说明固定化细胞改善了细胞质膜的透性。

4. 热稳定性增强

如恶臭假单胞菌经包埋后最适反应温度较游离细胞提高 20℃，而且热稳定性也增强。

5. 最适 pH

细胞经固定化后最适 pH 的变化无特定规律，如聚丙烯酰胺凝胶包埋的产氨短杆菌（含延胡索酸酶）的最适 pH 与游离细胞相比，向酸侧偏移，而用同一方法包埋的大肠杆菌（含青霉素酰胺酶）的最适 pH 无变化。

6. 易产生副反应

微生物菌体细胞内含有庞大而复杂的酶系，其中一些酶在生产时是我们不需要的，某些酶甚至是有害的，它们可催化生产影响产品质量的物质。如包埋黄色短杆菌（产延胡索酸酶）生产 L - 苹果酸时，便有副产物琥珀酸产生，它是影响产品出口的主要因素。生产上一般采用胆汁酸处理固定化细胞，可显著降低琥珀酸的含量。

单元三　固定化细胞的反应器

以酶作为催化剂进行反应所需的设备称为酶反应器（enzyme reactor），它可用于游离酶、固定化酶和固定化细胞。固定化细胞系统的生产能力和工业应用的可行性，在很大程度取决于反应器的选择。性能优良的反应器，可大大提高生产效率。

一、反应器的特点和类型

反应器的类型很多，其分类的方法主要有以下几种：①按进料和出料的方式可分为分批式、半分批式与连续式反应器。②按其功能结构可分为膜反应器、液固反应器及气液固三相反应器。③按几何形状和结构来分类，可分为罐型、管型、膜或片型几种。某些反应器的类型如图 7 - 4 所示。

1. 间歇式酶反应器（batch stirred tank reactor ，BSTR）

间歇式酶反应器又称为间歇式搅拌反应器。特点：底物与酶一次性投入反应器内，产物一次性取出；反应完成之后，固定化酶（细胞）用过滤法或超滤

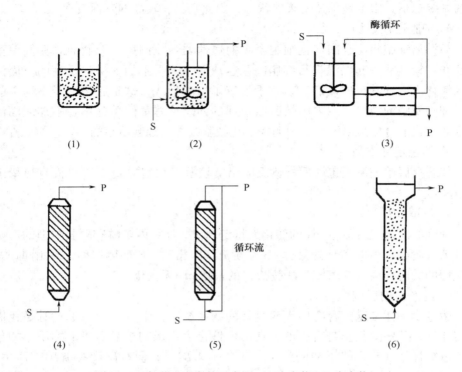

图 7-4 各种反应器的示意图（S 为底物、P 为产物）
（1）间歇式酶反应器 （2）连续式酶反应器 （3）连续流动搅拌罐－超滤膜反应器
（4）填充床反应器 （5）循环反应器 （6）流化床反应器

法回收，再转入下一批反应。

优点：装置较简单，造价较低，传质阻力很小，反应能很迅速达到稳态。

缺点：操作麻烦，固定化酶经反复回收使用时，易失去活性，故在工业生产中，间歇式酶反应器很少用于固定化酶，但常用于游离酶，食品和饮料工业中常用这类反应器。

2. 连续式酶反应器（continuous stirred tank reactor，CSTR）

连续式酶反应器又称为连续搅拌釜式反应器，结构上与间歇式搅拌反应器基本相同。特点：向反应器投入固定化酶和底物溶液，不断搅拌，反应达到平衡之后，再以恒定的流速连续流入底物溶液，同时，以相同流速输出反应液（含产物）。

优点：在理想状况下，混合良好，各部分组成相同，并与输出成分一致。

缺点：搅拌浆剪切力大，易打碎磨损固定化酶颗粒。

3. 填充床反应器（packed bed reactor，PBR）

填充床反应器将球型或块状的固定化细胞凝胶填充于固定床内，底物由下进上出以恒定速度通过反应床，如产品检测未达到要求还可以重新循环。这类反应器由于单位体积催化剂负荷量多，效率高，加上产物浓度沿反应器长度逐渐增高，并从反应器中不断地流出，可减少产物的抑制作用。因此，当前工业上多采用。

缺点：填充床存在着静力压。固定化细胞凝胶使用一段时间后，易破碎，堵塞床孔，清洗和更换部分固定化细胞较麻烦。

4. 流化床反应器（fluidized bed reactor，FBR）

在流化床反应器内，底物溶液以足够大的流速向上通过固定化酶床层，使固体颗粒处于流化状态，达到混合的目的。流速应以能使酶颗粒不下沉，又不致使颗粒溢出反应床为宜。FBR可用于处理黏性强和含有固体颗粒的底物，也可用于需要供应气体或排放气体的反应（如固定化活菌细胞，需要提供良好的通气条件并排出生成的 CO_2）。

5. 其他反应器

除上述反应器外，还有膜型反应器、鼓泡塔型反应器、转盘型反应器等。

二、反应器的选择

上述提到反应器的类型有多种，但都各有优缺点，在研究和生产中，必须根据具体情况来选择合适的反应器。一般可以从以下几个方面考虑。

1. 酶的形状、大小及机械强度

固定化细胞的形状主要有粒状（颗粒、小球）、膜状和块状等。其中粒状最常用，这是因为其表面积最大和耐压。粒状固定化细胞一般选用固定床、搅拌罐等。如是块状固定化细胞，易造成压密堵塞现象，对大规模操作来说不易获得足够的流速，在这种情况下采用流化床较为适合。

2. 底物的性质

底物一般有三种，溶解性物质（包括乳浊液）、颗粒物质以及胶体物质。溶解性底物对任何类型的反应器都不会造成困难。但后两者底物应采用搅拌罐或流化床反应器。但过高的搅拌速度有可能引起固定化细胞的切变粉碎。所以，必须选择合适的搅拌速度与流速。

3. 反应操作的要求

某些酶催化反应具有特殊的需要，如底物在反应条件下不稳定或酶受高浓度底物抑制时，就必须在反应进行过程中连续或间断地将底物分批加入反应器中，这时可采用搅拌罐反应器。若反应是耗氧则反应器可选用鼓泡塔型反应器。

总之，分批式和连续式搅拌反应器结构简单，操作方便，适用面广。但产物产生抑制时受到的影响较大。填充床反应器最突出的优点是它有较高的转化率，特别是当产物表现抑制时更优于前两者，但易堵塞，底物如是不溶性的或黏性较大的，这类反应器不适用。流化床反应器，物质交换性能较好，不引起堵塞，但它消耗动力大，不易直接模仿放大。

单元四　固定化细胞法生产 L - 苹果酸

　　L - 苹果酸是一种重要的有机酸，在医药和食品工业中有广泛用途。L - 苹果酸生产途径有：①DL - 苹果酸用酶拆分；②用葡萄糖直接发酵；③用延胡索酸为原料酶法合成；④从葡萄糖发酵到延胡索酸，再酶法合成的混合发酵。目前国内 L - 苹果酸工业化生产主要是用延胡索酸为原料的酶法合成。普遍使用的包埋载体是卡拉胶。本书对年生产300t L - 苹果酸的工业化生产工艺、流程及部分设备给予较详细论述。

一、菌 种 培 养

1. 菌种

　　黄色短杆菌（*Brevibacterium flavum*），购于中科院微生物所菌种保藏室。斜面和平板培养基为普通肉汤琼脂培养基。菌落呈金黄色，圆形，直径1mm 左右，表面光滑，湿润。

2. 菌种筛选和保藏

　　通过平板划线法进行优良菌种的分离、筛选，再从平板上挑选单菌落接于试管。试管菌种于37℃培养24h，放置4℃冰箱保存，2 ~ 3 个月转接一次，也可用石蜡封存，放4℃冰箱可保存 1 年左右。

3. 一级摇瓶种

　　培养基配方：柠檬酸氢二胺 2.5%，硫酸镁 0.05%，磷酸二氢钾 0.2%，玉米浆 5%，pH7.0，500mL 三角瓶装液 100mL，于121℃灭菌 30min，严格无菌操作，30℃，摇瓶转速 150r/min，培养 18 ~ 24h。

4. 二级摇瓶种

　　培养基配方和操作条件同一级摇瓶种，每瓶一级摇瓶种接 10 瓶二级摇瓶种。放双层工业往复式摇瓶机上摇瓶。培养 24h 后并入一大瓶中，准备接种种子罐。

5. 种子罐

　　种子罐体积 500L，为标准通气搅拌式发酵罐。装料 300L。原料配比：柠檬酸氢二胺 7.5kg，玉米浆 15kg，磷酸二氢钾 0.6kg，硫酸镁 0.15kg，消泡剂 200mL。操作要点：检查罐清洁程度，加去离子水 200L，启动搅拌，然后加入上述原料，用液碱调 pH7.2。按发酵常规灭菌，夹套冷却至 30℃（罐内保持正压），用压差法将菌种接入种子罐内。转速 180r/min，通气量 1:0.3m^3/（m^3·min），温度 30℃，罐压 0.02 ~ 0.05MPa，24h 后，接入发酵罐内，同时留样测定酶活力。

二、发　酵

发酵罐为 $7m^3$ 的标准式发酵罐，装料 $4m^3$。培养基灭菌条件同种子罐。发酵罐转速 $100r/min$，罐温 $30 \sim 32℃$，罐压 $0.03MPa$，通风量 $1 : 0.2m^3/（m^3 \cdot min）$，发酵时间约为 $40h$。$20h$ 后，每隔 $4h$ 检查菌体生长情况和测酶活力，$pH8.6$ 左右，放罐。

三、菌 体 收 集

发酵结束后，用管式高速离心机收集菌体。广州重型机械厂生产的 GF－105（B）管式离心机，转速可达 $10000 \sim 12000r/min$，转筒直径为 $100mm$，管式离心机由机架、分离盘、转筒、机壳和挡板等组成（图 $7-5$）。

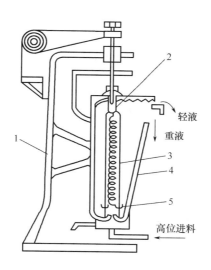

图 $7-5$　管式离心机示意图
1—机架　2—分离盘　3—转筒　4—机壳　5—挡板

发酵醪由下部送入，经挡板作用分散于转筒底部，受到高速离心力作用而旋转向上，轻液位于转筒的中央，呈螺旋形运转向上移动，菌体则靠近筒壁，至分离盘时，轻液沿轻液孔道进入集液槽后排出，菌体则附于转筒周壁，当出液浑浊、有较多菌体流出时，便可停机，拆下转筒，取出菌体，然后重新安装。

管式离心机设备简单，操作稳定，分离纯度高，分离效果较好。但生产能力低，拆装转筒需要一定的时间，$4m^3$ 发酵醪离心分离的时间约需 $30h$，每拆一次转筒可得湿菌体约 $8kg$。湿菌体总质量约占发酵醪的 2.8%。湿菌体放 $4℃$ 冷库保存，然后用生理盐水洗涤一次，再离心后，放 $4℃$ 冷库保存备用。

四、菌体包埋

生理盐水 500kg，卡拉胶 20kg，加入 1.5m³ 的搪瓷罐中，开搅拌，夹套加热，升温到 100℃，保温 10min，卡拉胶彻底融化。降温到 50℃，夹套保温备用。

湿菌体 114kg，加 100kg 生理盐水放另一搪瓷罐中混匀，保温 45℃，然后压入卡拉胶罐中，恒温 45℃，搅拌 10min。

用衬胶铁箱装混合液，每只约装 30kg，占铁箱体积一半，冷却凝固后，加 0.3mol/L KCl 浸泡，放 4℃ 冷库过夜，手工切成 3~4mm 正方体小块。操作时，要注意卫生，防止污染。

五、提高酶活力

1. 配料

酶块约 700kg，富马酸钠（1.2mol/L）1750L，胆酸 6kg，去离子水 100L。

2. 操作步骤

（1）将 6kg 胆酸加入 100L 去离子水中，用 20% NaOH 调 pH 到 7.0。

（2）1mol/L 富马酸钠配制　市售富马酸为固定结晶，不溶于水，相对分子质量为 116。在搪瓷罐中加富马酸 203kg，水 1000L，搅拌，用液碱调 pH 至 6.5~7.0，溶液变清，补水到 1750L。

（3）将 200kg 酶块倒入，恒温 37℃，保持 24h。其目的是激活富马酸酶的活力和抑制琥珀酸副产物的产生。

（4）将富马酸钠滤出，然后用 0.3mol/L KCl 洗涤 2~3 次，最后用无离子水洗至无胆酸为止，准备装柱。

六、固定化细胞酶转化

酶柱为碳钢衬胶柱，尺寸为 $\Phi800mm \times 2400mm$，共 8 根，属于填充床反应器，酶转化室为密闭，具有加热和保温的功能。手工将酶块装入反应柱中，每根酶柱装酶块约 700kg。

底物为 1.2mol/L 的富马酸钠，37℃ 保温后进入酶柱。

底物过柱的速度以出口检测富马酸钠 ≤0.3mol/L 为准，如含量高，可适当减少流速。因苹果酸钠含量达不到 0.8mol/L 以上，提取便会产生困难。

七、酶柱的维护

（1）每天白班由专人把所有酶柱用真空进行反冲。冲出的底物，可循环进柱。

（2）经过较长一段时间使用后，反冲已不能解决酶柱堵塞时，可由专人把酶块扒出，用自来水进行洗涤，筛选掉破碎、老化变质的酶块，补充部分新鲜酶块。

八、L-苹果酸的检测规程

1. 菌体酶活力测定

精密称取湿菌 1.0g（称准至 0.1g），加入 1mol/L 富马酸钠 40mL（含 0.04% 十六烷基溴化三钾铵），调节 pH7.0～7.2，在 40℃ 水浴内搅拌反应 30min，取出立即用 4mol/L HCl 20mL 终止反应，移至 100mL 容量瓶中，定容后摇匀，吸取 1.0mL 移至 100mL 容量瓶中，定容后摇匀。

精密吸取该稀释液（1:10000）0.2mL，加 2，7-萘二酚硫酸液 0.1mL（临时新制）、98% 硫酸 6.0mL，并用蒸馏水补足到 7.1mL，混匀后置沸水浴中，加热 20min，取出置冷水浴中冷却至室温。在波长 385nm 处进行比色测定，以蒸馏水做对照，校正仪器零点。用标准样品制作标准曲线，以苹果酸含量为横坐标，385nm 处吸收值即 OD_{385} 为纵坐标。通过未知样品在 385nm 处的 OD 值，可在标准曲线上找到相应的苹果酸浓度。酶活力含义：每克湿菌体每小时产出苹果酸的毫克数，为 1 单位活力 [mg/（h·g）]。

2. 富马酸含量的测定

富马酸和苹果酸都能和高锰酸钾定量反应，但反应速度不同，富马酸能使高锰酸钾红色迅速褪去，而苹果酸能使其红色保持 3s 左右。根据这个原理，能很方便地检测富马酸和苹果酸混合液中的富马酸含量。

（1）富马酸标准曲线制定 精确称取富马酸 500mg，用蒸馏水定容至 100mL；分别取 0.5mL、1mL、1.5mL、2mL、2.5mL、3.0mL 到小试管中，各加 5 滴浓硫酸；用蒸馏水补齐到 5mL；然后用 0.1mol/L 高锰酸钾滴定。滴速为每 3 秒 1 滴，终点为红色保留 3～4s。标准曲线相关系数可达 0.999。

（2）酶柱转化液中富马酸含量测定 取样液 0.5mL，加蒸馏水 5mL，5 滴浓硫酸，用 0.1mol/L 高锰酸钾滴定至红色 3s 不褪色为终点，记下耗用高锰酸钾毫升数，查标准曲线可计算出富马酸的含量。工业上也可用经验公式：

$$G = 0.1V \times 1.9$$

式中 G——富马酸浓度，mol/L

V——高锰酸钾体积，mL

1.9——常数

3. 苹果酸高效液相色谱检测

结晶苹果酸成品中会含有微量富马酸、马来酸、琥珀酸，这些杂酸用一般酸碱滴定法无法分辨。出口 L-苹果酸必须要经高效液相色谱进行检测。

具体操作：将 10% 的标准苹果酸和上述富马酸、马来酸、琥珀酸，分别注入一定量于树脂柱中，用洗脱液洗出，记录各标准出峰时间和相应的峰值，带计算机的还可以用峰的积分面积计算。样品苹果酸经稀释，取一定的量直接注射进样，操作条件同酶柱转化液中富马酸含量测定，记录出峰的时间与峰高，则可在标准曲线上找到各种有机酸的含量。

固定化细胞流出液检测，应进行预处理。将流出液通过 5 号微孔砂芯过滤器，用真空抽滤，反复洗涤，收集滤液，进样洗脱等同前。

据报道，用 $(NH_4)_2HPO_4$ 洗脱液，pH 自然、1MPa、25℃、流速 2.5mL/min，可获得满意的结果。

阅读材料 6

酶工程的诞生

在生物工程中，有一位魔术师——酶工程。大自然中的各种生物在它的指点下，协调地演奏出一章章如诗如画的生命交响曲，世界因此而生机勃勃、色彩斑斓。它又如熊熊燃烧之炬，点燃生命之火，使生命的光辉照耀千秋万代。可以说，凡是有生命的地方就有酶在那里活动。无论是鸟兽鱼虫还是花草树木，无论是高等的还是低等的，动植物都需要酶来维持生命。人，更是须臾不可离酶，新陈代谢过程的各个阶段，都须"望'酶'止渴"。还有，当你品尝鲜嫩的猪肉、香酥的面包，品尝芳香四溢的葡萄酒时；当你穿着洁净的衣服、锃亮的皮鞋"潇洒"时；当你不慎染上某些疾病，医生为你诊治时，等等，这里面都有酶的参与，都有酶的功劳。你看，酶真是无所不能，无处不在！

酶这么神奇，它究竟是一种什么物质？说起来很简单，酶是一种生物体产生的具有催化功能的特殊蛋白质。它的魔力是在常温、常压下催化生物体内的各种生物化学反应，而它本身却在这些变化中保持原样。它和化工厂里的催化剂一样，可以自如地控制生物体内的化学反应，因此酶有"活催化剂"之称。它有较强的高效性，如果没有酶的催化，生物的进化历程可能要退回 30 亿年。极为有趣的是，古代以来人们一直利用酶酿酒、发酵制作面包、干酪、饴糖等，却长时间不知道酶的存在。这样的历史竟不知不觉延续了数千年。直到 19 世纪 30 年代，德国科学家施万（Schwan）发现了胃蛋白酶，化学家帕图（Pato）和波索兹（Possoz）发现了淀粉酶，90 年代布希纳（Büchner）兄弟从得到的纯净酵母液中发现了多种酶。20 世纪 20 年代，美国科学家萨姆纳（Sumner）从大豆中提取出一种结晶形的新物质，弄清了酶就是蛋白质，为此他获得了诺贝尔化学奖。从此，人们才逐步认清"庐山真面目"，才意识到酶的重要作用，现代微生物酶技术才真正起步。到现在为止，人类已经完全能确定其成分和功能的酶有 3000 多种。

酶有两大特点是引人注目的：一是高效，二是专一。所谓高效，是指酶的催化能力的强大。对许多化学反应来说，往往可以找到一些能加速反应的化学催化剂，而酶的催化能力要比化学催化剂高出 $10^7 \sim 10^{13}$ 倍。就拿纤维素的分解来说，用5%的硫酸，在4～5个大气压、超过100℃的条件下，4～5h只能使纤维稍稍松动；而一旦纤维素酶出场，而且只是那么一点点纤维素酶，在常压、40℃的条件下，4～5h可以使50%的纤维素分解成葡萄糖。这几乎就是牛胃里发生的反应，只不过换了一下容器。所谓专一，是指一种酶只能作用于具有一定结构的物质，形象一点儿的说法就是"一把钥匙开一把锁""一个萝卜填一个坑"。纤维素酶只能把纤维素分解成葡萄糖，碰到蛋白质、淀粉、脂肪之类，它是无动于衷的。同样，鹰胃里的胃蛋白酶只对蛋白质"情有独钟"，对纤维和其他有机物分子就毫无办法了。鹰胃里除了主力军胃蛋白酶之外，还有淀粉酶、纤维素酶、脂肪酶等许多酶；牛胃里除了主力军纤维素酶之外，还有胃蛋白酶、淀粉酶、脂肪酶等许多酶。这些酶分工明确，各司其职，专找特定的对象"开刀"。

酶除了高效、专一这两大特点之外，还有一个显著的优点：它的催化作用都是在常温、常压之下完成的。酶是生物催化剂，它是在生物体内起作用的，当然与高温、高压无关了。由于酶具有那么多明显的优点，人们开始考虑，能不能把它从生物体内取出来，专门来催化一些重要的化学反应呢？这样不是能在更广阔的天地里发挥它的优势了吗？于是，酶工程应运而生了。

酶工程的发展

最原始的酶工程要追溯到人类的游牧时代。那时候的牧民已经会把牛乳制成干酪，以便于储存。他们从长期的实践中摸索出一套制干酪的经验，其中关键的一点是要使用少量小牛犊的胃液。用现代的眼光看，那就是在使用凝乳酶。此后，在开发使用酶的早期，人们使用的酶也多半来自动物的脏器和植物的器官。例如，从猪的胰脏中取得胰蛋白酶来软化皮革、从木瓜的汁液中取得木瓜蛋白酶来防止啤酒浑浊、用大麦麦芽的多种酶来酿造啤酒等。然而，随着酶的开发应用的扩展，这些从动植物中取得的酶已经远远不能满足需要了。人们把眼光转向了微生物。微生物是发酵工程的主力军。在发酵工程里（或者说在自然界里），微生物之所以有那么大的神通，能迅速地把一种物质转化为另一种物质，正是因为它们体内拥有神奇的酶。说到底，发酵作用也就是酶的作用。

微生物种类繁多，繁殖奇快。要发展酶工程，微生物自然应该是人们获取酶、生产酶的巨大宝库、巨大资源。事实上，目前酶工程中涉及的酶绝大部分来自于微生物。

所谓酶工程，可以分为两部分：一部分是如何生产酶，另一部分是如何应用酶。用微生物来生产酶，是酶工程的半壁江山。酶的生产要解决一系列的技术问题，包括挑选和培育生产酶的微生物（要求繁殖快、安全、酶容易分离、符合应用条件）、确定适合的培养条件和培养方式、大幅度地提高酶的产量，将生产出来的酶进行分离提纯、提高酶的纯度等。

经过各国科学家的不懈努力，这些技术问题一一迎刃而解，酶的生产水平不断提高，为酶的应用提供了坚实的基础。这里值得一提的是，通过基因重组来对产酶的菌种进行改造，由此获得生产性能优秀的菌种。最明显的例子是 α-淀粉酶的生产。最初，是从猪的胰脏里提取 α-淀粉酶的，这种酶在将淀粉转化为葡萄糖的过程中是一个主角。随着酶工程的进展，人们开始用一种芽孢杆菌来生产 α-淀粉酶。从 $1m^3$ 的芽孢杆菌培养液里获取的 α-淀粉酶，相当于几千头猪的胰脏的含量。然而，致力于酶工程研究的学者并不满足于这一点，他们用基因工程的手段，将这种芽孢杆菌合成 α-淀粉酶的基因转移到一种繁殖更快、生产性能更好的枯草杆菌的 DNA 里，转而用这种枯草杆菌生产 α-淀粉酶，使产量一下子提高了数千倍。

人体里的尿激酶是治疗脑血栓和其他各种血栓的特效药。以前常见的生产手段是从人尿中提取，其落后性显而易见，产量也有限。学者们从人的肾脏细胞中分离出尿激酶基因，转移到大肠杆菌的 DNA 中，用 DNA 重组后的大肠杆菌来生产人尿激酶，生产效率自然提高了不少。

通过基因重组来改造产酶的微生物，建立优良的生产酶的体系，被认为是最新一代的酶工程（第四代酶工程）。这是酶工程与基因工程的结合点。基因工程被称为生物工程的灵魂，在这里又一次展现了它的动人之处。除了酶的生产之外，近些年来，酶工程又出现了一个新的热门课题，那就是人工合成新酶，也就是人工酶。这是因为，人们发现光从微生物里提取酶仍不能满足日益增长的对酶的需求，需要另辟新路。人工酶是化学合成的具有与天然酶相似功能的催化物质。它可以是蛋白质，也可以是比较简单的大分子物质。合成人工酶的要求是很高的，它要求人们弄清楚：酶如何进行催化，关键是哪几个部位在起作用，这些关键部位有什么特点。最终，对人工酶还有另一层要求，那就是简单、经济。有人已经合成了一个由 34 个氨基酸组成的大分子，这个大分子具有跟核糖核酸酶一样的催化作用。然而，人们仍然嫌它太复杂，继续寻找更简单、更稳定、更小的人工酶，寻找在生产上比天然酶经济得多的人工酶。

尽管人工酶的效益尚不明显，然而从事人工酶研究的队伍却日益壮大。也许，在不久的将来，人工酶在酶工程的生产领域里将正式取得一席之地，而且地位不断上升，甚至压倒天然酶。

思 考 题

1. 固定化细胞常用的包埋剂有哪几种？各自的优缺点如何？
2. 固定化细胞与游离细胞相比有何优点？
3. 查找资料，举例说明固定化细胞在工业上的应用。

模块八　发酵产物的提取与精制

单元一　发酵醪的预处理和过滤

发酵产物大致可以分为菌体、酶和代谢产物三大类，都存在于发酵基质中。要获得纯净的发酵产物，必须经过提取和精制的过程。提取和精制是指从发酵醪中分离、纯化发酵产物的过程，这一过程复杂而必不可少，无论是在设备投资费用还是生产费用中，其所占总额的比例往往超过50%。提取与精制技术直接影响到发酵产物的质量和得率，从而影响到生产的经济效益，因此发展高效提取与精制技术，已成为发酵过程领域的一个重要研究方向。

发酵产物的提取与精制包括目标产物的提取、浓缩、纯化及产品化等过程，一般的工艺流程如图8-1所示。

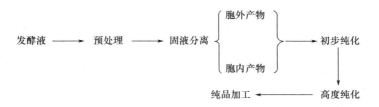

图8-1　发酵产物提取与精制的一般工艺过程

一、发酵醪的产物分类与特征

1. 发酵醪产物的分类

发酵成熟醪中常含有各种各样的杂质，而需要的发酵产物则含量很少。因此，要获得纯净的发酵产物，它的提取与精制过程便成为一个复杂而必不可少的工艺过程。提取和精制的目的在于从发酵液中制取高纯度的、符合质量标准的发酵产品。

尽管由于菌种、发酵醪的特征及发酵工艺的不同，发酵产物多种多样，但从工业发酵范畴来看，从发酵醪中获得的发酵产物大致可分为以下三类。

（1）菌体　主要以菌体细胞作为发酵产品，如单细胞蛋白、面包酵母、饲料酵母等。此外就是从菌体细胞中提取有用的发酵产物，如由酵母细胞提取的辅酶A、核糖核酸等产品。有的抗生素主要存在于菌丝体中，如灰黄霉素产生菌在发酵过程中所产生的灰黄霉素主要在菌丝体中，因此，也要从菌丝体中进行提取。

（2）酶　发酵产物为酶制剂，包括胞外酶和胞内酶。如 α - 淀粉酶、β - 淀粉酶、异淀粉酶、葡萄糖异构酶、葡萄糖氧化酶、右旋糖苷酶、蛋白酶、纤维素酶、果胶酶、转化酶、蜜二糖酶、柚苷酶、花青素酶、脂肪酶、凝乳酶、氨基酰化酶、天冬氨酸酶、青霉素酰胺酶、磷酸二酰酶、天冬酰胺酶等，均在食品和医药工业上发挥作用。

（3）代谢产物　发酵产物为代谢产物，包括各种有机酸、有机溶剂、氨基酸、核苷酸类物质、抗生素、多糖、维生素及甾体激素等。

有机酸发酵产物包括醋酸、乳酸、柠檬酸、葡萄糖酸、衣康酸及延胡索酸等。

氨基酸发酵产物包括谷氨酸、赖氨酸、色氨酸等。由于对菌种的变异和氨基酸代谢机制的研究日益深入，所以其他氨基酸，除甲硫氨酸、胱氨酸、半胱氨酸外，18 种氨基酸均可用直接发酵法制造。

有机溶剂发酵产物包括酒精、丙酮、丁醇等。

核苷酸物质发酵产物包括肌苷、肌苷酸以及鸟苷酸等 5' - 肌苷酸和 5' - 鸟苷酸，均为呈味核苷酸，核苷酸的衍生物包括辅酶 A、ATP、辅酶 I 等，均为重要的医药品。

抗生素发酵产物包括青霉素、链霉素、四环素、土霉素、金霉素、庆大霉素、新霉素、红霉素及利福霉素等。

多糖是医药和工业上的重要黏性物质来源之一，右旋糖苷经过部分水解后供代血浆用。

维生素发酵产物有核黄素、维生素 C 和维生素 B_{12}。

甾体氧化的产物为甾体激素，是重要的医药品。如醋酸可的松、氧化可的松、醋酸泼尼松、泼尼松龙等促皮质激素及肾上腺皮质激素制剂，黄体酮、甲羟孕酮（安宫黄体酮）等性激素，炔诺酮等避孕药。

2. 发酵醪的特征

利用微生物发酵生产各种发酵产品，由于菌种不同和发酵醪特性的不同，其预处理方法和提取、精制方法的选择也有差异。针对发酵醪的特性来合理选择处理方法，大多数发酵产物存在于发酵醪中，也有少数发酵产物存在于菌体中，或发酵醪和菌体中都含有，如四环素类抗生素。各种发酵产物无论在发酵醪或是菌体内往往浓度很低，并与种种的溶解和悬浮的杂质混在一起，要分离提纯发酵产物，首先针对发酵醪的特性进行预处理。

发酵醪的特性一般可以归纳如下。

（1）发酵醪大部分是水，一般含量达 90% ~99% 。

（2）发酵醪中发酵产物浓度较低，尽管由于菌种、原料、工艺条件不同，发酵产物于发酵醪中浓度的高低也有差异，但总的来说发酵醪中发酵产物浓度都是比较低的，见表 8 - 1。从表 8 - 1 可见，除了酒精、柠檬酸等发酵产物浓度在 10% 以上外，其余的都在 10% 以下，而抗生素的浓度更低，一般在 1% 以下。

表 8 - 1　　　　　　　　各种发酵醪中的发酵产物浓度

发酵产物原料	糖质原料发酵产物浓度/%	石油原料发酵产物浓度/%
酒精	6 ~ 12	8 ~ 14
谷氨酸	5 ~ 10	8.0（$C_{12 \sim 15}$）
赖氨酸	2.5 ~ 4	3.4（$C_{12 \sim 16}$）
苏氨酸	2.0	1.5（$C_{12 \sim 14}$）
脯氨酸	2.0	1.8（醋酸）
鸟氨酸	2.6	3.0（醋酸）
精氨酸	2.6	2.6（醋酸）
缬氨酸	1.5	2.0（醋酸）
柠檬酸	13 ~ 15（淀粉）	14.4 ~ 18.3（正烷烃）
α - 酮戊二酸	6 ~ 8	8.0
抗生素	0.1 ~ 2.5	—

（3）发酵醪中的悬浮固体物主要含有菌体和蛋白质胶状物。由于发酵醪中存在一定数量的菌体和蛋白质胶体物质，不仅使发酵醪黏度增加，不利于过滤，而且增加了提取和精制后工序的操作困难，在浓缩过程中变得更黏稠，同时容易产生泡沫。采用溶媒萃取法提炼时，蛋白质的存在会发生乳化，使溶媒相和水相分层困难；采用离子交换法提炼时，蛋白质的存在也会增加树脂的吸附量，加重树脂的负担。

（4）培养基残留成分中含有无机盐类、非蛋白质大分子杂质及其降解产物，对提取和精制均有一定的影响。

（5）发酵过程中除了主代谢产物外，尚伴有一些其他的副代谢产物。这些少量的副代谢产物，有时其结构特性与发酵主产物极为近似，这就会给分离提纯操作带来困难。

（6）发酵醪中含有色素、热原质、毒性物质等有机杂质。尽管它们的确切组成还不十分明了，但它们对提炼的影响相当大，为了保证发酵产品的质量和卫生标准，应通过预处理将色素、热原质、毒性物质等有机杂质先除去。

二、发酵醪预处理的方法

动物、植物或微生物细胞在合适的培养液及一定的培养条件下进行生长、繁殖，并积累生物活性物质，其培养液的预处理主要是去除两大类杂质，一类是可溶性黏胶状物质，包括核酸、杂蛋白质、不溶性多糖等，这些杂质不仅使培养液黏度提高，影响液固分离的速度，而且还会影响后面的提取操作。另一类是某些无机盐，它们不仅影响成品质量（灰分增高），而且在采用离子交换法提取时，由于树脂大量吸附无机离子而减少对抗生素的交换。因此，应将这些无机离子，特别是高价金属离子如 Fe^{3+}、Ca^{2+}、Mg^{2+} 等除去。

1. 菌丝体及蛋白质的处理

（1）等电点沉淀　蛋白质是一种两性物质，在酸性溶液中带正电荷、碱性溶液中带负电荷，而在某一 pH 下，净电荷为零，称为等电点，此时它在水中溶解度最小，能沉淀除去。一般羧基的电离度大于氨基，所以蛋白质的酸性强于碱性，因而很多蛋白质的等电点都在酸性范围内（pH4.0～5.5）。

为了凝固蛋白质，一般采用加酸调 pH，常用的酸化剂有 H_2SO_4、HCl、H_3PO_4、CH_3COOH 等。如采用溶剂法提取碱性抗生素时，为了保证产物的稳定性，就不能加酸，而要用碱化剂或用其他凝聚剂。有些蛋白质在等电点时仍有一定的溶解度，单靠等电点的方法还不能将其完全沉淀除去，通常可结合其他方法。

（2）变性沉淀　蛋白质从有规则的排列变成不规则结构的过程称为变性，变性蛋白质在水中溶解度较小而产生沉淀。最常用的方法是加热，加热可加速分子运动，使其碰撞、凝聚，破坏胶体平衡，还能使液体黏度降低，加快过滤速度。例如，在链霉素生产中，采取 pH3.0～3.5 情况下，加热到 70～75℃，维持 30min 以凝固蛋白质，过滤速度可提高 3 倍，黏度降低到原来的 1/6。加热变性的方法只适合于对热稳定的物质，因此加热温度和时间必须严加选择。使蛋白质变性的其他方法还有：大幅度改变 pH，或加入有机溶剂（丙酮、乙醇等）及表面活性剂等。

（3）加各种沉淀剂沉淀　某些化学剂能与蛋白质结合形成复合物沉淀。在酸性溶液中，蛋白质能与一些阴性离子成盐，如与三氯乙酸盐、水杨酸盐、钨酸盐、苦味酸盐、鞣酸盐、过氯酸盐等试剂反应形成沉淀。在碱性溶液中，能与一些阳离子如 Ag^+、Cu^{2+}、Zn^{2+}、Fe^{3+} 和 Pb^{2+} 等形成沉淀。

（4）加入无机絮凝剂　某些无机盐可使细胞、细胞碎片及蛋白质等胶体颗粒发生凝聚作用而被去除。凝聚作用是指在某些电解质作用下，使胶体粒子的扩散双电层的排斥电位降低，破坏了胶体系统的分散状态，而使胶体粒子聚集的过程。

影响聚集作用的主要因素是无机盐的种类、化合价以及无机盐的用量等。阳离子对带负电荷胶粒的凝聚能力的次序为 $Al^{3+} > Fe^{3+} > H^+ > Ca^{2+} > Mg^{2+} > K^+ > Na^+ > Li^+$，常用的凝聚剂有 $Al_2(SO_4)_3 \cdot 18H_2O$、$AlCl_3 \cdot 6H_2O$、$FeCl_3$、$ZnSO_4$、$MgCO_3$ 等。

（5）加入有机絮凝剂　絮凝剂是天然的或人工合成的有机高分子化合物，

如壳聚糖、海藻酸钠、明胶及聚丙烯酰胺类衍生物、聚苯乙烯类衍生物和聚丙烯酸类等。絮凝剂具有长链线状的结构，易溶于水，其分子质量可高达数万至一千万以上，在长的链节上含有相当多的活性功能团，根据所带电性不同，可以分为阴离子型、阳离子型和非离子型三类。在发酵液中加入絮凝剂可产生絮凝作用，其功能团能强烈地吸附在胶粒的表面上，而且一个高分子聚合物的许多链节分别吸附在不同颗粒的表面上，因而产生架桥连接，形成粗大的絮凝团，有助于过滤。

对于带负电性的菌体或蛋白质，加入阳离子型絮凝剂，具有降低粒子排斥电位和产生吸附架桥作用的双重机制，而非离子型和阴离子型絮凝剂主要通过分子间引力和氢键等作用产生吸附架桥。絮凝剂常与无机电解质凝聚剂搭配使用，加入无机电解质使悬浮粒子间的排斥能降低，脱稳而凝聚成微粒，然后加入絮凝剂，两者相辅相成，提高了絮凝效果。

（6）吸附　利用吸附作用常能有效地除去杂蛋白质。在发酵液中，加入一些反应剂，它们相互反应生成的沉淀物对蛋白质具有吸附作用而使其凝固。例如，四环素发酵液中加入黄血盐和硫酸锌，生成亚铁氰化锌钾 $K_2Zn_3[Fe(CN)_6]_2$ 的胶状沉淀，能将杂蛋白质和菌体等粘附在其中而除去。又如，在枯草杆菌的碱性蛋白酶发酵液中，常利用氯化钙和磷酸盐的反应生成磷酸钙盐沉淀物，该沉淀物不仅能吸附杂蛋白和菌体等胶状悬浮物，还能起助滤剂作用，大大加快了过滤速度。四环素发酵液中加入黄血盐和硫酸锌的反应：

$$2K_4Fe(CN)_6 + 3ZnSO_4 \longrightarrow K_2Zn_3[Fe(CN)_6]_2 \downarrow + 3K_2SO_4$$

（7）酶解法去除不溶性多糖　当发酵液含有较多不溶性多糖时，黏度增大，液固分离困难，可用酶将它转化为单糖以提高过滤速度，例如，在蛋白酶发酵液中加入 α-淀粉酶，将培养基中多余的淀粉水解成单糖，就能降低发酵液黏度，提高滤速；又如，在去甲万古霉素发酵液中加入 0.025% 淀粉酶，搅拌 30min 后，再加 25g/L 助滤剂过滤。

2. 高价金属离子的去除

对提取和成品质量影响较大的无机杂质主要是 Ca^{2+}、Mg^{2+}、Fe^{3+} 等高价金属离子，预处理时应将它们除去。

（1）离子交换法　滤液通过阳离子交换树脂，可除去某些离子。例如，将土霉素、四环素的发酵滤液通过 122#树脂，除去了部分 Fe^{3+}，同时也吸附了色素，提高了滤液质量。头孢菌素 C 发酵滤液通过 S×14 阳离子 H 型树脂，除去了部分阳离子，同时释放出 H^+，从而破坏了分解滤液中头孢菌素 N，便于后提取。

（2）沉淀法　利用这些金属能形成某些不溶性的盐类，从发酵液中沉淀出来，最后被过滤除去。

去除 Ca^{2+}，常加入草酸钠或草酸，反应后生产的草酸钙在水中溶度积小

$(1.8 \times 10^{-9}$，$18℃)$，因此能将 Ca^{2+} 较完全地去除，生成的草酸钙沉淀还能促使杂蛋白质凝固，提高滤速和滤液质量。

Mg^{2+} 的除去也可用草酸，但草酸镁溶度积较大（1.8×10^{-5}，$18℃$），故沉淀不完全，还可采用磷酸盐，在碱性条件下，生成磷酸镁盐沉淀而除去，但需要注意，碱性会影响某些抗生素的稳定性。此外，还可以用三聚磷酸钠，生成一种可溶性络合物而消除 Mg^{2+} 的影响：

$$Na_5P_3O_{10} + Mg^{2+} \longrightarrow MgNa_3P_3O_{10} + 2Na^+$$

三聚磷酸钠也能与钙、铁离子形成络合物。采用三聚磷酸钠的主要缺点是容易造成河水污染，大量使用时应注意"三废"处理。

除去 Fe^{3+}，效果最好的是加入黄血盐，形成普鲁士蓝沉淀：

$$4Fe^{3+} + 3K_4Fe(CN)_6 \longrightarrow Fe_4[Fe(CN)_6]_3 \downarrow + 12K^+$$

三、菌体的分离

微生物在合适的培养基、pH、温度和通气搅拌（或厌气）等发酵条件下进行生长和合成生物活性物质，其发酵醪中包含了菌体、代谢产物以及剩余的培养基等。如果目的产物是胞内物质或菌体本身，通常需要从发酵醪中将菌体分离出来。有时即使目的产物是胞外物质，也需要对发酵醪进行预处理并回收菌体。在工业生产中，菌体分离的常用方法有离心分离、过滤和膜分离等。

1. 离心

（1）原理　在离心力场的推动下，固体颗粒会发生类似在重力场下的沉降过程。如果沉降颗粒到旋转中心的距离为 r，旋转角速度为 ω，离心转速为 N，则单位质量物体受到离心力为：

$$F_C = r\omega = 4\pi^2 N^2 r$$

离心设备的实际离心半径越大、转速越高，则离心力越大。在应用中一般用重力加速度 g 的倍数来表示离心设备的性能。与重力沉降相比，离心只是由重力推动力变成了由离心力为推动力，因此对比重力沉降过程可以得到离心的沉降速度 V_s 为：

$$V_s = \frac{d_p^2(\rho_s - \rho_L)}{18\mu L}r\omega^2 = \frac{2\pi^2 d_p^2(\rho_s - \rho_L)N^2 r}{9\mu L}$$

通过交替使用低速和高速离心，可以使不同质量的物质在不同强度的离心力作用下分级沉降，这种离心分离方法称为差速离心法，此法适用于混合样品中各沉降速率差别较大组分的分离。此外，用密度梯度离心法可以观测高分子物的层状沉降，这种方法常在生化分离过程中应用，也被称为区带离心法。

（2）离心设备　目前，离心设备很多，碟片式离心机就是其中一种，又称为分离板式离心机，是发酵工业中应用最为广泛的一种离心机。如图 8－2 所示，它有一个密封的转鼓，内设有数十至上百个锥形顶角为 60°～120°的圆锥形碟片，以增大沉降面积和缩短分离时间。碟片间距离一般为 0.5～2.5mm，当碟片间的悬浮液随着碟片高速运转时，固体颗粒在离心力的作用下沉降于碟片的内腹面，并连续向鼓壁沉降，澄清液则被迫反方向移动至转鼓中心的进液管周围，并连续被排出。

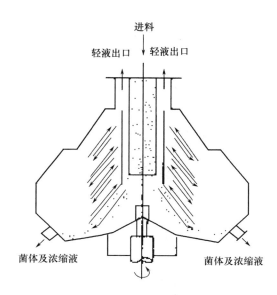

图 8 - 2　碟片式离心机工作原理

碟片式离心机分离因素可达 3000～20000，分离效果较好，适用于细菌、酵母、放线菌等多种微生物细胞悬浮液及细胞碎片悬浮液的分离。它的生产能力较大，最大处理量达 300m³/h，一般用于大规模的分离过程。根据卸渣方式不同，可分为人工排渣的碟片式离心机、喷嘴排渣碟片式离心机和自动排渣碟片式离心机。人工排渣的碟片式离心机是一种间歇式离心机，运转一定时间后，分离液澄清度下降到不符合要求时，应停机排渣后再运行。喷嘴排渣碟片式离心机的转鼓壁上面开设若干个喷嘴，运行过程中，喷嘴始终是开启的，连续排出的残渣中含水较多而成浆状。自动排渣碟片式离心机利用底部活门的启闭排渣孔进行断续自动排渣，位于转鼓底部的环板状活门在液压的作用下可上下移动，当环板状活门向下移动时，开启排渣口开始排渣；当环板状活门向上移动时，排渣口关闭，停止排渣。

2. 过滤

（1）过滤原理　过滤时利用多孔介质对固形颗粒的筛分截留作用来实现固液分离。按照原料液的流动情况，可以将过滤分为常规过滤和错流过滤，其中常规过滤由于形成明显滤饼层，并且料液流动方向与滤饼方向垂直，因此也被称为死端过滤。如图 8 - 3 所示，过滤操作时以压力差为推动力，过滤操作中固形物被过滤介质所截留，并在介质表面形成滤饼，滤液透过滤饼的微孔和过滤介质。过滤的阻力主要是过滤介质和介质表面不断堆积的滤饼两个方面，其中滤饼的阻力占主导作用，在滤饼和过滤介质的筛分作用下，常规过滤能够截留 $10 \sim 100 \mu m$ 的固形颗粒。

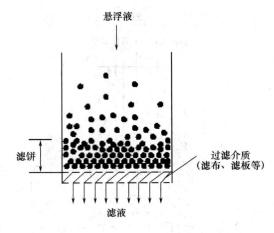

图 8 - 3 过滤示意图

（2）过滤设备 在生物分离操作中应用最广并有实际意义的过滤设备主要有加压压滤机（如板框压滤机）和真空过滤机（如旋转真空过滤机），该类设备能够获得固态或半固态的滤饼，并能通过洗涤环节进一步降低滤饼所持有的原溶液。但由于是死端过滤，因此在处理固形颗粒细小、滤饼比阻较大且固含量较高的料液时，效率很低。这时往往需要通过预涂或添加助滤剂的方法来改善滤饼的结构特性，提高过滤速度。

如图 8 - 4 所示，板框压滤机由板、框和压紧装置及支架等部分组成，具有结构简单、造价较低、动力消耗少、适应不同特性料液能力强等优点，同时也具有设备笨重、占地面积大、非生产的辅助时间长（包括解框、卸饼、洗滤布、重新压紧板框）等缺点。目前，板框过滤机经过改进而发展成为自动板框压滤机，其板框的拆装、滤渣的卸除和滤布的清洗等操作都能自动进行，大大缩短了非生产的辅助时间，并减轻了劳动强度。

如图 8 - 5 所示，转鼓真空过滤机有一个绕水平轴转动的转鼓，鼓外是大气压而鼓内是真空。转鼓的下部浸没在悬浮液中，并以很低的转速转动。鼓内的真空可使液体通过滤布进入转鼓，滤液经中间的管路和分配阀流出，固体则黏附在滤布表面形成滤饼，当滤饼转出液面后，再经洗涤、脱水和卸料，从转鼓上脱落下来。转鼓真空过滤机的整个工作周期是在转鼓转一周完成的，转鼓转一周，则过滤面可以分为过滤、洗涤、吸干和卸渣四个区。因为转鼓的不断旋

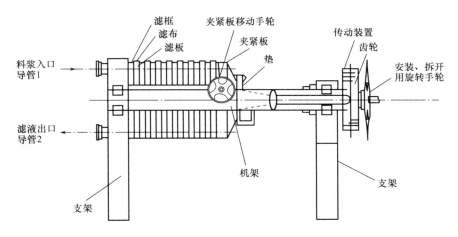

图 8 - 4　板框压滤机

转，每个滤室相继通过各区，即构成了连续操作的一个工作循环，分配阀控制着连续操作的各工序。转鼓真空过滤机能连续工作，并能实现自动控制，但是压差较小，主要适用于霉菌发酵液的过滤。对于菌体较细或黏稠的发酵液，则需在转鼓面上预设一层极薄的助滤剂。操作时，用一把缓慢向转鼓面移动的刮刀将滤饼和助滤剂一起刮去，使过滤面积不断更新，以维持正常的过滤速度。

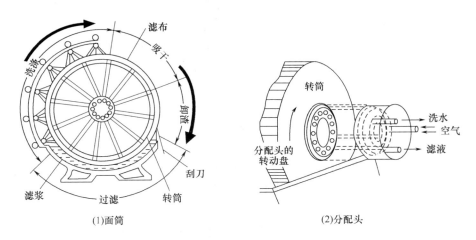

(1)面筒　　　　　　　　　　　　　　　　(2)分配头

图 8 - 5　外滤面多室转鼓真空过滤机

四、不过滤提取

发酵醪过滤是目前发酵工业生产中的薄弱环节。特别是具有活性的发酵产品，其发酵醪液过滤时由于机械损失及破坏等原因，有时活性损失可达 10% ~ 20%。

用离子交换法提取发酵产物是目前发酵工业广泛采用的不过滤提取的主要方法。不过滤提取有很多明显的优点：工艺简单、占地省、劳动强度低、卫生条件好，因此很有发展前景，但如菌体要回收综合利用或作为畜用饲料，则不过滤提取方法不能采用。

单元二　沉淀法提取

一、盐　析　法

盐析是利用不同物质在高浓度的盐溶液中溶解度的差异，向溶液中加入一定量的中性盐，使原溶解的物质沉淀析出的分离技术。

1. 盐析原理

许多生物产品的分子表面具有很多亲水基团和疏水基团，这些基团按是否带电荷又可分为极性基团和非极性基团。在溶液中，各种分子、离子之间的相互作用决定了生物分子的溶解度。

产生盐析的一个原因是溶液中加入高浓度的中性盐后，盐离子与生物分子表面的带相反电荷的离子基团结合，中和了生物分子表面的电荷，降低了生物分子与水分子之间的相互作用。生物分子表面水化膜逐渐被破坏，当盐浓度达到一定的限度时，生物分子之间的排斥力很小，此时生物分子很容易相互聚集，在溶液中的溶解度降得很低，从而形成沉淀从溶液中析出。

产生盐析的另外一个原因是大量盐离子自身的水和作用降低了自由水的浓度，使生物分子脱去了水化膜，暴露出疏水区域，由于疏水区域的相互作用，使其沉淀析出。

不同生物大分子物质达"全部盐析"所用盐的浓度有所不同，这为采用盐析技术分离纯化生物活性成分提供了可能性。

2. 盐析用盐的选择

产生盐析的盐种类很多，每种盐产生盐析效应的强弱不同，如蛋白质等生物大分子在水中的溶解度不仅与中性盐离子的浓度有关，还与离子所带电荷数有关。在相同的离子强度下，离子的种类对生物大分子物质的溶解度有一定的影响。不同盐类对同一生物大分子物质的盐析作用的顺序：磷酸钾 > 硝酸钠 > 硫酸铵 > 柠檬酸钠 > 硫酸镁。

选用盐析用盐要考虑以下几个主要问题。

（1）盐析作用要强，一般来说，多价阴离子的盐析作用强，但有的多价阳离子反而使盐析作用降低。

（2）盐析用盐须有足够大的溶解度，且溶解度受温度影响应尽可能小。这样便于获得高浓度盐溶液，有利于操作，尤其是在较低温度下的操作，不致造成盐结晶析出，影响盐析效果。

（3）盐析用盐在生物学上是惰性的，不致影响蛋白质等生物分子的活性。最好不引入给分离或测定带来麻烦的杂质。

（4）来源丰富、经济。一般认为半径小的高价离子在盐析时效应强，半径大的低价离子效应则弱。下面列出两类离子盐析效果强弱的经验规律，可供盐析用盐选择时参考。

阴离子：柠檬酸根 > 酒石酸根 > SO_4^{2-} > F^- > IO_3^- > $H_2PO_4^-$ > CH_3COO^- > Cl^- > ClO_3^- > Br^- > NO_3^- > ClO_4^- > I^- > CNS^-。

阳离子：Ti^{3+} > Al^{3+} > H^+ > Ba^{2+} > Sr^{2+} > Ca^{2+} > Mg^{2+} > Cs^+ > Rb^+ > NH_4^+ > K^+ > Na^+ > Li^+。

盐析中常用的中性盐有硫酸铵、硫酸钠、氯化钠、磷酸钠、磷酸钾等，其中，硫酸铵无论是在实验室还是在生产中都是最常用的，在大生产时基本上是唯一可选择的，这是因为硫酸铵：①盐析效应强；②溶解度大（在25℃时，1L水中能溶解767g硫酸铵固体，相当于4mol/L的浓度），温度影响小且溶解于水时不产生热量；③沉淀后的硫酸铵能重新溶解，并可用透析、超滤、层析等方法除去；④高浓度硫酸铵有抑菌作用；⑤廉价、易得、废液可肥田。但硫酸铵在碱性环境中不能应用（pH > 8.0中会释放氨），并有一定的腐蚀性，应用时应充分考虑。

硫酸钠具有不含氮的优点，但溶解度较低，尤其在低温下，如在0℃时溶解度为138g/L，30℃时上升为326g/L，增加幅度为137%。磷酸盐、柠檬酸盐有缓冲能力强的优点，但溶解度低，易与某些金属离子生成沉淀，故硫酸钠、磷酸盐、柠檬酸盐应用远不如硫酸铵广泛。

3. 影响盐析的因素

（1）盐离子浓度 离子强度对蛋白质等溶质的溶解度起着决定性的作用。在低盐浓度时，盐离子能增加生物分子表面电荷，使生物分子水合作用增强，具有促进溶解的作用（称盐溶现象）。但当盐浓度达一定值后，随盐浓度的升高，生物分子溶解度不断降低，便会产生盐析作用。

（2）溶质的性质 不同的溶质（生物大分子物质），其分子表面亲水基团与疏水基团不相同，因此不同溶质（生物大分子）产生盐析现象所需中性盐的浓度（离子强度）也不同。例如，血浆中的蛋白质，纤维蛋白原最易析出，硫酸铵的饱和度达到20%即可；饱和度增加到28% ~ 33%时，优球蛋白析出，饱和度再增加至33% ~ 50%时，拟球蛋白析出；饱和度大于50%时，白蛋白析出。

硫酸铵的饱和度是指饱和硫酸铵溶液的体积占混合后溶液总体积的百分数。通常盐析所用中性盐的浓度不以百分浓度或摩尔浓度表示，而多用相对饱和度来表示，也就是把饱和时的浓度看作是1或100%，如1L水在25℃时溶入了767g硫酸铵固体就是100%饱和，溶入383.5g硫酸铵称为半饱和（50%或0.5

饱和度）。例如，一体积的含蛋白溶液加一体积饱和硫酸铵溶液时，饱和度为 50% 或 0.50，三体积的含蛋白溶液加一体积饱和硫酸铵溶液时，饱和度为 25% 或 0.25。

（3）溶质的浓度　溶液中某种生物成分析出的盐浓度一定时，溶液中该溶质的浓度高，其他成分就会部分随着沉析的成分一起析出，即所谓的共沉淀现象。当对高浓度的溶质（蛋白质混合液）实施盐析时，用盐量减少，共沉作用强，但分辨率低，杂质蛋白被同时沉淀下来（共沉作用）的可能性增大，数量也增加，大量的目的蛋白也会通过分子间的相互作用吸附一定数量的其他种蛋白质，从而降低分辨率，影响分离效果。相反，蛋白质浓度较低时，共沉作用小，分辨率较高，但用盐量大，蛋白质的回收率较低。所以在盐析时要得到理想的沉析效果，必须将生物分子的浓度控制在一定的范围内，一般将蛋白质的浓度控制在 2% ~ 3% 为宜。

（4）pH　如果调整溶液的 pH，在某一个临界的 pH 处出现生物分子对外表现净电荷为零的情况，此时生物分子间的排斥力很小，生物分子很容易聚集后析出，也就是说此时溶解度最低。这种情况下的 pH 称为该生物分子的等电点（pI）。对特定的生物分子，有盐离子存在时的等电点与在纯粹水溶液中的等电点会有一定的偏差。在盐析时，如果要沉析某一成分，应将溶液的 pH 调整到该成分的等电点；如果希望某一成分保留在溶液中不析出，则应使溶液的 pH 偏离该成分的等电点。

（5）温度　大多数情况下，在纯粹的水溶液或低离子强度的溶液中，在一定的温度范围内，物质的溶解度会随温度的升高而增加。但对于大多数蛋白质、肽而言，在高盐浓度下，它们的溶解度反而会随温度的升高而降低。只有少数蛋白质例外，如胃蛋白酶、大豆球蛋白，它们在高盐浓度下的溶解度随温度的上升反而增加。而卵球蛋白的溶解度几乎不受温度的影响。在蛋白质的分级沉析时，温度变化引起各种蛋白质溶解度的变化是不相同的，所以在不同温度下，逐渐增加盐浓度所引起的各种蛋白质分级沉析顺序，也是有变化的。在实际操作中应十分注意。盐析一般可在室温下进行，当处理对温度敏感的蛋白质或酶时，盐析操作要在低温下（0 ~ 4℃）进行。

4. 盐析的操作

以常用的中性硫酸铵为例介绍盐析的操作方法。

（1）盐的处理　硫酸铵使用时要求纯度较高，生产时为降低成本，一般选用化学纯的硫酸铵，在使用前应进行预处理，可通过化学法将重金属除去（如通入 H_2S 后过滤），再将硫酸铵重结晶再用。

（2）直接加入固体硫酸铵　操作时，先将固体硫酸铵在低温下研成细小的颗粒，边搅拌边缓慢向溶液中加入，避免出现局部浓度过高而影响盐析效果以及导致生物活性成分的改变。加入固体硫酸铵的量可查表 8 - 2。

表 8－2　　　　　　　　　　　硫酸铵溶液饱和度计算表

硫酸铵起始浓度/%饱和度	硫酸铵终浓度/%																
	10	20	25	30	33	35	40	45	50	55	60	65	70	75	80	90	100
	每升溶液加入固体硫酸铵质量/g																
0	56	114	114	176	196	209	243	277	313	351	390	430	472	516	561	662	767
10		57	86	118	137	150	183	216	251	288	326	365	406	449	494	592	694
20			29	59	78	91	123	155	189	225	262	300	340	382	424	520	619
25				30	49	61	93	125	158	193	230	267	307	348	390	485	583
30					19	30	62	94	127	162	198	235	273	314	356	449	546
33						12	43	74	107	142	177	214	252	292	338	426	522
35							31	63	94	129	164	200	238	278	319	441	506
40								31	63	97	132	168	205	245	285	375	469
45									32	65	99	134	171	210	250	339	431
50										33	66	101	137	176	214	302	392
55											33	67	103	141	179	264	353
60												34	69	105	143	227	314
65													34	70	107	190	275
70														35	72	153	237
75															36	115	198
80																77	157
90																	79

注：本表为室温（25℃）下数据，该温度下饱和硫酸铵的浓度为 4.1mol/L，即将 761g 硫酸铵溶于 1L 水中。同时鉴于 4～25℃ 数据没有明显变化，所以表中数据也可用于 4℃。

（3）盐析操注意事项

①盐析反应完全需要一定的时间，一般硫酸铵全部加完后，应放置 30min 以上才可进行固－液分离，过早的分离将影响收率。

②经过一次分级得到的盐析沉淀，能否进行第二次盐析要靠试验确定。

③盐析操作时加入盐的纯度、加量、加入方法、搅拌的速度、温度及 pH 等参数应严格控制。

④盐析时生物分子浓度要合适，应充分考虑共沉淀及稀释后收率、盐量和固－液分离等问题。一般低浓度硫酸铵可采用离心分离，高浓度硫酸铵常用过滤方法，因为高浓度硫酸铵密度太大，要使蛋白质完全沉淀下来需要较高的离心速率和较长的离心时间。

⑤盐析过程中，搅拌必须是有规则的和温和的。搅拌太快将引起蛋白质变

性，其变性特征是起泡。

⑥盐析后溶液应进行脱盐，常用的方法有透析、凝胶过滤及超滤等。

⑦为了平衡硫酸铵时产生的轻微酸化作用，沉淀反应至少应在 50mmol/L 缓冲溶液中进行。

5. 盐析法的应用——α–淀粉酶的盐析法提取

采用枯草芽孢杆菌 BF–7658 液体深层培养的 α–淀粉酶已广泛应用于食品制造、制药、纺织等方面。α–淀粉酶是胞外酶，其最适作用温度为 65℃左右，在淀粉浆中保温 15min 后酶活力仍保留 87％，其工业提取的主要方法是盐析法，其提取工艺流程如图 8–6 所示。

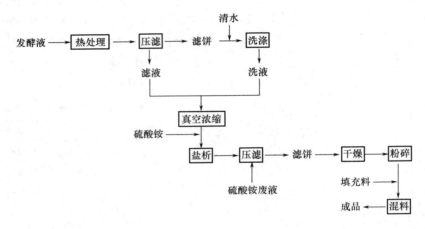

图 8–6　枯草杆菌 BF–7658 α–淀粉酶的盐析法提取工艺流程

二、等 电 点 法

1. 等电点沉析原理

调节两性电解质溶液的 pH，以达到某一物质的等电点，使其溶解度下降，从溶液中沉淀析出而实现分离的技术称为等电点技术。等电点（pI）是两性电解质在其质点的净电荷为零时介质的 pH，溶质净电荷为零，分子间排斥电位降低，吸引力增大，能相互聚集起来，沉淀析出。

利用两性电解质在等电点时溶解度最低而易析出沉淀以及不同的两性电解质具有不同的等电点这一特性（表 8–3），便可对酶、蛋白质、氨基酸等两性电解质进行分离纯化。

表 8–3　　　　　　　　　　几种蛋白质的等电点

蛋白质	等电点（pI）	蛋白质	等电点（pI）
鲑精蛋白	12.1	鲱精蛋白	12.1

续表

蛋白质	等电点（p*I*）	蛋白质	等电点（p*I*）
鲟精蛋白	11.71	胸腺组蛋白	10.8
珠蛋白（人）	7.5	卵白蛋白	4.71
肌清蛋白	3.5	肌浆蛋白	6.3
肌球蛋白 A	5.1	原肌球蛋白	5.9
催乳激素	5.35	血纤蛋白原	4.8
α - 眼晶体蛋白	6.0	花生球蛋白	3.9
血红蛋白（马）	4.6 - 6.4	血蓝蛋白	5.6
蚯蚓血红蛋白	4.3 - 4.5	血绿蛋白	4.6 - 6.2
无脊椎血红蛋白	9.8 - 10.1	细胞色素 C	4.47 - 4.57
促凝血酶原激酶	5.5	视紫质	5.2
$\alpha 1$ - 脂蛋白	5.4	β - 卵黄脂磷蛋白	3.75
芜菁黄花病毒	5.3	$\beta 1$ - 脂蛋白	5.9
牛痘病毒	6.85	胰凝乳蛋白酶	4.9
牛血清白蛋白	7.8	甲状腺球蛋白	4
核糖核酸酶（牛胰）	4.58	胰岛素	1.0

2. 等电点沉析的注意事项

采用等电点沉析法时，应注意以下几点。

（1）等电点的改变　若两性物质结合了较多的阳离子（如 Ca^{2+}、Mg^{2+}、Zn^{2+} 等），则等电点 pH 升高。如胰岛素在水中等电点为 5.3，在含一定浓度锌盐的水 - 丙酮溶液中等电点约为 6.0，如果改变锌盐的浓度，等电点也会改变。若两性物质结合较多的阴离子（Cl^-、SO_4^{2-}、HPO_4^{2-} 等），则等电点 pH 降低。

（2）目的物的稳定性　有些蛋白质或酶在等电点附近不稳定。如胰蛋白酶（p*I* = 10.1），在中性或偏碱的环境中由于自身或其他蛋白水解酶的作用而部分降解失活，因此在实际操作中应避免溶液 pH 上升至 5 以上。

（3）盐溶作用　生物大分子在等电点附近对盐溶液作用很明显，无论单独使用或与有机溶剂沉析合用，都必须控制溶液的离子强度。

（4）pH 的调节　在进行等电点 pH 调节时，如果采用盐酸、氢氧化钠等强酸或强碱，应注意由于溶液局部过酸或过碱所引起蛋白质或酶的变性作用。调节 pH 所用的酸、碱应同原溶液里的盐或即将加入的盐相适应。如溶液里含硫酸铵时，调节 pH 可用硫酸或氨水；如原溶液含的是氯化钠，调 pH 可用盐酸和氢氧化钠。总之，尽量以原液不增加新物质为原则。

3. 等电点法的应用——谷氨酸的生产

谷氨酸发酵液可不经除菌或经过除菌、不经浓缩或经过浓缩，均可采用等电点法进行提取谷氨酸。按操作方式划分，有分批等电点提取工艺和连续等电点提取工艺；按提取温度划分有常温等电点提取工艺和低温等电点提取工艺。图 8-7 所示为低温等电点分批提取谷氨酸的工艺流程，其操作步骤是：①用盐酸或硫酸调节发酵液 pH，采用晶种起晶法，按目前国内发酵产酸水平，其起晶点为 pH4.0~4.5，此时投入 0.1%~0.3% 的 α-型晶种，搅拌育晶 2h；②继续缓慢加酸调节 pH 至谷氨酸的等电点，同时缓慢降低温度，降至终点温度需继续搅拌育晶几个小时，终点温度越低越有利于降低母液中的谷氨酸含量，低温等电点工艺一般控制终点温度为 4℃ 左右；③终点育晶后，停搅拌静置沉降几个小时，放出上清液，然后用离心机分离沉淀混合液，可得到湿谷氨酸晶体；也可以不经静置沉降，而直接用离心机分离获得湿谷氨酸晶体。

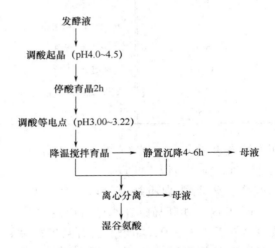

图 8-7　低温等电点分批提取谷氨酸的工艺流程

三、有机溶剂提取

1. 有机溶剂沉淀的原理

向含有生物大分子物质的水溶液中加入一定量的亲水性的有机溶剂，使生化物质沉淀析出的分离技术称为有机溶剂沉淀。不同的蛋白质等生物大分子物质沉淀时所需的有机溶剂的浓度不同，因此调节有机溶剂的浓度，可以使混合蛋白质溶液中的蛋白质分段析出，达到分离纯化的目的。有机溶剂沉淀法不仅适用于蛋白质的分离纯化，还常用于酶、核酸、多糖等物质的分离纯化。

有机溶剂沉淀的机制主要有两方面：①亲水性有机溶剂加入溶液后降低了介质的介电常数，使溶质分子之间的静电引力增加，聚集形成沉淀。根据库伦公式：两带电质点的静电作用力的质点质量不变，质点间距离不变的情况下与介质的介电常数成反比。②水溶性有机溶剂本身的水合作用降低了自由水的浓度，压缩了亲水溶质分子表面原有水化层的厚度，降低了它的亲水性，导致脱水凝集。以上两个因素相比较，脱水作用可能较静电作用占更主要地位。

与盐析法相比，有机溶剂沉析法的优点是：分辨率高于盐析；乙醇等有机溶剂沸点低，容易挥发除去，不会残留于成品中，产品更纯净；沉淀物与母液间的密度差较大，分离容易。

有机溶剂沉淀法也有一些缺点，主要是容易使蛋白质等生物大分子变性，沉淀操作需在低温下进行；需要耗用大量的有机溶剂，成本较高，为节省用量，常将蛋白质溶液适当浓缩，并要采取回收措施；有机溶剂一般易燃易爆，所以储存比较困难或麻烦。

2. 有机溶剂的选择

有机溶剂的选择应考虑以下因素。

（1）介电常数小，沉析作用强。

（2）对生物分子的变性作用小。

（3）毒性小，挥发性适中。沸点过低虽有利于溶剂的去除和回收，但挥发损失较大，且给劳动保护及安全生产带来麻烦。

（4）沉析用溶剂一般与水无限混溶，一些与水部分混溶或微溶的溶剂，如氯仿、乙醚等也有使用，但使用对象和方法不尽相同。

常用的有机溶剂为乙醇、丙酮、甲醇、异丙醇、乙腈、二甲基甲酰胺等，其中乙醇（浓度≥60%）和丙酮（浓度40%～50%）最为常用，表8-4所示为一些有机溶剂的介电常数。

表8-4　　　　　　　　　　　一些有机溶剂的介电常数

溶剂	介电常数	溶剂	介电常数
$HCOOH$（甲酸）	58.5	$HCON(CH_3)_2$（N,N-二甲基甲酰胺）	36.7
CH_3OH（甲醇）	32.7	C_2H_5OH（乙醇）	24.5
CH_3COCH_3（丙酮）	20.7	$n-C_6H_{13}OH$（正己醇）	13.3
CH_3COOH（乙酸或醋酸）	6.15	C_6H_6（苯）	2.28
CCl_4（四氯化碳）	2.24	$n-C_6H_{14}$（正己烷）	1.88
2.5mol/L 尿素	84	2.5mol/L 甘氨酸	137
$(CH_3)_2CHOH$（异丙醇）	18.3	$C_4H_8O_2$（醋酸乙酯）	6.03

乙醇具有介电常数较低、沸点适中、无毒且沉析作用强等优点，广泛用于蛋白质、核酸、多糖等生物高分子及核苷酸、氨基酸等沉淀溶剂。丙酮沉析作用大于乙醇，用丙酮代替乙醇作沉析剂一般可以减少用量，但其沸点较低、挥

发性较强、对肝脏有一定的毒性、着火点低等缺点使得它的应用不及乙醇广泛。甲醇沉析作用与乙醇相当，但对蛋白质的变性作用比乙醇和丙酮都小，由于口服有强毒，限制了它的使用。其他溶剂如氯仿、二甲基甲酰胺、二甲亚砜、2-甲基-2,4-戊二醇（MPD）、乙腈等也可作沉析剂，但远远不如乙醇、丙酮、甲醇使用普遍。甘氨酸的介电常数大，可作蛋白质等生物高分子溶液的稳定剂。

3. 有机溶剂浓度的计算

在进行沉析操作时，为达到一定的有机溶剂浓度，需要加入的有机溶剂的浓度和体积可按下式计算：

$$V = V_0 (S_2 - S_1) / (S_3 - S_2)$$

式中　V——需加入有机溶剂的体积，L

　　　V_0——原溶液体积，L

　　　S_1——原溶液中有机溶剂的浓度，g/L

　　　S_2——所要求达到的有机溶剂的浓度，g/L

　　　S_3——指加入的有机溶剂浓度，g/L

上式计算未考虑混溶后体积的变化和溶剂的挥发情况，试剂上存在一定的误差。有时侧重于沉析而不考虑分离效果。可用溶液体积的倍数，如加入1倍、2倍、3倍原溶液体积的有机溶剂，来进行有机溶剂沉析。

4. 影响有机溶剂沉析的因素

（1）样品浓度　与盐析相似，样品浓度低时增加有机溶剂投入量和损耗，降低了溶质回收率，易产生稀释变性，但共沉的作用小，有利于提高分离效果。反之，对于高浓度的生物样品，节省了有机溶剂，减少了变性的危险，但共沉作用大，分离效果下降。一般认为，对于蛋白质溶液0.5%～2%起始浓度合适，对于黏多糖适于1%～2%为起始浓度。

（2）温度　大多数生物大分子如蛋白质、酶和核酸在有机溶剂中对温度特别敏感，温度稍高就会引起变性，且有机溶剂与水混合时产生放热反应，因此，在使用有机溶剂沉析生物高分子时，一定要控制在低温下进行。有机溶剂必须预先冷至较低温度，一般在0℃以下，操作时要在冰盐浴中进行，加入有机溶剂必须缓慢，并不断搅拌以免局部浓度过浓。温度越低，得到的生物活性物质越多，而且可以减少有机溶剂的挥发。

（3）pH　溶液的pH对溶剂的沉淀效果有很大的影响，适宜的pH可使沉析效果增强，提高产品收率，同时还可提高分辨率。有机溶剂沉析时适宜的pH要选择在样品稳定的pH范围内，而且尽可能选择样品溶解度最低的pH，通常是选在等电点附近，以提高该沉析的分辨能力。但应注意的是有少数生物分子在等电点附近不稳定，影响其活性；同时尽量避免目的物与杂质带相反电荷加剧共沉现象的发生。

（4）离子强度　较低离子强度往往有利于沉析作用，甚至还有保护蛋白质、防止变性、减少水和溶剂相互溶解及稳定介质 pH 的作用。一般在有机溶剂沉淀时，中性盐浓度以 0.01 ~ 0.05mol/L 为好，通常用的中性盐为乙酸钠、乙酸铵、氯化钠等。但在中性盐浓度较高时（0.2mol/L 以上），往往需增加有机溶剂的用量才能使沉淀析出，并可能使部分盐在加入有机溶剂后析出。所以，一般离子强度通常不应超过 5% 的含量，既能使沉析迅速形成，又能对蛋白质或酶起一定的保护作用，防止变性。由盐析法沉淀得到的蛋白质或酶，在使用有机溶剂沉析前，一定要先透析除盐。

（5）金属离子　在用有机溶剂沉析生物高分子时还应注意到某些金属离子的助沉作用，一些金属离子如 Zn^{2+}、Ca^{2+} 等可与某些呈阴离子状态的生物高分子形成复合物。这种复合物的溶解度大大降低而不影响生物活性，有利于沉析形成，并降低有机溶剂的耗量，0.005 ~ 0.02mol/L 的 Zn^{2+} 可使有机溶剂用量减少 1/3 ~ 1/2，使用时要避免会与这些金属离子形成难溶盐的阴离子（如磷酸根）的存在。实际操作时往往先加溶媒沉析除杂蛋白，再加 Zn^{2+} 沉析目的物。

5. 有机溶剂法应用——胰岛素的提取工艺

胰岛素的提取工艺如图 8 - 8 所示。

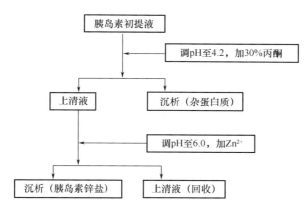

图 8 - 8　胰岛素的提取工艺

单元三　离子交换法提取

一、离子交换的原理

1. 离子交换平衡

离子交换树脂在溶液中溶胀后，交换功能团的离子在树脂网状内部的水中扩散，溶液中的离子扩散至树脂表面，然后再扩散至内部与功能团的离子交换。被交换的离子由树脂内部扩散至溶液中，交换过程是可逆的。当溶液中的离子扩散进入树脂内部的速率与交换离子扩散进入溶液的速率相等时，达到了离子交换平衡，符合质量作用定律。

影响离子交换平衡的主要因素有：交换树脂的性质、溶液中平衡离子（交换离子）的性质、溶液的pH、溶液的浓度和温度等。在交换过程中，应注意掌握控制这些因素，以达到预期的交换效果。

2. 离子交换速度

离子交换平衡是在某种具体条件下离子交换能达到的极限状态，它需要很长的时间。但在实际运动过程中，水与树脂的接触时间是有限的，不可能达到平衡的状态，因此，讨论一下离子交换速度是有实际意义的。下面就以 H 型树脂（RH）交换水中 Na^+ 为例来说明这个问题。

当含有 Na^+ 的水接触 H 型树脂时，开始树脂内部孔隙的水中 H^+ 浓度很高，Na^+ 浓度几乎为零；而在水中，H^+ 浓度几乎为零，Na^+ 浓度却比较高。因此，在树脂相和水溶液相就形成了浓度差，产生了质量传递的推动力，使树脂相的 H^+ 向水溶液中扩散，水溶液中的 Na^+ 向树脂相扩散。当 Na^+ 扩散到内部孔隙中与交换基团接触时，就与 H^+ 交换位置，H^+ 再由树脂相扩散到水溶液中，这就是离子交换过程。由于交换一般都是在动态条件下进行的，由树脂相扩散出来的 H^+ 不断地被流动的水带走，这就使得交换不断地进行，直至树脂失效为止。从上面分析可以看出，离子交换反应不是一般的化学反应，而是一种离子间的扩散现象。

离子交换过程一般可分为以下五个步骤，如图 8−9 所示。

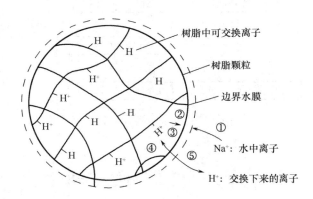

图 8−9　离子交换过程示意图

①水中的 Na^+ 向树脂颗粒表面扩散并通过树脂颗粒表面的水膜。

②已通过水膜的 Na^+ 继续向树脂颗粒孔隙内扩散，直至到达某一交换基团位置。

③Na^+ 与树脂颗粒内的交换基团接触，和 H^+ 交换位置。

④被交换下来的 H^+ 在树脂颗粒孔隙内向树脂颗粒表面扩散。

⑤H⁺扩散到树脂颗粒表面并通过水边界水膜进入水中，再在水中扩散。

上述第③步属于离子之间的反应，速度很快、瞬时完成。第①、第⑤和第②、第④步则分别属于膜扩散和内扩散过程，其速度一般较慢，且受外界条件和树脂颗粒的影响很大。因此，所谓离子交换速度并非指第③步中的离子反应速度，而是指整个扩散过程的速度。

在某种具体条件下，离子的膜扩散速度和内扩散速度是不相同的，离子交换速度往往受其中的一种扩散速度所限制。如果离子通过膜扩散的速度很慢，那么上述第①、第⑤步就成为整个交换速度的控制因素，这种交换称为水膜控制过程；如果离子的内扩散速度很慢，则上述第②、第④步就成为整个交换速度的控制因素，这种交换称为内扩散控制过程。

二、离子交换树脂的选择

1. 离子交换树脂的种类

离子交换剂是指具有离子交换能力的固体物质，依其可交换离子的种类，可分为阳离子剂和阴离子剂两大类。最主要的当属合成树脂。离子交换树脂可分别按照功能、内部结构、聚合物单体种类和用途分类。此处以功能分类方式对离子交换树脂的种类做出说明。

（1）阳离子交换树脂　首先，离子交换树脂可分为阳离子树脂和阴离子树脂两大类，它们可分别与溶液中的阳离子和阴离子进行离子交换。而阳离子树脂又分为强酸性和弱酸性两类，阴离子树脂则可分为强碱性和弱碱性两类。人工合成的阳离子树脂的官能团是有机酸，并按照酸性的强弱，分为强酸性和弱酸性两类。强酸性的官能团是苯磺酸，弱酸性的官能团包括有机磷酸、羟基酸和酚等。例如，用金属离子交换会使树脂变成盐的形式。强阳离子树脂除了酸形式 R—O 外，生产厂家也会以钠盐 R—O 的形式出售，分别称为氢型和钠型强阳离子交换树脂。

强酸性阳离子树脂含有大量的强酸性基团，如磺酸基，容易在溶液中离解出，故呈强酸性。树脂离解后，本体所含的负电基团，能吸附结合溶液中的其他阳离子。这两个反应使树脂中的阳离子与溶液中的阳离子互相交换。强酸性树脂的离解能力很强，在酸性或碱性溶液中均能离解和产生离子交换作用。树脂在使用一段时间后，要进行再生处理，即使用化学药品使离子交换反应向相反的方向进行，使树脂的官能基团恢复到原来的状态，以便重复利用。例如，上述的阳离子树脂一般使用强酸进行再生处理，此时树脂释放出被吸附的阳离子并与氢离子结合，进而恢复到原来的组成。

弱酸性阳离子树脂含有弱酸性基团，如羧基，能在水中离解出而呈酸性，但因其解离程度不高，因此一般仅程弱酸性，故而属于弱酸性阳离子树脂。树脂离解后余下的负电基团，如 R—COO—（R 为碳氢链基团），可与溶液中的其他阳离子吸附结合，从而产生阳离子交换作用。如上所述，此类树脂的酸性即离解性较弱，在低 pH 下难以离解进而进行离子交换，只能在碱性、中性或微酸性溶液中（如 pH 为 5～14）起作用。这类树脂也是用酸进行再生，其再生性较强阳离子交换树脂更好。

（2）阴离子交换树脂　阴离子交换树脂的官能团包括各种胺类，强碱性的官能团是季胺，弱碱性的官能团则有伯胺、仲胺和叔胺等。季胺一般为氯盐和氢氧根型，即 R⁻，其中 R 代表碳链骨架。

强碱性阴离子树脂含有强碱性基团，如季胺基（又称四级胺基）—OH（R 为碳氢基团），能在水中离解出而呈强碱性。这种树脂的正电基团可以同溶液中的阴离子吸附并结合，从而发生阴离子交换作用。这种树脂的离解性非常强，在不同 pH 下均能正常工作。它用强碱（如 NaOH）进行再生。

弱碱性阴离子树脂含有弱碱性基团，如伯胺基（又称一级胺基）—、仲胺基（二级胺基）—NHR 和叔胺基（三级胺基）—，它们在水中能离解出而呈弱碱性。这种树脂的正电基团也能与溶液中的阴离子吸附结合，从而发生阴离子交换作用。在大多数情况下，此类树脂将溶液中的整个其他酸分子吸附并结合。一般只能在中性或酸性条件（如 pH 为 1～7）下工作。它可以用 Na_2CO_3、NH_4OH 等弱碱进行再生。

（3）氧化还原树脂　有的树脂不只离子交换，而且传递电子，甚至是只传递电子，即参加氧化还原反应，这类树脂被称为氧化还原树脂。氧化还原树脂的最大特征是具有接受或给予电子的能力，故这类树脂可以同与其反应的离子或分子发生氧化-还原反应。此类树脂中，最常见的是以对苯二酚为官能团的树脂，它们可以给出一对电子被氧化成对苯二醌。反过来，对苯二醌可以得到电子被还原成对苯二酚，反应式如下所示：

在过氧化氢生产工艺中，有一种使用氧化还原树脂的高效工艺技术。即在水溶液中用氧气使对苯二酚树脂氧化，生成的对苯二醌则能够使水氧化成过氧化氢，其转化率可达到 80% 以上，且产品的纯度很高。

（4）两性树脂　有时为了调节交换树脂的性能，合成时在同一种骨架上接上不同的官能团，如同时有强碱和弱碱的官能团，甚至把阳离子与阴离子功能团联结在同一种骨架上，这样就产生了双功能团树脂，甚至是多功能团树脂。目前应用最广泛的是双功能团树脂，即阴阳两性树脂。

两性树脂可简单地分为两大类：其一是不能形成内盐键的，性能与阴阳离子交换树脂的混合物接近，只是由于阴阳基团分布于同一树脂颗粒内，因此可以提高交换反应的速度并改善离子交换平衡性质；其二是能形成内盐键，并因此而产生一些新的特性，此类树脂的选择性、膨胀性及吸附容量等性质，在一定范围内都会随着溶液中电解质浓度的提高而提高，故而适用于浓电解质的分离提纯工艺。这类能形成内盐键的树脂，一般可通过共聚法或互贯法合成。

两性树脂还可以按照阴阳两种基团的强弱分为：强碱－弱酸型、强酸－弱碱型和弱酸－弱碱型。上面提到的用于浓电解质分离提纯工艺的两性树脂，一般是强碱－弱酸型。

2. 离子交换树脂的选择

面对琳琅满目、五光十色的树脂，在交换分离工程中应如何选用树脂呢？选用树脂与分离组分的性质（离子种类与形式）、体系特点（浓度、pH 等介质条件）以及分离要求等因素有关。一般说来，应选容量大、选择性好、交换速度快、强度高、易再生、价廉易得的树脂。由于这些因素与条件可能相互制约，因此需要根据试验结果综合考虑，权衡决定。树脂的基本要求如下。

（1）交换容量　树脂容量越大越好，因为容量大则用量少，投资省，且设备紧凑、体积小。由于单位体积树脂处理的料液量大（料液浓度相同时），相对来说洗脱、再生时的试剂消耗也就低。

（2）选择性与交换速度　作为分离、提取的一种手段，树脂的选择性与交换速度越高越好。选择性高则分离效果好，设备效率高，可减少设备级数与高度。考虑树脂选择性，也应同时考虑再生效果与交换速度的制约。

（3）强度与稳定性　考虑到操作与成本，离子交换树脂应能长期、重复使用，这就要求树脂耐冷热、干湿、胀缩的变化，不破碎、不流失、耐酸碱、耐磨损、抗氧化和抗污染。

（4）洗脱与再生　吸附操作并非目的，只是分离过程的一个环节，因此吸附后还要将分离目的物从树脂上卓有成效地洗脱下来。一般说来，某离子越易被树脂吸附，则洗脱就越困难。考虑吸附时，也应同时考虑洗脱与再生，有时为了兼顾洗脱操作，不得不放弃容量或选择性，也就是全面考虑后有时宁可选用吸附性能略差一点的树脂。

三、离子交换的操作方式

1. 离子交换法操作分类

前面介绍了离子交换法的一些基本原理和离子交换树脂的选择。要运用这些基本原理解决物质的分离，还必须在一定的离子交换装置内并通过具体操作来实现。

离子交换装置和操作可分为静态装置和动态装置。动态装置包括固定床和连续床。固定床又可分为单床、多床、复床、混合床。连续床包括移动床和流动床。移动床可分为单床和多床。流动床可分为压力式和重力式。

（1）静态交换　静态交换即将交换树脂与所需处理的溶液在静态或搅动下进行交换。这种操作必须重复多次才能使反应达到完全，方法简单但效率低，生产实用价值不大，只适合于实验室。这种操作达到完全转变所需的间歇操作连续次数与平衡类型有关，如下面的平衡：

$$RSO_3H + NaCl \Longrightarrow RSO_3Na + HCl$$

由于强烈的反离子（H^+）的影响，需要进行多次反复接触才能达到。而下面的平衡，则由于反离子影响可以接触一次就能达到。

$$RSO_3H + NaOH \Longrightarrow RSO_3Na + H_2O$$

静态法的应用范围虽远不及动态法，但对于以交换平衡为中心的各种物理化学性能的测定，却是必不可少的重复操作。如交换平衡常数，直接滴定测定交换容量、离子的活度、络合离子的解离常数，离子或分子的自扩散速度的测定以及滴定曲线的制作和树脂催化作用的研究等，都可应用静态操作来达到。

（2）动态交换　动态交换即离子交换树脂或溶液在流动状态下进行交换，一般都在一个圆筒形的交换柱内进行。离子交换反应是可逆的，动态交换能把交换后的溶液及时和树脂分离，从而大大减少了逆反应的影响，使交换反应不断地顺利进行，并使溶液在整个树脂层中进行多次交换，即相当于多次间歇操作，由于它与静态法的间歇操作相比，效率要高得多，故在生产上广泛为应用。

2. 离子交换柱的操作过程

生产中应用离子交换法处理水，一般都是在如图 8 - 10 所示的离子交换柱中进行。离子交换法的单元操作分交换、反洗、再生及正洗四个过程。现以交换除盐为例，阐述各个工艺过程的目的要求

（1）交换　就是生产过程，通常都用正向交换，即原水自上而下流过树脂层，使水得到净化。此时开入口及出入阀，其余阀门关闭，如图 8 - 10 所示，当出水水质将要不合格时，就需停止生产，进行再生。

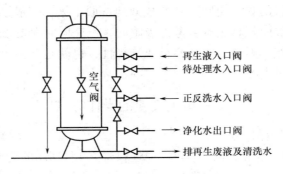

图 8 - 10　固定床离子交换的操作过程

（2）反洗　目的在于冲松离子交换树脂层，并排除树脂碎末及积存于树脂上的其他悬浮物及气泡，使再生液能较好地渗入树脂层，提高再生效率。一般以前级水自下而上反向冲洗。此时开反洗进水阀和反洗排水阀，其余关闭。反洗时应尽量加大流量，以冲掉树脂为准。反洗强度一般控制在 3.0 ~ 5.0L／（m² · s）。反洗时树脂的膨胀度应不小于 50%，阴树脂的膨胀度应不小于 80%（最好 100%）。反洗直至出水不浑为止。反洗历时 15 ~ 20min。

（3）再生　目的在于恢复树脂的交换能力，又称为洗脱。反洗完毕后，为防止加入的再生溶液冲淡，再生前应放去反洗剩水，但要保持树脂面上留有 10cm 左右水深，以免空气进入树脂层，并开启空气阀排气。再生时再生液由上往下流动，再生废液（洗脱液）流至地沟。此时开再生液入口阀和正洗排水阀，其余关闭。

（4）正洗　目的在于洗净残余的再生产物，再生后要立即正洗。一般以前级水自上往下正洗。此时开正洗阀及正洗排水阀，其余关闭。正洗的最初阶段，实际是再生过程的继续。此时再生液以稀释状态和树脂接触，所以正洗流速开始应小些。经过 15min 左右，正洗流速可增至接近交换流速。正洗至出水基本符合要求为止。正洗历时与正洗耗水量与正洗流速有关。为降低设备耗水量，可用后期正洗废水配制再生液，或用作其他交换柱的反洗用水。

再生（包括反洗、再生、正洗）一次，共需时间 2 ~ 3h。重新投入生产后，如发生水质上升速度缓慢、运行周期缩短等现象，再生过程操作不当是原因之一，应追查研究，并在下一循环中进行。

3. 离子交换树脂的再生

离子交换反应是一种可逆反应。当交换达到终点（如交换出水水质失效或树脂不能对某种离子进行继续吸附），此时可以利用可逆反应的特点，停止交换，用适当的化学药剂配成较高浓度的溶液，加入树脂中进行搅拌或缓缓通过树脂层，将树脂上被吸附的离子洗脱下来，从而使树脂重新恢复交换能力。这一再生过程，是离子交换工艺中十分重要的一环。对再生的处理较易，不会造成二次污染。此外，还要求再生剂是普通常用、价廉易得的化学药品。

离子交换树脂的再生一般采用以下几种再生剂和洗脱方法。

（1）用酸、碱再生　这是在离子交换中最常用的再生方法，根据对洗脱液成分的要求，常可采用 H_2SO_4、HCl 溶液来洗脱失效的阳离子交换树脂，用 NaOH 或其他碱溶液来洗脱失效的阴离子交换树脂。例如，用弱酸 110 树脂吸附镍达到饱和后，可用硫酸再生获得 $NiSO_4$ 洗脱液。

（2）用中性盐再生　对弱酸、弱碱树脂，用酸、碱再生可获得很好的再生效果，但对强酸、强碱树脂，用酸碱再生的效果就相当差。如果用中性盐来代替酸碱进行再生，则这类树脂的洗脱效果就可以大大提高。如强酸树脂，在用 NaCl、Na_2SO_4 作再生剂时，由于 Na^+ 的亲和力大于 H^+ 的亲和力，再生剂用量可明显减少，即可获得较高的再生效率。

（3）用络合剂洗脱再生　许多金属阳离子可以呈简单的阳离子形式存在，也可以呈复杂的络合阴离子形式存在。当一种金属阳离子被络合成阴离子的形式之后，便失去阳离子的交换特性，而表现出阴离子的交换特性。因此，当一种原来交换亲和力很高的金属阳离子被阳离子交换树脂吸附之后，可用适当的络合剂来洗脱再生，使之变成络合阴离子而不再被阳离子树脂所吸附，从而达到洗脱的目的。

例如，用焦磷酸钾溶液从强酸树脂上洗脱 Cu^{2+} 便是一例。由于焦磷酸根对 Cu^{2+} 具有较强的络合能力，所以用浓度很高的焦磷酸钾溶液，可以较容易地将树脂上的 Cu^{2+} 完全洗脱。

（4）用破坏树脂上的络合离子方法再生　与上面情况相反，阴树脂上的络合阴离子若被破坏成简单的金属阳离子，它就失去了阴离子的交换特性而不再被阴树脂交换吸附。在镀金废水处理中，用丙酮加少量的 HCl 的混合液从强碱树脂上洗脱金 $[Au(CN)_2^-]$；在镀镉废水处理中，用 H_2SO_4 溶液从强碱树脂上洗脱镉 $[Cd(CN)_3^-]$，都属于这种类型。

四、离子交换法提取柠檬酸的生产实例

柠檬酸是 α - 羟基三羧酸，在水中很容易解离成 H^+ 和 H_2Ci^{2-}、HCi^{2-}、Ci^{3-} 等离子，工业上采用 OH^- 型701弱碱性阴离子交换树脂来交换吸附柠檬酸。发酵液中除了大量存在柠檬酸根离子外，还有少量草酸、葡萄糖酸等有机酸根和 SO_4^{2-}、Cl^-、氨基酸及带负电荷的色素，利用弱碱性阴离子交换树脂从柠檬酸发酵液中分离柠檬酸属于选择性交换吸附，其吸附顺序为：OH^- ＞柠檬酸根＞无机酸根＞氨基酸＞有机色素。在吸附过程中，由于发酵液中聚合物、蛋白质等非离子杂质以及原料带入而残留的金属离子不被树脂吸附，绝大部分随残液被分离除去。交换吸附后，用 NaOH 溶液或氨水解吸可得柠檬酸钠液或柠檬酸铵液，再用阳离子交换树脂转型可获得纯净的柠檬酸液。离子交换法提取柠檬酸的工艺流程如图8-11所示。

在交换吸附前，先将柠檬酸发酵液加热至 $80 \sim 90℃$，然后采用压滤机或带式过滤机或微孔过滤机除去发酵液中的菌体、大分子杂质等，以防污染树脂。以701型树脂吸附柠檬酸，一般情况下，顺流上柱的交换容量为 $2.3 \sim 2.5 kmol/m^3$ 湿树脂，逆流上柱的交换容量为 $2.0 \sim 2.3 kmol/m^3$ 湿树脂。生产中，滤液一般以 $2 \sim 5 m^3/(m^3 \cdot h)$ 的流速进入 OH^- 型701树脂柱，保持恒定液位进行交换吸附。开始流出 OH^- 废液 pH 较高，当 pH 逐步降至3.0左右时，停止吸附，以免柠檬酸流失。

停止吸附后，进水洗涤树脂，最初流出液含有柠檬酸应予以回收，之后不含柠檬酸的流出液可排放，至流出液无残糖为止。然后，进10%氨水进行洗脱，

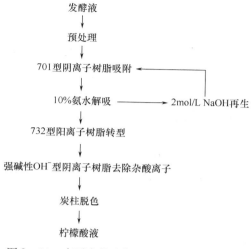

图 8 – 11　离子交换法提取柠檬酸的工艺流程

氨水洗脱流速一般为 1m³/（m³·h），洗脱时流出液 pH 逐步升高，当 pH 上升至 8.0 时停止进氨水，用无离子将柱内残余柠檬酸根顶出并回收，然后用水反洗树脂柱，以便疏松树脂，最后再生树脂柱。

　　将洗脱液以 0.5～1.0m³/（m³·h）的流速输入 H⁺型 732 型阳离子树脂柱，使柠檬酸铵转变为柠檬酸。最初流出液中柠檬酸浓度较低，应单独回收，接着流出液逐渐变浓，pH 逐步下降，但后来由于铵盐流出使 pH 又会回升，因此，一旦发生流出液中出现铵离子，应停止转型，并水洗，再生阳离子树脂柱。

　　将柠檬酸以 2.0～3.0m³/（m³·h）的流速输入 OH⁻型强碱性阴离子交换柱，由于强碱性阴离子树脂在酸性条件下对 SO_4^{2-}、Cl^-、草酸根等杂酸离子的吸附交换势高，柠檬酸根几乎不被吸附，可除去 SO_4^{2-}、Cl^-、草酸根等杂酸离子。流出液以 0.5～1.0m³/（m³·h）的流速输入颗粒炭柱脱色，最后可获得纯净的柠檬酸液。

单元四　吸附法提取

　　实际上，人们很早就发现并利用了吸附现象，如生活中用木炭脱湿和除臭等。随着新型吸附剂的开发及吸附分离工艺条件等方面的研究，吸附分离过程显示出节能、产品纯度高、可除去痕量物质、操作温度低等突出特点，使这一过程在化工、医药、食品、轻工、环保等行业得到了广泛的应用。

一、吸附的基本概念

　　（1）吸附　当流体与多孔固体接触时，流体中某一组分或多个组分在固体表面处产生积蓄，此现象称为吸附。

（2）吸附物、吸附剂　在固体表面积蓄的组分称为吸附物，多孔固体称为吸附剂。

（3）吸附操作　利用某些多孔固体有选择地吸附流体中的一个或几个组分，从而使混合物分离的方法称为吸附操作，它是分离和纯净气体和液体混合物的重要单元操作之一。

（4）物理吸附　也称为范德华吸附，它是吸附质和吸附剂以分子间作用力为主的吸附。

（5）化学吸附　是吸附质和吸附剂以分子间的化学键为主的吸附。

（6）平衡吸附量　当温度、压强一定时，吸附剂与流体长时间接触，吸附量不再增加，吸附相（吸附剂和已吸附的吸附物）与流体达到平衡，此时的吸附量为平衡吸附量。

（7）吸附等温式　当温度一定时，吸附量与压力（气相）或者浓度（液相）的关系式。

二、吸附剂的要求

吸附分离的效果很大程度上取决于吸附剂的性能，工业吸附要求吸附剂满足以下要求。

（1）具有较大的内表面，吸附容量大。

（2）选择性高，吸附剂对不同的吸附质具有不同的吸附能力，其差异越显著，分离效果越好。

（3）具有一定的机械强度，抗磨损。

（4）有良好的物理及化学稳定性，耐热冲击，耐腐蚀。

（5）容易再生。

（6）易得，价廉。

三、几种常见的吸附剂

吸附剂可分为两大类，一类是天然的吸附剂，如硅藻土、漂白土、天然沸石等。另一类是人工制作的吸附剂，主要有活性炭、活性氧化铝、硅胶、合成沸石分子筛、有机树脂吸附剂等，下面介绍几种广泛应用的吸附剂。

1. 活性炭

在生产中应用的活性炭的种类很多。一般都制成粉末状或颗粒状。粉末状的活性炭吸附能力强，制备容易，价格较低，但再生困难，一般不能重复使用。颗粒状的活性炭价格较贵，但可再生后重复使用，并且使用时的劳动条件较好，操作管理方便。因此在水处理中较多采用颗粒状活性炭。

活性炭的比表面积可达 $800 \sim 2000 m^2/g$，有很高的吸附能力。颗粒状活性炭在使用一段时间后，吸附了大量吸附质，逐步趋向饱和并丧失工作能力，此时应进行更换或再生。再生是在吸附剂本身的结构基本不发生变化的情况下，用某种方法将吸附质从吸附剂微孔中除去，恢复它的吸附能力。

活性炭的再生方法主要如下。

（1）加热再生法　在高温条件下，提高了吸附质分子的能量，使其易于从活性炭的活性点脱离；而吸附的有机物在高温下氧化和分解，成为气态逸出或断裂成低分子。活性炭的再生一般用多段式再生炉。炉内供应微量氧气，使进行氧化反应而又不致炭燃烧损失。

（2）化学再生法　通过化学反应，使吸附质转化为易溶于水的物质而解吸下来。例如，吸附了苯酚的活性炭，可用氢氧化钠溶液浸泡，使形成酚钠盐而解吸。

湿式氧化法也是化学再生法，主要用于再生粉末状活性炭。

在我国，目前活性炭的供应较紧张，再生的设备较少，再生费用较贵，限制了活性炭的广泛使用。

2. 漂白土

漂白土应用较多的是酸性白土，也称活性白土。其制法是将土与水制成浆，过筛，用泵送入反应器，加入盐酸（为成浆漂白土质量的 28% ~39%），以过热蒸汽加热至 105℃，经过 2~3h 后反应完毕，再经压滤机过滤后，用水冲洗除去盐类及残余酸，最后干燥、压碎即得产品。早期从链霉素（或金霉素）发酵废液中提取维生素 B_{12} 就是采用活性白土作为吸附剂的。

3. 氧化铝

氧化铝吸附能力很强，可以活化到不同程度，重现性好，且再生容易，故是最常用的吸附剂之一。其缺点是有时会产生副反应。氧化铝有碱性、中性和酸性化合物。

将碱性氧化铝加 3~5 倍质量的水，加热 30min，冷却，倾出上清液，如此反复洗 20 次左右，可得中性氧化铝。或加醋酸乙酯，在室温下静置数天，或用稀盐酸洗也都可得中性氧化铝。

将碱性氧化铝用水调成浆状，加 2mol/L 盐酸至刚果红呈酸性，倾去上清液，然后用热水洗至刚果红呈弱紫色，过滤，加热活化可得酸性氧化铝。

氧化铝的活性与含水量有很大的关系。水分会掩盖活性中心，故含水量越高，活性越低。氧化铝一般可反复使用多次。用水或某些极性溶剂洗净后，铺成薄层，先放置晾干，再放入炉中加热活化。氧化铝通常用作吸附层析剂。

4. 硅胶

硅胶具有多孔性的硅氧烷交链结构，骨架表面具有很多硅醇—Si—OH基团，能吸附很多水分。此种水分几乎以游离状态存在，加热即能除去。在高温下（500℃）硅胶的硅醇结构被破坏，失去活性。

由于硅胶吸水，因此用前最好经 120℃烘 24h 活化，一般可不做活性测定。硅胶的活性与含水量的关系见表 8-5。与氧化铝相似，硅胶含水量高则吸附率弱，当游离水含量在 17% 以上时，吸附率极低，可作为分配色谱的载体。

表 8－5　　　　　　　　　　硅胶的活性与含水量的关系

含水量/%	活性等级	含水量/%	活性等级
0	I	25	IV
5	II	33	V
15	III		

硅胶比氧化铝容易再生，一种方法为用甲醇或乙醇充分洗涤，再以水洗，晾干，在 120℃活化 24h；另一种方法：加入 5～10 倍体积 1% 氢氧化钠，煮沸 30min（应对酚酞呈显著碱性，否则应多加些碱），趁热过滤，用水洗涤 3 次，再加 3～6 倍体积 5% 醋酸煮沸 30min，过滤用水洗至中性，然后活化。

5. 纤维素

纤维素是 $\beta-1$，4 相连的 D－葡萄糖的线性聚合物。纤维素及其众多的衍生物已被广泛地用于蛋白类物质的纯化。其缺点是由微晶型结构和无定型结构两部分组成，物理结构不均一，并缺乏孔度。因此在生物大分子物质的分离中受到了限制。

20 世纪 80 年代初，大孔型珠状纤维素的研究成功，使上述问题得到了解决。纤维素在黄原胶溶液中凝结、再生，便能形成内部不均匀的球状结构。这样制得的球状纤维素，具有很高的孔度和亲水性，机械强度较好，还可以进行化学修饰以满足不同的需要。

四、吸 附 操 作

吸附分离过程包括吸附过程和解吸过程。由于需处理的流体浓度、性质及要求吸附的程度不同，故吸附操作有多种形式。

1. 接触过滤式操作

该操作是把要处理的液体和吸附剂一起加入到带有搅拌器的吸附槽中，使吸附剂与溶液充分接触，溶液中的吸附质被吸附剂吸附，经过一段时间，吸附剂达到饱和，将料浆送到过滤机中，吸附剂从液相中滤出，若吸附剂可用，经适当的解吸，回收利用。

因在接触式吸附操作时，使用搅拌使溶液呈湍流状态，颗粒外表面的膜阻力减少，故该操作适用于外扩散控制的传质过程。接触过滤吸附操作所用设备主要有釜式或槽式，设备结构简单，操作容易。广泛用于活性炭脱除糖液中的颜色以及抗生素去除热源等方面。

2. 固定床吸附操作

固定床吸附操作是把吸附剂均匀堆放在吸附塔中的多孔支承板上，含吸附质的流体可以自上而下流动，也可自下而上流过吸附剂。在吸附过程中，吸附剂不动。

通常固定床的吸附过程与再生过程在两个塔式设备中交替进行，如图 8 - 12 所示，●表示阀门关闭，○表示阀门打开。吸附在吸附塔 1 中进行，当出塔流体中吸附质的浓度高于规定值时，物料切换到吸附塔 2，与此同时吸附塔 1 采用变温或减压等方法进行吸附剂再生，然后再在塔 1 中进行吸附，塔 2 中进行再生，如此循环操作。

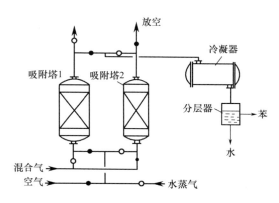

图 8 - 12　固定床吸附操作流程示意图

固定床吸附塔结构简单，加工容易，操作方便灵活，吸附剂不易磨损，物料的返混少，分离效率高，回收效果好，故固定床吸附操作广泛用于气体中溶剂的回收、气体干燥和溶剂脱水等方面。但固定床吸附操作的传热性能差，且当吸附剂颗粒较小时，流体通过床层的压降较大，因吸附、再生及冷却等操作需要一定的时间，故生产效率较低。

3. 移动床吸附操作

移动床吸附操作是指待处理的流体在塔内自上而下流动，在与吸附剂接触时，吸附质被吸附，已达饱和的吸附剂从塔下连续或间歇排出，同时在塔的上部补充新鲜的或再生后的吸附剂。与固定床相比，移动床吸附操作因吸附和再生过程在同一个塔中进行，所以设备投资费用少。

五、吸附过程的强化

强化吸附过程可以从两个方面入手，一是对吸附剂进行开发与改进，二是开发新的吸附工艺。

1. 吸附剂的改性与新型吸附剂的开发

吸附效果的好坏及吸附过程规模化与吸附剂性能的关系非常密切，尽管吸附剂的种类繁多，但实用的吸附剂却有限，通过改性或接枝的方法可得到各种性能不同的吸附剂，工业上希望开发出吸附容量大、选择性强、再生容易的吸附剂，目前大多数吸附剂吸附容量小限制了吸附塔的处理能力，使得吸附过程频繁地进行吸附、解吸和再生。近期开发的新型吸附剂如炭分子筛、金属吸附剂和各种专用吸附剂不同程度地解决了吸附容量小和选择性弱的缺憾，使得某些有机异构体、热敏性物质、性能相近的混合物分离成为可能。

2. 开发新的吸附分离工艺

随着食品、医药、精细化工和生物化工的发展，需要开发出新的吸附分离工艺，吸附过程需要完善和大型化已成为一个重要课题。吸附分离工艺与再生解吸方法有关，而再生方法又取决于组分在吸附剂上吸附性能的强弱和进料量的大小等因素，随着各种性能良好的吸附剂的不断开发，吸附分离工艺也得以迅速发展，如大型工业色谱吸附分离生产胡萝卜素、叶黄质和叶绿素。快速变压吸附工艺制造航空高空飞机用氧。参数泵吸附分离用于分离血红蛋白－白蛋白体系、酶及处理含酚废水等。

单元五　萃取分离技术

萃取是利用溶质在两相之间分配系数的不同而使溶质分离的技术。萃取过程中，萃取所用的流体称为萃取剂，萃取所得到的混合物称为萃取相，被萃取出溶质后的原料（液体或固体）称萃余相。如果被萃取的目的物在细胞内呈固相或与固体结合存在，萃取时由固相转入液相，常称为固－液萃取，也称为浸提；如目的物原来已呈液相存在，萃取时由一液相转入另一互不相溶的液相，称为液－液萃取，液－液萃取常用有机溶剂作为萃取剂，因而液－液萃取也称为溶剂萃取；如果萃取剂是超临界流体，则称为超临界萃取。

近年来，溶剂萃取法和其他新型分离技术相结合，产生了一系列新型分离技术，如反胶团萃取、双水相萃取、化学萃取等。这些新型分离技术可用于许多高品质的天然物质、胞内物质包括胞内酶、蛋白质、多肽和核酸等的分离提取上。

萃取是一种初级分离技术。萃取所得到的萃取液仍是一种均相混合物，但通过萃取技术使目的物从较难分离的体系中转化为较易分离的体系中，为目的物的进一步分离纯化提供了条件。

一、溶剂萃取

溶剂萃取法是发酵工业中一种重要的分离提取方法。它是利用一种溶质组分（如产物）在两个互不相溶的液相（如水相和有机溶剂相）中竞争性溶解和分配性质上的差异来进行分离的技术。常用的萃取剂为有机溶剂，因此，溶剂萃取特别适合于非极性或弱极性物质的提取。溶剂萃取法具有下列特点：①对热敏物质破坏少；②采用多级萃取时，溶质浓缩倍数和纯化度高；③便于连续生产，周期短；④溶剂耗量大，对设备和安全要求高，需要防火防爆措施。

1. 萃取原理

溶剂萃取以溶质在基本不相混溶的两相溶剂中的溶解度不同（分配不同）为基础，其基本过程如图 8－13 所示。

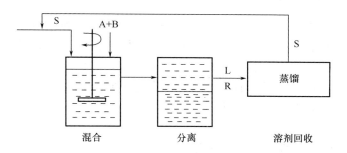

图 8－13　液－液萃取的基本过程

原料液中含有 A、B 两种溶质，将一定量萃取剂 S 加入原料液中，然后加以搅拌使原料液与萃取剂充分混合（萃取剂与原料液溶剂互不相溶），A、B 两种溶质从原料液中向萃取剂中扩散。搅拌停止后，当达到溶解平衡时，两液相因密度不同而分层：上层为轻相，以萃取剂为主，并溶有较多的目的溶质 A（待分离溶质），同时含有少量 B，称为萃取相，以 L 表示；下层为重相，以原溶剂为主，含有较多的溶质 B，且含有未被萃取完全的溶质 A，称为萃余相，以 R 表示。

可见，萃取操作并未得到纯净的组分，而是新的混合液：萃取相 L 和萃余相 R。为了得到产品 A，并回收溶剂以供循环使用，尚需对这两相分别进行分离。通常采用蒸馏或蒸发的方法，有时也可采用结晶等其他方法。

液－液萃取时物质在互不相溶两相之间分配的过程，物质在两相中的分布服从分配定律，即一定温度、压力下，某组分在互相平衡的 L 相与 R 相中的组成之比称为该组分的分配系数，以 K 表示，即：

$$K_A = \frac{溶质\ A\ 在\ L\ 相中的浓度\ Y_A}{溶质\ A\ 在\ R\ 相中的浓度\ Y_A} \tag{8－1}$$

$$K_B = \frac{溶质\ B\ 在\ L\ 相中的浓度\ Y_B}{溶质\ B\ 在\ R\ 相中的浓度\ Y_B} \tag{8－2}$$

K 值反映了被萃取组分在两相中的分配情况，K 值越大，说明萃取剂对溶质的萃取效果越好。对于 A、B 两种溶质，两者的 K 值相差越大，说明萃取剂对两种溶质的选择性分离越好，选择性可用分离因素 β 来表征：

$$\beta = \frac{K_A}{K_B} \tag{8－3}$$

若 $\beta > 1$，说明组分 A 在萃取相中的相对含量比萃余相中的高，即组分 A、B 得到了一定程度的分离，显然 K_A 值越大，K_B 值就越小，β 就越大，组分 A、B 的分离也就越容易，相应萃取剂的选择性也就越高；萃取剂的选择性越高，所需的萃取剂用量也就越少，相应用于回收溶剂操作的能耗也就越低。若 $\beta = 1$，表示 A、B 两组分在 L 相和 R 相中分配系数相同，不能用萃取的方法对 A、B 进行分离。

需要说明的是，式（8-1）至式（8-3）具有一定的适用范围：①应为稀溶液；②被萃取组分对溶剂的相互溶解性没有影响；③被萃取组分在两相中必须是同一类型的分子，即不发生缔合或解离。如青霉素在水相中发生解离，而在有机相中不解离，解离和不解离的青霉素是不同的分子类型，故不遵守上述规律，其详细讨论超出本书范围。

2. 萃取剂的选择

生物物质的萃取所选择的萃取剂应具备以下条件。

（1）较大的分配系数和分离因素。即对目的萃取物有较大的溶解度，对其他非目的萃取物有较小的溶解度，这样才能保证较好的萃取效果和良好的选择性。根据"相似相溶"的原则来选择萃取剂，重要的"相似"就溶解度关系而言，是在分子的极性上。分子极性的强弱可用介电常数来衡量。各种物质的相对介电常数可查阅有关书籍。

（2）溶剂与被萃取的液相相互溶度要小，黏度低，界面张力适中，利于相的分散和两相分离。

（3）溶剂的回收和再生容易，化学稳定性好。

（4）溶剂价廉易得。

（5）溶剂的安全性好，如闪点高、低毒等。

溶剂可分为低毒性（乙醇、丙醇、丁醇、乙酸乙酯、乙酸丁酯、乙酸戊酯等）、中等毒性（甲苯、甲醇、环己烷等）和强毒性（苯、氯、四氯化碳等）。在生物分离过程中常用的萃取剂有乙酸乙酯、乙酸丁酯、乙酸戊酯和丁醇等。

3. 萃取操作

在工业生产过程中，完整的萃取操作通常包括如下三个过程：①混合，将原料液和萃取剂在萃取设备内充分混合，形成乳浊液，使待分离组分从原料液中部分转入萃取剂中；②分离，将乳浊液通过分离设备形成萃取液和萃余液；③溶剂回收，循环再利用。

混合通常在拌罐中进行；也可以将料液和萃取剂以很高的速度在管道内混合，湍流程度很高，称为管道萃取；也有利用在喷射泵内涡流混合进行萃取的，称为喷射萃取。分离通常利用离心机（碟片式或管式离心机），也有将混合分离同时在一个设备内完成的，例如，各种对向微分接触萃取机（如 Luwesta EK10007 多级离心萃取机、Podbielniak 萃取机、Alfa-Laval 萃取机等）。而溶剂回收可以利用液体蒸馏的方式来完成。

萃取过程通常包括单级萃取和多级萃取两种方式，后者又可分为错流萃取和逆流萃取。本书主要介绍几种常规萃取操作及理论收率的计算方法，并假设萃取相和萃余相能很快达到平衡，即每个级都是理论级，而且两相完全不互溶，能够完全分离。

（1）单级萃取　单级萃取只包含一个混合器和一个分离器。如图 8－14 所示，原料液 F 和萃取剂 S 加入混合器中经充分接触后，再用分离器分离得到萃取液 L 和萃余液 R。

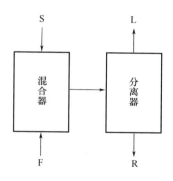

图 8－14　单级萃取

如分配系数为 K，料液的体积为 V_F，萃取剂的体积为 V_S，则经过萃取后，溶质在萃取相与萃余相中数量（质量或摩尔）之比值称为萃取因素，用 E 表示：

$$E = K \frac{V_S}{V_F} \tag{8－4}$$

溶质理论萃取收率（$1-\Phi$）按下式计算：

$$1 - \Phi = \frac{E}{E+1} \tag{8－5}$$

单级萃取操作不能对原料液进行较完全的分离，萃取液浓度不高，萃余液中仍含有较多的溶质。单级萃取流程简单，操作可以间歇也可以连续，特别是当萃取剂分离能力大、分离效果好或工艺对分离要求不高时，采用此种流程更为适合。

（2）多级错流萃取　多级错流萃取流程是由数个萃取器（由混合器与分离器组成）串联组成，料液经萃取后的萃余液依次流入下一级萃取器，用新鲜萃取剂继续萃取，图 8－15 所示为多级错流萃取。

经 n 级萃取后，总理论收率为：

$$1 - \Phi = 1 - \frac{1}{(E+1)^n} \tag{8－6}$$

在多级错流萃取中，由于新鲜溶剂分别加入各级萃取器中，因而萃取效率

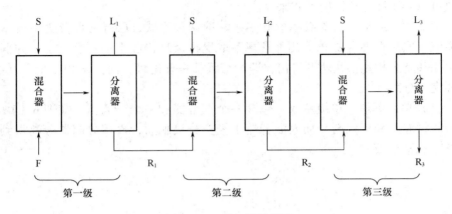

图 8 – 15　多级错流萃取

高，但与下述多级逆流萃取相比，溶剂用量较大，萃取液中产物的浓度较小。显然，在萃取条件相同的情况下，萃取级数越多，萃余率越低；如果萃取级数相同，萃取因素越低，萃余率越高。采用多级错流萃取流程时，萃取率比较高，但萃取剂用量大，溶剂回收处理量大，耗能大。

（3）多级逆流萃取　在多级逆流萃取中，原料液与萃取剂分别由两端加入（图 8 – 16），一般是连续操作的。原料液从第一级进入，连续通过各级萃取器，最后从第 n 级排出；萃取剂则从第 n 级进入，通过各级萃取器，最后从第一级排出，由于在该萃取过程中，溶剂与原料液互成逆流接触，故称多级逆流萃取。

其理论收率为：

$$1 - \varPhi = 1 - \frac{E - 1}{E^{n+1} - 1} \qquad\qquad (8 - 7)$$

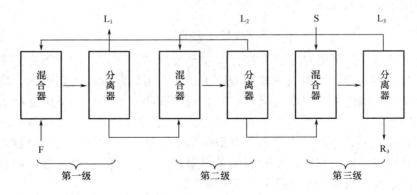

图 8 – 16　多级逆流萃取

多级逆流萃取可获得含溶质浓度很高的萃取液和含溶质浓度很低的萃余液，而且萃取剂用量少，因而在工业上得到了广泛的应用，特别是以原料液中两组分为过程产品，且工艺要求将混合液进行彻底分离时，采用多级逆流萃取更为合适。

　　4. 影响溶剂萃取的主要因素

　　影响溶剂萃取的因素主要有 pH、温度和盐析等。

　　（1）pH　在溶剂萃取中正确选择 pH，具有重要的意义。一方面 pH 影响分配系数，因而对萃取收率影响很大。如对弱碱性抗生素红霉素，当 pH8.9 时，它在乙酸戊酯与水相（发酵液）间的分配系数为 44.7，而在 pH5.5 时，红霉素在水相与乙酸戊酯间的分配系数为 14.4。另一方面 pH 对选择性也有影响。如酸性物质一般在酸性条件下萃取得到有机溶剂，而碱性杂质则成盐留在水相。如为酸性杂质则应根据其酸性强弱，选择合适的 pH，以尽可能除去。再如，青霉素在 pH2 萃取时，醋酸丁酯萃取液中青霉烯酸可达青霉素的 12.5%，而在 pH3 萃取时，则可降低至 4%。对于碱性产物则相反，在碱性条件下萃取到有机溶剂中，除了上述两方面外，pH 还应该选择在使产物稳定的范围内。

　　（2）温度　温度对药物萃取过程也有很大的影响。生物物质在高温下不稳定，故萃取一般应在低温或室温下进行；温度影响分配系数；温度升高，有机溶剂与水之间的互溶度增大，而使萃取效果降低；低温会使萃取速度降低，但一般影响不大。

　　（3）盐析　盐析剂（如氯化钠、硫酸铵等）等的影响有三个方面：①盐与水分子结合导致游离水分子减少，降低了溶质在水中的溶解度，使其易转入有机相；②盐能降低有机溶剂在水中的溶解度；③盐析剂使萃余相比重增大，有助于分相。但盐析剂的用量应合理，用量过多也会使杂质转入有机相。

　　（4）萃取时间　为了减少生物物质在萃取过程中的破坏损失，应尽量缩短萃取操作时间，这就需要配备混合效率较高的混合器及高效率的分离设备，并保持设备处于良好状态，避免在萃取中发生故障，延误操作时间。

　　（5）带溶剂　有机产物的水溶性很强，在有机溶剂中溶解度很小，如要采用溶剂萃取法来提取，可借助于带溶剂，即使水溶性不强的产物，有时为了提高其收率和选择性，也可考虑采用带溶剂。所谓带溶剂是指这样一种物质，它们能和欲提取的物质形成复合物，而易溶于溶剂中，且此复合物在一定条件下又要容易分解。

　　水溶性较强的碱（如链霉素）可与脂肪酸（如月桂酸）形成复合物而能溶于丁醇、醋酸丁酯、异辛醇中。在酸性条件下（pH5.5～5.7），此复合物分解成链霉素而转入水相，链霉素在水性条件下能与二异辛基磷酸酯相结合，而从水相萃取到三氯乙烷中，然后在酸性条件下，再萃取到水相。

　　青霉素作为一种酸，可用脂肪碱作为带溶剂。如能和正十二烷胺、四丁胺等形成复合物而溶于氯仿中，这样萃取收率能够提高，且可以在较有利的 pH 范围内操作，适用于青霉素的定量测定中。这种正负离子结合成对的萃取，也称为离子对萃取。

柠檬酸在酸性条件下，可与磷氧键类萃取剂如磷酸三丁酯（TBP）形成中性络合物而进入有机相（$C_6H_8O_7 \cdot 3TBP \cdot 2H_2O$），也称为反应萃取。

以上有带溶剂参与的萃取过程，因为有化学反应发生，也称为化学萃取。

（6）乳化与去乳化　生物样品液经预处理后，虽能分离出去大部分非水溶性的杂质和部分水溶性杂质，但残留的杂质（如蛋白质等）具有表面活性，在进行溶剂萃取时引起乳化，使有机相和水相难以分层，即使用离心机往往也不能将两相完全分离。有机相中夹带水相，会使后续操作困难。而水相中夹带有机相则意味着产物的损失。因此，在萃取过程中防止乳化和去乳化是非常重要的步骤。

发生乳化时，一种液体以微小液滴形态分散在另一种不相溶的液体中所形成的分散体系即乳状液，乳状液一般可分成"水包油（O/W）"和"油包水（W/O）"两种类型。在生物萃取中主要是由蛋白质引起的 O/W 型乳状液，其平均粒径为 2.5～3.0nm。萃取操作中主要的去乳化方法有以下几种。

①加热：升高温度可使蛋白质胶粒絮凝速度加快，并能降低黏度，促使乳化消除。但此法仅适用于非热敏性产物。

②加入电解质：利用电解质来中和乳状液分散相所带的电荷而促使其聚沉，同时增加两相的密度差，也便于两相分离。常用的电解质有氯化钠和硫酸铵。

③吸附过滤：将乳状液通过一层多孔性介质（碳酸钙或无水碳酸钠）进行过滤，由于乳状液中的溶剂相与水相对此介质润湿性不同，其中水分被吸附而去乳化。

④加入去乳化剂：这是目前最主要的去乳化方法。去乳化剂即破乳剂，也是一种表面活性剂，它具有相当的表面活性，因此能顶替界面上原来的乳化剂。但由于破乳剂的碳氢链很短，或具有分枝结构，不能在相界面上紧密排列成牢固的界面膜，从而使乳状体的稳定性大大降低，达到去乳化的目的。生产中常用的去乳化剂有十二烷基磺酸钠（SDS）、溴代十五烷基吡啶（PPB）及十二烷基三甲基溴化铵等。

去乳化剂的用量一般为 0.01%～0.05%，其中十二烷基三甲基溴化铵目前已用于青霉素的提取，其特点是在碳乳离心时，能使蛋白质留在水相底层，相面清晰，不仅去乳化效果好，而且能提高产品质量。

5. 溶剂萃取法的应用——赤霉素提取

赤霉素是一种农用抗生素，它是赤霉菌经三级发酵后，通过酸化过滤、减压薄膜蒸发浓缩、萃取、浓缩、结晶等工序制得的。目前工业上萃取赤霉素多采用三级错流萃取。

赤霉素溶剂萃取流程：取生产中酸化过滤后的发酵液，计量体积放入高位储藏罐中，加萃取剂乙酸戊酯进行三级错流萃取，萃取液入储藏罐，萃余液除油、排放，萃取液由 NaHCO₃反萃取液进行三级逆流反萃取，得到浓缩液进入浓缩工序（图 8 - 17）。

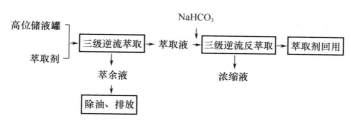

图 8 - 17　赤霉素的三级逆流萃取流程

二、双水相萃取

溶剂萃取操作已广泛应用于食品、医药和生物技术产业。但利用通常的溶剂萃取法提取生物大分子物质（主要是蛋白质）存在以下困难：①许多蛋白质都有极强的亲水性，不溶于有机溶剂；②蛋白质在有机溶剂相中易变性失活。利用一种新型的萃取技术——双水相萃取可有效地克服这些困难。在双水相萃取中，互不相溶的两相中水分都占很大的比例（85% ~90%），在这种环境下不会引起蛋白质等生物大分子失活，但可以不同的比例分配于两相中。

双水相体系萃取具有工艺易于放大、分离迅速、条件温和、步骤简单、操作方便及通用性强等优点。一般提纯的倍数可达 2 ~20 倍，如体系选择适当，回收率可达 80% ~90%。但也具有易乳化、相分离时间长、成相聚合物的成本较高、分离效率不高等缺点。自 20 世纪 70 年代中期首次应用于该技术提取酶和蛋白质以来，至今已应用于几十种酶的中等规模的提取，甚至应用于抗生素、氨基酸等小分子的提取，为生物物质特别是胞内蛋白质的分离开辟了新的途径。

（一）双水相萃取原理

1. 双水相的形成

（1）高聚物 – 高聚物（双聚合物）双水相的形成　在绝大多数情况下，如果两种亲水性聚合物混合溶于水中，低浓度时可以得到均匀单相溶液体系，随着各自浓度的增加，溶液会变得浑浊，当各自达到一定浓度时，就会产生互不相溶的两相，高聚物分别溶于互不相溶的两相中，两相中都以水分为主，从而形成高聚物 – 高聚物双水相体系。只要两种聚合物水溶液的水溶性有一定的差异，混合时就可发生相分离，并且水溶性差别越大，相分离倾向也就越大。如用等量的 1.1% 右旋糖苷溶液和 0.36% 甲基纤维素溶液混合，静置后产生两相，上相中含右旋糖苷 0.39%，含甲基纤维素 0.65%；而下相含右旋糖苷 1.58%，含甲基纤维素 0.15%。一般认为当两种不同结构的高分子聚合物之间的排斥力大于吸引力时，聚合物就会发生分离，当达到平衡时，即形成分别富含不同聚合物的两相。这种含有聚合物分子的溶液发生分相的现象称为聚合物的不相容性。

（2）高聚物－低相对分子质量化合物双水相的形成　聚合物溶液与一些无机盐溶液相混时，只要浓度达到一定的范围时，也可形成双水相，例如，聚乙二醇（PEG）/磷酸钾、PEG/磷酸铵、PEG/硫酸铵等常用于生物产物的双水相萃取。PEG/无机盐系统的上相富含 PEG，下相富含无机盐。其成相原因目前尚不清楚，有人认为是盐析作用。表 8 – 6 所示为几种典型的双水相系统。

表 8 – 6　　　　　　　　　　几种典型的双水相系统

聚合物 1	聚合物 2 或盐	聚合物 1	聚合物 2 或盐
葡聚糖	聚丙二醇 聚乙二醇 乙基羟乙基纤维素 羟丙基葡聚糖 聚乙烯醇 聚乙烯吡咯烷酮	聚乙二醇	聚乙烯醇 聚乙烯吡咯烷酮 聚蔗糖 硫酸镁 硫酸铵 硫酸钠
羟丙基葡聚糖	甲基纤维素 乙基纤维素 聚乙烯醇 聚乙烯吡咯烷酮	甲基纤维素	甲酸钠 聚乙烯醇 聚乙烯吡咯烷酮
聚丙二醇	甲基聚丙二醇 聚乙二醇 聚乙烯醇 聚乙烯吡咯烷酮 羟丙基葡聚糖	聚乙烯吡咯烷酮 聚丙二醇 聚乙二醇 甲氧基聚乙二醇	硫酸钾

分离某一生物大分子，两相系统的选择原则，必须有利于目的物的萃取和分离，同时又要兼顾到聚合物的物理性质。如甲基纤维素和聚乙烯醇，因其黏度太高而限制了它们的应用。聚乙二醇和葡聚糖因其无毒性和良好的可调性而得到广泛应用。

2. 溶质在两相中的分配

双水相萃取属于液液萃取范畴，与水－有机相萃取的原理相似，都是基于溶质在两相间的选择性分配。当萃取体系的性质不同时，物质进入双水相系后，由于表面性质、电荷作用和各种力（如疏水键、氢键和离子键等）的存在和环境因素的影响，使其在上、下相中的浓度不同。分配系数等于物质在两相的浓度比，各种物质的 K 不同，因而双水相体系对生物物质具有很大的选择性，可利用双水相萃取体系对物质进行分离。

$$K = \frac{C_T}{C_B} \tag{8-8}$$

式中　C_T、C_B——分别代表上相、下相中溶质的浓度

　　　　K——与温度、压力以及溶质和溶剂的性质有关，与溶质的浓度无关

（二）影响双水相萃取的因素

影响双水相萃取的因素有成相聚合物的相对分子质量和浓度、pH、盐的种类和浓度、温度等。适当选择各参数即在最适条件下，可达到较高的分配系数和选择性。

1. 成相聚合物的相对分子质量

当聚合物相对分子质量降低时，蛋白质易分配于富含该聚合物的相。例如，聚乙二醇－D－葡聚糖系统中，PEG 的相对分子质量减小，会使分配系数增大，而葡聚糖的相对分子质量减小，会使分配系数降低。这是一条普遍的规律，不论何种成相聚合物系统，或何种进行分配的生物高分子都适用。溶质的相对分子质量越大，则影响程度越大。

2. 成相聚合物的浓度

当接近临界点时，蛋白质均匀地分配于两相，分配系数接近于 1。如成相聚合物的总浓度或聚合物/盐混合物的总浓度增加时，系统远离临界点，此时两相性质的差别也增大，蛋白质趋向于向一侧分配，即分配系数或增大超过 1，或减小低于 1，当远离临界点时，系统的表面张力也增大。如果进行分配的是细胞等固体颗粒，则细胞易集中在界面上，因为处在界面上时，使界面面积减少，从而使系统能量减少。但对溶解的蛋白质来说，这种现象比较少见。

3. 盐类的影响

盐的种类对双水相萃取的影响体现在两个方面。一方面，由于盐正负离子在两相间分配系数不同，各相应保持电中性，因而在两相形成电位差，这对带电生物大分子，如蛋白质和核酸等的分配，产生很大的影响。如在 8% 聚乙二醇－8% 葡聚糖、0.05mol/L、pH6.9 的体系中，溶菌酶带正电荷分配在上相，卵蛋白带负电分配在下相。当加入 NaCl，其浓度低于 50mmol/L 时，上相电位低于下相电位，使溶菌酶的分配系数增大，而卵蛋白的分配系数减小。由此可见，加入适当的盐类，会大大促使带相反电荷的两种蛋白质的分离。另一方面，当盐浓度很大时，由于强烈的盐析作用，蛋白质易分配于上相，分配系数几乎随盐浓度增大而成指数增加，各种蛋白质分配系数增大的程度有差异，利用此性质，可使蛋白质相互分离。

4. pH

pH 会影响蛋白质中可以解离基团的解离度，因而改变蛋白质所带电荷和分

配系数。另外，pH 也会影响磷酸盐的解离程度，若改变 $H_2PO_4^-$ 和 HPO_4^{2-} 之间的比例，也会使相间电位发生变化，而影响分配系数。pH 的微小变化有时会使蛋白质的分配系数改变 2~3 个数量级。

5. 温度

温度影响成相聚合物在两相的分布。特别在临界点附近，因而也影响分配系数。但是当离临界点较远时，这种影响很小。有时采用较高温度，这是由于成相聚合物对蛋白质有稳定作用，因而不会引起损失，同时在温度较高时，黏度较低有利于相的分离操作，但在大规模生产中，总是采用在常温下操作，从而可节约冷冻费用。

三、超临界流体萃取

超临界流体萃取（supercritical fluid extraction，SFE）是以超临界流体作为萃取剂，在临界温度和临界压力附近的状态下萃取目的组分的过程。超临界流体萃取具有适应范围广、萃取效率高、操作简单、萃取过程几乎在室温下完成等优点，因此，自 20 世纪 70 年代首次工业化应用以来，目前已广泛应用于食品、化工和医药等领域。超临界流体萃取以 CO_2 超临界流体萃取在食品、生物技术产业中应用最为广泛，因此本节主要讨论 CO_2 超临界流体萃取技术。

1. 超临界流体萃取原理

（1）超临界流体的概念　任何一种物质都存在三种相态，即气相、液相和固相（图 8 - 18），三相成平衡态共存的点称为三相点。图中的临界温度是指高于此温度时，无论施加多大压力也不能使气体液化；临界压力是指在此临界温度下，液体汽化所需的压力。物质在临界点，气体和液体的临界面消失，体系性质均一，不再为气体和液体。不同的物质有其不同的临界压力和临界温度。当温度超过临界点时，物质处于既不是气体

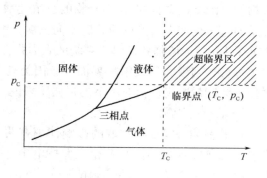

图 8 - 18　物质三相图

也不是液体的超临界状态，称其为超临界流体。

（2）超临界流体的性质　超临界流体最重要的性质是密度和黏度，这两者直接决定了超临界流体的溶解能力和扩散性（溶解速度），因而直接影响着超临界流体萃取的效率和选择性。

①超临界流体的密度：流体的密度决定流体的溶解能力，密度越大，其溶解能力越强。超临界流体密度接近于液体，因此，对固体、液体的溶解能力也

接近于液体。

②超临界流体的黏度：黏度决定了流体的扩散性和渗透性，黏度越小，流体的渗透性越强，在萃取过程中能尽快达到传质平衡，从而实现高效率分离。超临界流体的黏度接近于气体，因此，其萃取效率越高。

③超临界流体溶解能力随着温度和压力的变化而变化：超临界流体的密度随着温度降低（不能低于临界温度）或升高和压力的升高或降低（不能低于临界压力）而增大或减小，因此，其溶解能力也随压力和温度的变化而变化。而且，在临界点附近，温度和压力的微小变化，都会引起密度和溶解能力的显著变化。因此，可通过控制温度或压力的方法达到萃取的目的。萃取时，降低温度或升高压力，使目的组分溶出，然后升高温度或降低压力使萃取物分离析出。

2. 生物分离过程中超临界流体的选择

目前已有很多超临界流体可用于萃取。对于生物分离过程，CO_2超临界流体成为目前最常用的萃取剂，它具有以下特点。

（1）CO_2临界温度为 31.1℃，操作温度接近常温，对热敏性生物物质无破坏作用或破坏作用小。

（2）临界压力为 7.4MPa，临界条件容易达到。

（3）CO_2化学性质不活泼，无毒、无腐蚀性、不易燃、不易爆、安全性好。

（4）价格便宜，纯度高，容易获得。

超临界状态下，CO_2超临界对不同溶质的溶解能力差别很大，这与溶质的极性、沸点和相对分子质量密切相关，一般来说有以下规律：

①亲脂性、低沸点成分可在低压萃取，如挥发油、烃、酯等。

②化合物的极性基团越多，就越难萃取。

3. 超临界萃取工作流程

萃取过程主要设备由萃取釜、分离釜、精馏柱、高压泵、副泵、冷却器、萃取剂储罐、换热系统、净化系统、流量计和温度计等组成。超临界萃取典型工艺流程如图 8-19 所示。

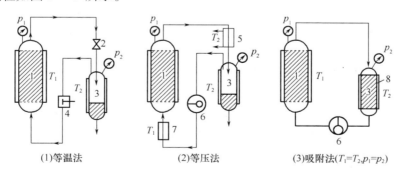

图 8-19 超临界萃取典型工艺流程

1—萃取釜 2—膨胀阀 3—分离釜 4—压缩机 5—加热器 6—泵 7—冷却器 8—吸附剂

（1）等温法　通过改变操作压力实现溶质的萃取和回收，操作温度不变。溶质在萃取器中被高压流体萃取后，流体经过膨胀阀而压力下降，溶质的溶解度降低，在分离器中析出，萃取剂则经过压缩机压缩后返回萃取器循环使用。在超临界流体的膨胀和压缩过程中会产生温度变化，所以在循环流路上要设置换热器。

（2）等压法　通过改变操作温度实现溶质的萃取和回收，操作压力不变。如果在操作压力下溶质的溶解度随温度升高而下降，则萃取流程须经加热器加热后进入分离器，析出目标溶质，萃取剂则经冷却器冷却后返回萃取器循环使用。

（3）吸附法　利用选择性吸附目标产物的吸附剂回收目标产物，有利于提高萃取的选择性。

4. 影响超临界萃取的因素

（1）萃取剂　CO_2 超临界流体属非极性物质，根据"相似相溶"理论，其对非极性物质的萃取效果较好，为使其对极性物质也有较好的萃取能力，一般通过添加少量具有一定极性且能与 CO_2 超临界流体互溶的携带剂来增加超临界流体的极性。常用的携带剂有甲醇和乙醇，使用量在5%（质量分数）以内。可先与 CO_2 超临界流体混合后通入待萃取原料中，也可直接加入待萃取原料中。

（2）待萃取的固体原料粒度　萃取的固体原料粒度越小，超临界流体越易进入原料内部，萃取越完全。但过小的粒度可能引起萃取过程中颗粒黏结结块，反而影响流体渗透和溶解速度。一般控制在 20~80 目为宜。

（3）萃取温度　温度对萃取的影响主要体现在两个方面：一方面温度升高，溶解能力增大；另一方面温度降低可能会导致溶质在超临界流体中的溶解度降低。因此，在等压萃取中，溶质有一最适萃取温度。另外，根据超临界流体的性质，温度控制在临界点附近最为经济。

（4）压力　压力增加，超临界流体的密度增加，溶解能力相应增加。与温度一样，根据超临界流体的性质，压力控制在临界点附近最为经济。

（5）萃取剂流速　萃取剂通过萃取物中的流速越大，传质推动力越大，萃取越完全。但过高的流速，可能会使萃取剂还未与原料充分接触就已流过，导致耗能增加。

5. 超临界流体萃取的应用实例

利用超临界二氧化碳萃取咖啡豆中的咖啡因工艺可分为三个步骤，首先用于干燥的超临界 CO_2（162℃和29MPa），从烘烤过的咖啡豆中萃取香料和芳香油，然后用湿 CO_2 萃取咖啡因，最后再将香料和芳香油加回到咖啡豆中去。改进后的超临界 CO_2 有选择性地直接从原料中萃取咖啡因而不失其芳香味。咖啡因超临界萃取过程如图 8 - 20 所示。将咖啡豆事先浸渍在水里，然后放在高压容器中通入 184℃和 16~22MPa 的 CO_2 进行萃取，CO_2 可循环使用。咖啡因从咖啡豆中向超临界流体相扩散，然后同CO_2一起进入水洗塔，用$173 \sim 184℃$的水洗涤。约10h后，所有咖啡因都被水吸收，该水经脱气后进入蒸馏塔以回收咖啡因。萃取后的咖啡因含量从原来的$0.7\% \sim 3\%$下降到0.02%。从超临界相回收咖啡因也可用活性炭吸附而不用水洗，然后吸附的咖啡因再从活性炭中解吸出来。或者将咖啡豆和活性炭的混合物装入高压釜中，通入超临界CO_2进行萃取。活性炭颗粒很小，可将咖啡豆之间的空隙填满。萃取3kg咖啡豆约需1kg活性炭。萃取操作条件为184℃和22MPa。此过程中，超临界相中的咖啡因直接进入活性炭而无须气体循环，5h后可达要求的脱咖啡因纯度。

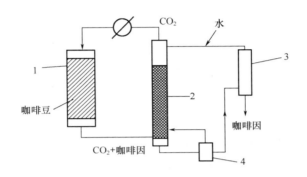

图8-20　咖啡因超临界萃取过程

1—萃取塔　2—水洗塔　3—蒸馏塔　4—脱气罐

单元六　蒸发浓缩

浓缩是从溶液中除去部分溶剂的单元操作。生物产品在生产中通过浓缩可达到以下目的：①缩小包装，便于储藏和运输；②延长保藏期；③改变味感形成新产品；④增加活性成分浓度，增强其功效；⑤用于干燥、结晶及其他分离单元操作的前处理。

生物物料一般具有热敏性、结构性、卫生性、黏滞性、起泡性和挥发性等特点。理想的浓缩过程应当是选择性地除去部分溶剂而不改变溶质的性质，这是相互矛盾的。工业生产上在选择浓缩方法和浓缩条件时，必须权衡浓缩质量与浓缩过程费用这两个问题。生物产品工业水平常见的浓缩过程包括蒸发浓缩、冷冻浓缩和膜过滤浓缩，本章节主要是介绍蒸发浓缩。

一、蒸发浓缩的原理

蒸发浓缩是指通过加热的方法使溶剂汽化而使溶质增浓的操作过程。一般来说，溶剂在任何温度下都能汽化，但速度很慢，所以工程上多采用在沸腾情况下的汽化过程。通常说的蒸发即是指这种过程。蒸发浓缩有许多操作类型，其中膜式蒸发器具有热传效果好、蒸发速度快等优点，目前已成为生物物料浓缩的主要方式。

1. 蒸发浓缩的基本流程

物料蒸发浓缩的基本流程为：物料→加热器加热至沸点→蒸发室内料液沸腾汽化→汽化蒸汽与沫在分离器中分离→通过冷凝器排除汽化的蒸汽。因此，蒸发浓缩系统主要由加热室（器）、蒸发室、分离器、冷凝器组成，如图 8-21 所示。对于真空蒸尚需要抽真空系统。另外，有时还有预热器等附属设备。

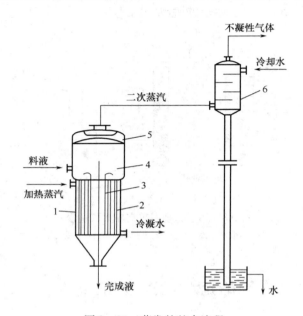

图 8-21　蒸发的基本流程

1—加热管　2—加热室　3—中央循环管　4—蒸发室　5—分离器　6—冷凝管

2. 蒸发的操作方法

根据各种物料的特性和工艺要求，蒸发过程可以采用不同的操作条件和方法。

（1）常压蒸发和减压蒸发　根据操作压强的不同，蒸发过程可以分为常压蒸发和减压蒸发（真空蒸发）。常压蒸发是指冷凝器和蒸发器溶液侧的操作压强为大气压或略高于大气压，此时系统中的不凝气依靠本身的压强从冷凝器排出。真空蒸发时冷凝气和蒸发器溶液侧的操作压强低于大气压，此时系统中的不凝气必须用真空泵排出。采用真空泵蒸发的目的是降低溶液的沸点。

与常压相比较，真空蒸发具有以下优点：

①溶液沸点低，可以用温度较低的低压蒸汽或废热蒸汽作为加热蒸汽。

②溶液沸点低，采用同样的加热蒸汽，蒸发器传热的平均温度差大，所需

的传热面积小。

③沸点低，有利于处理热敏性物料，即高温下易分解和变质的物料。

④蒸发器的操作温度低，系统热损失小。

真空蒸发的缺点：

①溶液温度低，黏度大，沸腾的传热系数小，蒸发器的传热系数小。

②蒸发器和冷凝器内的压强低于大气压，完成液和冷凝水需用泵排出。

③需要用真空泵抽出不凝气以保持一定的真空度，因而需多消耗一定的能量。

真空蒸发的操作压强（真空度）取决于冷凝器中水的冷凝温度和真空泵的能力。冷凝器操作压强的最低极限是冷凝水的饱和蒸气压，所以它取决于冷凝器的温度。真空泵的作用是抽走系统中的不凝气，真空泵的能力越大，冷凝器内的操作压强越接近冷凝水的饱和蒸气压。一般真空蒸发时，冷凝器的压强为$10 \sim 20kPa$。

除了常压与减压蒸发外，在有效蒸发中，前面几效蒸发器常常在高于大气压下操作，以充分利用加热蒸汽的能量。

（2）单效蒸发和多效蒸发　根据二次蒸发是否用来作为另一蒸发器的加热蒸汽，蒸发过程可分为单效蒸发和多效蒸发。单效蒸发中二次蒸汽在冷凝器中用水冷却，冷凝成水而排出，二次蒸汽所含的热能未被利用。因为蒸发器中依靠加热蒸汽冷凝供给汽化热使溶液中的水汽化，所以，粗略估算，在单效蒸发中，1kg加热蒸汽冷凝可以蒸发1kg水，或者说从溶液中蒸发出1kg水需要消耗1kg加热蒸汽。蒸发过程汽化所产生的水蒸气称为二次蒸汽，以区别于作为热源的生蒸汽。蒸发过程中将二次蒸汽直接冷凝不再利用者，称为单效蒸发，其蒸发器称为单效蒸发器。如将二次蒸汽引入另一蒸发器作为热源进行串联蒸发，称为多效蒸发，其蒸发器称为多效蒸发器。

多效蒸发中，第一蒸发器（称为第一效）中蒸发出的二次蒸汽用作第二蒸发器（第二效）的加热蒸汽，第二个蒸发器蒸出的二次蒸汽用作第三个蒸发器（第三效）的加热蒸汽，依此类推，二次蒸汽利用次数根据具体情况而定，系统中串联的蒸发器的数目称为效数。

图8-22所示为三效蒸发的流程。多效蒸发的优点是可以节省加热蒸汽的消耗量。如果按1kg蒸汽冷凝可以从溶液中蒸发出1kg水估算，二效蒸发中1kg加热蒸汽可以从溶液中蒸出2kg水，即蒸出1kg水需消耗0.5kg加热蒸汽，n效蒸发中，1kg加热蒸汽可以蒸出$n$kg水，即蒸出1kg水，需要$1/n$kg水加热蒸汽。可见效数越多，每蒸出1kg水所需的加热蒸汽量越少。但是，实际上由于低温下水的汽化潜热较高，所以要蒸发1kg需要1kg以上的蒸汽。再者，由于沸点升高的存在，使得多效蒸发的总有效传热温差低于单效蒸发。效数越多，有效传热温差就越小。最后，多效蒸发增加了设备投资，却不能增加整个蒸发系统

的生产能力。因此，多效蒸发的效数是有限的，不能无限增加。工业上常见的多效蒸发以 5~6 效为限。

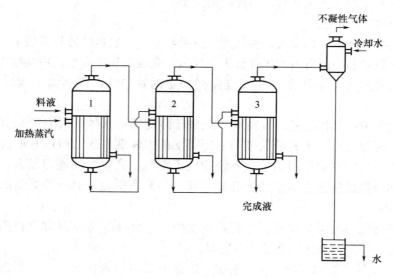

图 8-22　三效蒸发流程
1，2，3—蒸发器

（3）间歇式蒸发与连续蒸发　蒸发操作可以间歇进行，也可连续进行。间歇蒸发有两种操作方法。

①一次进料，一次出料：在操作开始时，将料液加入蒸发器，当液面达到一定高度，停止加料。开始加热蒸发，随着溶液中的水分蒸发，溶液的浓度逐渐增大，相应地溶液的沸点不断升高。当溶液浓度达到规定的要求时，停止蒸发，将完成液放出，然后开始另一次操作。

②连续进料，一次出料：当蒸发器液面加到一定高度时，开始加热蒸汽，随着溶液中水分的蒸发，不断加入料液，使蒸发器中液面保持不变，但溶液浓度随着溶液中水分的蒸发而不断增大。当溶液浓度达到规定值时，将完成液放出。

由上可知，间歇操作的特点是整个操作过程中，蒸发器内溶液的浓度和沸点随时间而变，因此传热的温度差、传热系数也随时间而变，所以间歇蒸发为非稳态操作。连续蒸发时，料液连续加入蒸发器，完成液连续地从蒸发器放出，蒸发器内始终保持一定的液面与压强，器内各处的浓度与温度不随时间而变，所以连续蒸发为稳态操作。一般连续蒸发器（采用循环型蒸发器）内的溶液的浓度为完成液的浓度。通常大规模生产中多采用连续操作，小规模多品种的场合采用间歇蒸发。

二、蒸发器的类型

蒸发器可按不同方法分类。按加热面形状，可分为管式和板式；按加热面上物料流动状态，可分为膜式蒸发器和非膜式蒸发器。膜式蒸发器具有传热效果好、蒸发速度快、无静压引起的沸点升高和适应于小温差等优点，目前已成为生物物料浓缩的主要形式。

1. 非膜式蒸发器

非膜式蒸发器中料液在加热面流动不呈膜状，传热效率低，料液每经过加热管一次，水的相对蒸发量较小，达不到规定的浓缩要求，需要料液在加热面多次循环流动蒸发，才能达到浓缩浓度要求，因此，非膜式蒸发器一般也称作再循环蒸发器。中央循环管式蒸发器是目前应用比较广泛的一种非膜式蒸发器。该蒸发器也称标准式蒸发器，其结构如图 8 - 23 所示，它下部的加热室实质上是一个由直立的加热管（称沸腾管）束组成的列管式换热器，与一般列管式换热器不同的是管束中心是一根直径较大的管子，称为中央循环管，它的截面积

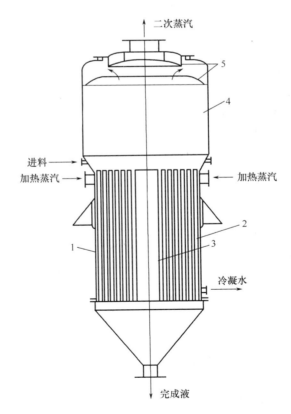

图 8 - 23　中央循环管式蒸发器
1—加热室　2—加热管　3—中央循环管　4—蒸发管　5—除沫器

一般为所有沸腾管总截面的40%～100%。因在管束上单位体积溶液所具有的传热面积大，使管束的管内液体发生沸腾蒸发，自管顶逸出的气液混合物进入蒸发室，分离出的蒸汽经除沫后自蒸发室顶部逸出，液体从中央循环管回流至加热室。因为中央循环管的截面积大，其中单位体积溶液的传热面积比沸腾管中的小，溶液的相对汽化率小，所以中央循环管中沸腾管（气、液混合液）的密度比沸腾管中大，因而产生液体由中央循环管下降，由沸腾管上升的循环流动。中央循环管和沸腾管中沸腾液的密度差越大，管子越长，推动力越大，溶液的循环速度与越大。

这类蒸发器由于受总高限制，沸腾管长度较短，一般为1～3m，直径为25～75mm，管子长径比为20～40。

这类蒸发器的优点是结构简单，制造方便，操作可靠，投资费用少；缺点是溶液的循环速度较低（一般在0.5m/s以下），传热系数较小，液柱静压引起沸点升高，清洗检修比较麻烦。

2. 膜式蒸发器

膜式蒸发器中料液在加热面呈膜状流动，传热效率高，料液一般经一次加热蒸发即可浓缩至所需的浓度，因此，料液在蒸发器中不循环流动。故膜式蒸发器也称为单程型蒸发器。溶液在该类蒸发器内的停留时间短，器内存液量少，适用于热敏性物质溶液的蒸发浓缩。但是因为溶液经加热管一次即达蒸发要求的浓度，所以对设计和操作的要求较高。

这类蒸发器应用面广，特别适用于医药、生化产品、食品等热敏性溶液的蒸发浓缩。根据器内液体流动方向及成膜原因的不同，膜式蒸发器有升膜式、降膜式和升降膜式蒸发器等几种类型，本章介绍升膜式蒸发器。

升膜式蒸发器如图8－24所示。加热室由垂直的长管组成，管长3～15m，直径25～50mm。管长和管径之比为100～150。原料液经预热后由蒸发器的底部进入，在加热管内溶液受沸腾汽化，所生成的二次蒸汽在管内

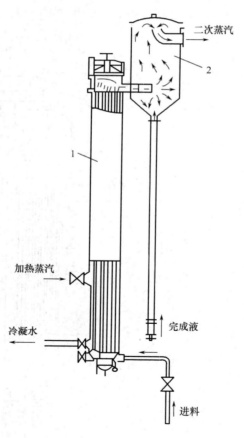

图8－24　升膜式蒸发器
1—蒸发器　2—分离器

以高速上升，带动液体沿管内壁呈膜状向上流动。常压下加热管出口处的二次蒸汽速度一般为 20~50m/s，不应小于 10m/s；减压下可达 100~160m/s 或更高，溶液在上流的过程中不断地蒸发，进入分离室后，完成液与二次蒸汽分离，由分离室底部排出。

升膜式蒸发器适用于热敏性、易生泡沫、黏度小和较稀的浓缩，不适应于高黏度、有晶体析出或结垢的溶液和浓溶液。升膜蒸发器的缺点是，在管内下部区域尚积存较多的料液，延长了接触时间（15~50min），因此，通常还不能通过严格的单程蒸发达到所需浓度而需要再循环浓缩。

三、蒸发浓缩法在谷氨酸提取中的应用

蒸发浓缩法提取谷氨酸的工艺流程如图 8-25 所示。

工艺条件：发酵液经减压一次蒸发相对密度由 1.04（25℃）提高到 1.23（70℃）（体积缩到原体积的 1/7）。再以一次蒸发液按 1：0.8 加盐酸（体积比），加温加压 120~130℃水解 4h，然后降温冷却到 70℃进行过滤，滤液经 122#树脂脱色，再经二次减压蒸发，最后得到二次蒸发液，相对密度 1.230（70℃），消光 0.2 以下。

以二次蒸发液为底料，用低糖流加发酵液中和到 pH3.2，进入到结晶工段。

单元七　结　晶

结晶是从液相或气相生成形状一定、分子（或原子、离子）有规则排列的晶体的现象，即结晶可以从液相或气相中生成，但工业结晶操作主要以液体原料为对象。显然，结晶是新相生成的过程，是利

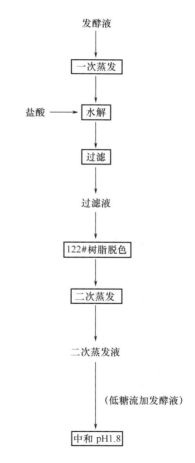

图 8-25　蒸发浓缩法提取谷氨酸的工艺流程

用溶质之间溶解度的差别进行分化的一种扩散分离操作，这一点与沉淀的生成原理是一致的。但两者的区别在于：结晶是内部结构的质点元（原子、分子、

离子）做三维有序规则排列、形状一定的固体粒子，而沉淀则是无规则的、无定形的粒子。由于只有同类分子或离子才能排列成晶体，故结晶过程有良好的选择性。通过结晶，溶液中的大部分杂质会留在母液中，再通过过滤、洗涤等就可得到纯度较高的晶体。此外，结晶过程成本低、设备简单、操作方便，所以许多氨基酸、有机酸、抗生素、维生素、核酸等产品的精制均采用结晶法。

一、结晶的原理与基本过程

结晶包括 3 个过程：过饱和溶液的形成、晶核的形成及晶体的生长。溶液达到过饱和状态是结晶的前提，过饱和度是结晶的推动力。

1. 过饱和溶液的形成

（1）溶液的过饱和与结晶　浓度恰好等于溶质的溶解度，即达到固、液相平衡时的浓度称为该溶质的饱和度。

溶解度与溶质的分散度有关，即微小晶体的溶解度要比普通晶体的溶解度大；微量晶体的半径越小，溶解度越大。例如，粒径为 $0.3\mu m$ 的 Ag_2CrO_4 晶体比普通晶体的溶解度高 10%，粒径 $0.1\mu m$ 的 $BaSO_4$ 晶体比普通晶体的溶解度高 80%。

溶解度还与温度有关，一般物质溶解度随温度升高而增加。因此，对于一个浓度低于溶解度的不饱和溶液，可通过蒸发或冷却（降温）使其浓度达到并超过相应温度下的溶解度而形成过饱和溶液。

溶液的过饱和度与结晶的关系可用图 8-26 表示。图中曲线 SS 为饱和溶解度曲线，在此曲线以下的区域为不饱和区，称为稳定区。曲线 TT 为过饱和溶解度曲线，在此曲线以上的区域称为不稳定区。而介于曲线 SS 和 TT 之间的区域为亚稳定区。

在稳定区的任一点溶液都是稳定的，不管采用什么措施都不会有结晶析出。在亚稳定区的任何一点，如不采取措施，溶液也可以长时间保持稳定，如加入颗

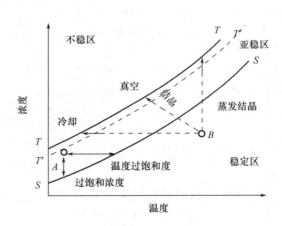

图 8-26　饱和曲线与过饱和曲线

粒半径大于球形小晶体半径的晶体，晶体就会自动生长，溶液的浓度随之下降到 SS 线。亚稳定区中各部分的稳定性并不一样，接近 SS 线的区域较稳定，而接近 TT 线的区域极易受刺激而结晶。因此，有人提出把亚稳定区再一分为二，上半部分为刺激结晶区，下半部分为养晶区。

在不稳定区的任一点溶液能立即自发结晶，在温度不变时，溶液浓度自动降至 SS 线。因此，溶液需要在亚稳定区或不稳定区才能结晶。在不稳区，结晶生成很快，形成大量细小晶体，这在工业结晶中是不利的。为了得到颗粒较大而又整齐的晶体，通常需加入晶种并把溶液浓度控制在亚稳定区的养晶区，让晶体缓慢长大，因为养晶区自发产生晶核的可能性很小。

（2）过饱和溶液的制备　结晶的关键是溶液的过饱和度。通常工业生产上制备过饱和溶液的方法有以下 5 种。

①热饱和溶液冷却：该法适用于溶解度随温度降低而显著减小的物质（溶解度随温度升高而显著减小的物质宜采用加温结晶）。该法基本不除去溶剂，而是使溶液降温，所以也称为等溶剂结晶。

②部分溶剂蒸发：是借蒸发除去部分溶剂的方法，也称等温结晶法，它使溶液在常压或减压下加热蒸发达到过饱和。此法主要适用于溶解度随温度的降低而变化不大的物料或随温度升高溶解度降低的物料。蒸发法结晶消耗能量最多，加热面结垢使操作遇到困难，一般不常采用。

③真空蒸发冷却法：是使溶剂在真空下迅速蒸发而绝热冷却，实质上是以冷却及除去部分溶剂两种效应达到过饱和度。这种方法设备简单，操作稳定，器内无换热面，不存在晶垢问题。

④化学反应法：该法是加入反应剂形成溶解度较低的新物质，或调节 pH 至等电点附近，从而使溶液达到过饱和。例如，在头孢霉素 C 的浓缩液中加入醋酸钾即析出头孢霉素 C 钾盐；于利福霉素 S 的醋酸丁酯萃取浓缩液中加入氢氧化钠，利福霉素 S 即转为其钠盐而析出。四环素、氨基酸及 6－氨基青霉烷酸等水溶液，当其 pH 调至等电点附近时就会析出结晶或沉淀。

⑤盐析法：盐析法是向物系中加入某些极易溶解于原溶液的溶剂中的物质，从而使溶质在溶剂中的溶解度降低而变成过饱和并析出。这种方法之所以称为盐析法，是因为常用氯化钠。

2. 晶核的形成

（1）自然起晶法　在一定温度下使溶液蒸发进入不稳定区形成晶核，当生成晶核的数量符合要求时，加入稀溶液使溶液浓度降低至亚稳定区，使之不生成新的晶核，溶质即在晶核的表面长大。这是一种古老的起晶方法，因为它要求过饱和浓度较高、蒸发时间长，且具有蒸汽消耗多、不易控制、可能造成溶液色泽加深等现象，现已很少采用。

（2）刺激起晶法　将溶液蒸发至亚稳定区后，将其加以冷却，进入不稳定区，此时即有一定量的晶核形成，由于晶核析出使溶液浓度降低，随即将其控制在亚稳定区的养晶区使晶体生长。味精和柠檬酸结晶都可采用先在蒸发器中浓缩至一定浓度后，再放入冷却器中搅拌的方法。

（3）晶种起晶法　将溶液蒸发或冷却到亚稳定区的较低浓度，投入一定量和一定大小的晶种，使溶液中的过饱和溶质在所加的晶种表面上长大。晶种起晶法是普遍采用的方法，如掌握得当可获得均匀整齐的晶体。

加入的晶种不一定是同一种物质，溶质的同系物、衍生物、同分异构体均可作为晶种加入，例如，乙基苯胺可用于甲基苯胺的起晶。纯度要求较高的产品必须使用同种物质起晶。但所加入的晶种应有一定的形状、大小和均匀度，才能有效控制晶体的形状。

3. 晶体的生长

在过饱和溶液中已有晶核形成或加入晶种后，以过饱和度为推动力，晶核或晶种将长大，这种现象称为晶体生长。晶体的形状、大小和均匀度取决于晶核生成速度和晶体生长速度。当晶体生长速度大大超过晶核生成速度时，则得到粗大而又规则的晶体。当溶液快速冷却时，晶体细小，呈针状。当溶液缓慢冷却时，得到较粗大的晶体。因此，为了得到颗粒粗大均匀的晶体，应选择降温缓慢、温度不太低、搅拌缓慢的操作。为了得到颗粒较细但杂质含量低的晶体，则应选择降温较快、温度较低、搅拌缓慢的操作。

过饱和度增高一般会使结晶速度增大，但同时引起黏度增加，结晶速度受阻。

二、结晶器的种类

工业结晶设备主要分冷却式和蒸发式两种，后者又根据蒸发操作压力不同分为常压蒸发式和真空蒸发式。因真空蒸发效率较高，所以蒸发式结晶器以真空蒸发为主。特定目标产物的结晶具体选用何种类型的结晶器主要根据目标产物的溶解度曲线而定。如果目标产物的溶解度随温度升高而显著增大，则可采用冷却结晶器或蒸发结晶器，否则只能选用蒸发型结晶器。

1. 釜式结晶器

图 8-27 和图 8-28 分别是内循环式和外循环式釜式结晶器。内循环结晶器的冷却比表面积较小，结晶速度较低，不适于大规模结晶器操作。另外，因为结晶器壁的温度低，溶液过饱和度大，所以器壁上容易形成晶垢，影响传热效率。外循环式结晶器通过外部热转换器冷却，由于强制循环，溶液高速流过热交换器表面，通过热交换器的溶液温差较小，热交换器表面不易形成晶垢，交换效率较高，可较长时间连续运转，但必须选用合适的循环泵，以避免悬浮晶体磨损破碎。

2. 蒸发结晶器

蒸发结晶器由结晶器主体、蒸发室和外部加热器构成。图 8-29 是一种常用的 Krystal-Oslo 型常压蒸发结晶器。溶液经外部循环加热后送入蒸发室蒸发浓缩，达到过饱和状态，通过中心导管下降到结晶生长槽中。在结晶生长槽中，流体向上流动的同时结晶不断生长，大颗粒结晶发生沉降，从底部排出产品晶浆（晶体与溶液的混合物称为晶浆）。将蒸发室与真空泵相连，可进行真空绝热蒸发。

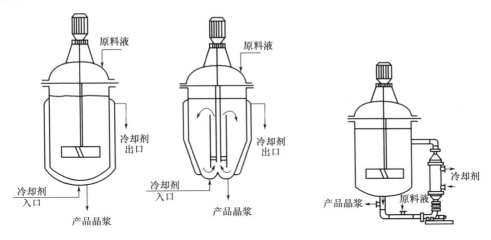

图 8 - 27　内循环式釜式结晶器　　　　图 8 - 28　外循环式釜式结晶器

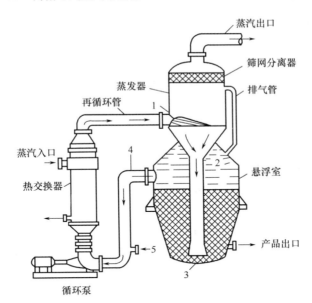

图 8 - 29　Krystal - Oslo 结晶器

1—闪蒸区入口　2—亚稳区入口　3—床层区入口　4—循环流出口　5—结晶料液入口

三、提高晶体质量的方法

1. 晶体大小的控制

工业上通常希望得到粗大而均匀的晶体。粗大而均匀的晶体较细小不规则的晶体便于过滤和洗涤，在存储过程中不易结块。但对一些抗生素，药用时有些特殊要求。例如，非水溶性抗生素，用时要做成悬浮液，为使人体容易吸收，粒度要求较细。如果粒度过大，不仅不利于吸收，而且注射时易阻塞针头，或注射后产生局部红肿疼痛，甚至发热等症状。但晶体过分细小，有时粒子会带静电，由于其相互排斥，四处跳散，给成品的分装带来不便。生产上可通过控制溶液的过饱和度、温度、搅拌速度和晶种来控制晶体的大小。

（1）过饱和度　过饱和度增加使成核速度和晶体生长速度增快，但过饱和度太大，会促使细小晶体形成，尤其过饱和度很高时更为显著。要获得大的晶体，结晶操作应以最大的饱和度为限度。

（2）温度　冷却结晶时，如果溶液快速冷却，溶液很快就达到较高的饱和度，产生大量的细小晶体；反之，缓慢冷却常得到较大的晶体。蒸发结晶时，蒸发室内温度不宜过高，防止蒸发速度过快，造成溶液的过饱和度太大，生成大量细小的晶体。

（3）搅拌　搅拌能促使成核和加快扩散，提高晶核长大的速度，但当搅拌强度达到一定程度后，再加快搅拌效果就不显著，相反，晶体还会被打碎。为了避免结晶的破碎，可采用气提式搅拌方法，或利用直径或叶片较大的搅拌桨，降低桨的速度。

（4）晶种　生物产物的结晶操作主要采用晶种起晶法。特别是对于溶液黏度较高的物系，晶核很难形成，而在高过饱和度下，一旦产生晶核，就会同时出现大量晶核，容易发生聚晶现象。因此，高黏度物系必须采用在亚稳定区内添加晶种的操作方法，而且要求晶种有一定的形状、大小，并且比较均匀。

2. 晶体形成的控制

同种物质的晶体，使用不同的结晶方法生产，虽然仍属于同一晶系，其外形可以完全不同。通过下列措施可以改变晶体的外形。

（1）过饱和度　在结晶过程中，对于某些物质来说，过饱和度对其各晶面的生长速度影响不同，所以提高或降低过饱和度有可能使晶体外形受到显著影响。如果只有在过饱和度超过亚稳定区的界限后才能得到所要求的晶体外形，则需向溶液中加入抑制晶核生长的添加剂。

（2）选择不同的溶剂　在不同溶剂中结晶常得到不同的外形，如普鲁卡因青霉素在水溶液中结晶得方形晶体，而在醋酸丁酯中结晶得长棒形晶体；光神霉素在醋酸戊酯中结晶得到微粒晶体，而在丙酮中结晶，则得到长柱状体。

（3）杂质　杂质存在会影响晶形，例如，普鲁卡因青霉素结晶中，作为消泡剂的丁醇存在会影响晶形，醋酸丁酯存在会使晶体变得细长。

另外，晶种形状、结晶温度、溶液 pH 等也会影响晶体的形状。

3. 晶体纯度的控制

（1）晶体洗涤　结晶过程中，含许多杂质的母液是影响产品纯度的一个重要因素。晶体表面具有一定的物理吸附能力，因此表面上有很多母液和杂质粘附在晶体上。晶体越细小，比表面积越大，吸附杂质越多。一般把晶体和溶剂一起放在离心机或过滤机中，搅拌后再离心或抽滤，这样洗涤效果好。边洗涤边过滤的效果较差，因为易形成沟流使有些晶体不能洗到。对非水溶性晶体，常可用水洗涤，如红霉素、麦迪霉素、制霉菌素等。灰黄霉素也是非水溶性抗生素，若用丁醇洗涤后，其晶体由黄变白，是丁醇将吸附在表面上的色素溶解所致。

（2）重结晶　当结晶速度过大时（如饱和度较高，冷却速度很快），常发生若干颗晶体聚结成为"晶簇"现象，此时易将母液等杂质包藏在内；或因晶体对溶剂亲和力大，晶格中常包含溶剂。为了防止晶簇产生，在结晶过程中可以进行适度的搅拌。为除去晶格中的有机溶剂只能采用重结晶的方法。如红霉素碱从丙酮中结晶时，每 1 分子红霉素碱可含 13 分子丙酮，只有在水中重结晶才能除去。

重结晶是利用杂质和结晶物质在不同溶剂和不同温度下的溶解度不同，将晶体用合适的溶剂溶解再次结晶，从而使其纯度提高的过程。重结晶的关键是选择合适的溶剂，选择溶剂的原则：第一，溶质在某溶剂中的溶解度随着温度升高而迅速增大，冷却时能析出大量结晶；第二，溶质易溶于某一溶剂而难溶于另一溶剂，若两溶剂互溶，则需通过试验确定两者在混合溶剂中所占的比例。最简单的重结晶方法是把收获的晶体溶解于少量的热溶剂中，然后冷却使之再结成晶体，分离母液后或经洗涤，就可获得更高纯度的新晶体。若要求产品的纯度很高，可重复结晶多次。

（3）晶体结块的控制　晶体结块给使用带来不便。均匀整齐的粒状晶体结块倾向较小，即便发生结块，由于晶块结构疏松，单位体积的接触点少，结块易弄碎，如图 8 - 30（1）所示；粒度不齐的粒状晶体由于大晶粒之间的空隙充填较小晶粒，单位体积中接触点增多结块倾向大，而且不易弄碎，如图 8 - 30（2）所示；晶粒均匀整齐但为长柱形，能挤在一起而结块，如图 8 - 30（3）所示；晶体呈长柱状，又不整齐，紧紧地挤在一起，很易结块形成空隙很小的晶块，如图 8 - 30（4）所示。

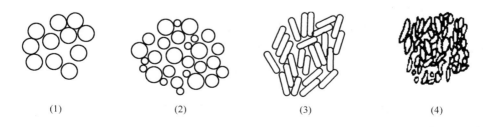

（1）　　　　　　　（2）　　　　　　　（3）　　　　　　　（4）

图 8 - 30　晶粒形状对结块的影响
（1）大而均匀的粒状晶体　（2）不均匀的粒状晶体
（3）大而均匀的长柱状晶体　（4）不均匀的长柱状晶体

大气湿度、温度、压力及储存时间等对结块也有影响。空气湿度高会使结块严重；温度高增大化学反应速度使结块速度加快；晶体受压，一方面使晶粒紧密接触增加接触面，另一方面对其溶解度有影响，因此压力增加导致结块严重；随着储存时间增长，结块现象趋于严重，这是因为溶解及重结晶反复次数增多所致。

为避免结块，在结晶过程中应控制晶体粒度、保持较窄的粒度分布及良好的晶体外形，还应储存在干燥、密封的容器中。

四、结晶法在柠檬酸提取中的应用

一水柠檬酸结晶过程：当温度在55℃时，柠檬酸的饱和浓度是73%。把物料浓缩到过饱和状态（81%），立即移入结晶罐中，启动搅拌器，用冷水夹套降温，料温降到约30℃时刺激起晶或添加晶种，开始结晶，减慢降温速度，使温度逐渐下降，最后至10℃以下时结晶结束。

结晶结束后的晶浆应及时离心，分离出晶体，并用少量无离子冷水冲洗晶体表面附着的母液，然后干燥。母液送到前段工序处理（中和、酸解、净化、蒸发）。

单元八 干 燥

目前，发酵工业生产上常用的干燥方法有三种：对流加热干燥法、冷却升华干燥法和接触加热干燥法。

一、对流加热干燥法

对流加热干燥法又称为加热干燥法，即空气通过加热器后变为热空气，将热量带给干燥器并传给物料，利用对流传热方式向湿物料供热，使物料中的水分汽化，形成的水汽被空气带走。在对流加热干燥法中，空气既是载热体，又是载湿体。发酵工业中这种方法又可分为气流干燥、沸腾干燥和喷雾干燥三种。

1. 气流干燥

气流干燥是一种连续式高效流态化干燥方法，即将颗粒状的湿物料送入高温快速的热气流中，与热气流并流，均匀分散成悬浮状态，增大物料与热空气接触的总面积，强化了热交换作用，仅在几秒钟内（1～5s）即能使物料达到干燥的要求。

气流干燥的基本流程如图8-31所示，湿物料经料斗和螺旋加料器进入干燥管，空气由鼓风机鼓入，经加热器加热后与物料会合，在干燥管内达到干燥的目的。干燥的物料在旋风除尘器和带式除尘器得到回收，废气经抽风机由排气管排出。

气流干燥的干燥时间短，适用于热敏性物料的干燥，并且装置简单，占地面积小，易于制造和维修，易于实现自动化和连续化生产，生产能力大。但是，由于颗粒在热空气中悬浮运动，相互间发生摩擦，对晶体的光泽和外形不利，不适用于对颗粒形态有一定要求的物料的干燥。

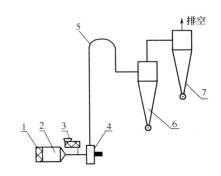

图 8-31 气流干燥器基本流程
1—空气过滤器 2—空气加热器 3—加料器 4—风机
5—干燥管 6—旋风分离器 7—除尘器

2. 沸腾干燥

沸腾干燥利用热空气使孔板上的颗粒状物料呈流化沸腾状态，物料中的水分迅速汽化而达到干燥的目的。

沸腾干燥器如图 8-32 所示。物料由给料器进入干燥器的床面，热空气以一定的速度由干燥器底部经过布风板与物料接触，当热空气对物料的浮力与物料重力达到平衡时，就形成了悬浮床（又称为流态化床或沸腾床）。采用沸腾床强化了气-固两相间的传质与传热过程，使物料呈浮态，空气呈上升态，则两相呈湍流相混合。

沸腾干燥的形式多样，以卧式沸腾干燥器应用较多，主要用来干燥颗粒直径一般最大为 6mm、最佳为 0.5~3mm 的粉状和颗粒状物料。但是，为防止设备的结壁、堵床现象，一般不适用于湿含量大、黏度大、易结壁、易结块物料的干燥。

3. 喷雾干燥

喷雾干燥利用不同的喷雾器，将悬浮液、乳浊液或浆料喷成雾状，使其在干燥室中与热空气接触，由于接触面积大，微粒中水分迅速蒸发，在几秒或几十秒内获得干燥。

图 8-33 所示为喷雾干燥器。将料液泵送至塔顶，经过雾化器喷成雾状的液滴，与塔顶引入的热风接触后，水分迅速蒸发，在极短的时间内便成为干燥产品。干燥产品从干燥塔底部排出，热风与液滴接触后温度显著降低，湿度增大，作为废气由排风机抽出。废气中夹带的微粉用分离装置回收。

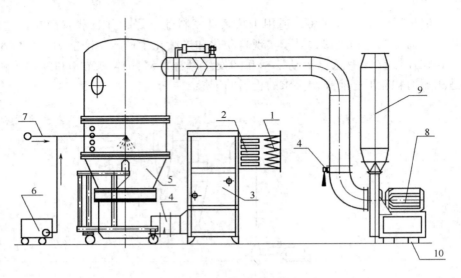

图 8－32　沸腾干燥器

1—中效过滤器　2—亚高效过滤器　3—加热器　4—调风阀　5—流化床　6—输液泵

7—压缩空气　8—引风机　9—消音器　10—减震器

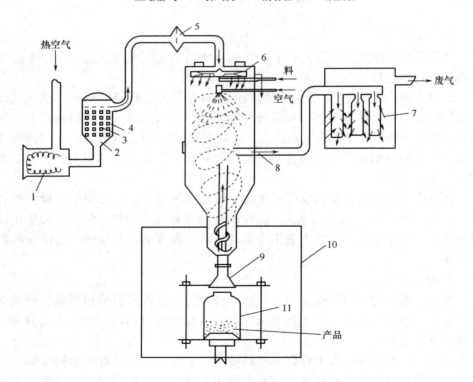

图 8－33　喷雾干燥器

1—电加热器　2，5—过滤器　3—瓷环　4—棉花　6—空气分配盘　7—袋滤器

8—回风管　9—压头　10—恒温无菌室　11—瓶

由于干燥速度迅速，采用高温（80～800℃）热风，其排风温度仍不会很高，产品不致发生过热现象，适用于热敏性物料，干燥产品质量较好。废气中回收微粒的分离装置要求较高。在生产粒径小的产品时，废气中约夹带有20%的微粒，需选用高效的分离装置，结构比较复杂，费用较贵。

二、冷却升华干燥法

冷却升华干燥法是先将湿物料冷冻至较低温度（-50～-10℃），使水分结冰，然后在较高的真空（0.133～133Pa）条件下，使冰直接升华为水蒸气而除去的过程。整个过程分为三个阶段：①冷却阶段，即将样品低温冷冻；②升华阶段，即在低温真空条件下冰直接升华；③剩余水分的蒸发阶段。冷却升华干燥法适宜于具有生理活性的生物大分子和酶制剂、维生素及抗生素等热敏性发酵产品的干燥。

冷却升华干燥也可不先将物料预结冻，而是利用高度真空时汽化吸热而将物料自行冻结，这种方法称为蒸发冻结。其优点是可以节约一定的能量，但操作时易产生泡沫或飞溅现象而导致物料损失，同时不易获得均匀的多孔干燥物。

三、接触加热干燥法

接触加热干燥法又称加热面传热干燥法，即用某种加热面与物料直接接触，将热量传给物料，使其中水分汽化。发酵工业中也比较普遍使用，其干燥设备有干燥箱、滚筒式干燥器、转筒式干燥器等。

思　考　题

1. 发酵液的预处理目的是什么？主要有哪几种方法？
2. 常用的盐析剂、有机沉淀剂有哪些？各有何优缺点？
3. 盐析和有机溶剂沉析操作应注意哪些问题？
4. 吸附分离过程有哪些方面的应用？
5. 工业上常用的吸附剂有哪些？各自的特点是什么？
6. 吸附过程包括哪些步骤？
7. 离子交换树脂有哪些主要性能？它们各有什么实用意义？
8. 简述溶剂萃取、双水相萃取和超临界流体萃取的萃取原理。
9. 简述影响溶剂萃取、双水相萃取和超临界流体萃取的主要因素及其控制方法。
10. 简要说明蒸发浓缩法的原理、目的与基本流程。
11. 简要说明结晶的原理、目的以及影响结晶的因素。
12. 常见的结晶方法有哪些？
13. 常见的干燥方法有哪些？各种方法有何特点、适用范围？

模块九　发酵厂废水生物处理

单元一　发酵厂废水处理

一、发酵厂废水的来源

发酵工业是以粮食和农副产品为主要原料的加工工业。它主要包括酒精、味精、淀粉、白酒、柠檬酸、淀粉糖等行业。就我国国情而言，农作物和经济作物的深加工与产业化是促进农业经济可持续发展、提高农民收入、改善城乡差距、实现国家经济均衡发展的核心手段。但发酵行业耗水量大、排放废水污染严重等问题制约着发酵行业的可持续发展。因此，开发高效、节能并适合我国发酵行业实际的废水处理与资源化工艺技术是解决上述问题的关键环节之一。

发酵行业所排放的废水主要包括分离与提取产品后的废母液与废糟液，占废水排放量的90%，属高浓度有机废液，其中含有丰富的蛋白质、氨基酸、维生素、糖类及多种微量元素，具有高浓度、高悬浮物、高黏度、疏水性差、难降解的特性，使得该类废水处理难度很大；另外也有加工和生产工程中各种冲洗水、洗涤剂，为中浓度有机水。

发酵行业是一个需水量相当巨大的一个行业。水自始至终贯穿在食品发酵工业的整个生产过程中，而且一直扮演着重要的角色。食品发酵企业都是以水作为工业用水和清洗用水，因此食品发酵工业的需水量很大，排放的废水量也巨大。如果过度用水，就难以避免会产生大量废水，加重企业的经济负担，降低利润，同时造成环境的污染。随着我国对环保的要求越来越严格，企业须采取措施有效地削减用水量，尽可能地降低排放废水的产生，避免废水的超额排放所带来的环境问题。据统计，近年来食品与发酵工业主要行业的年排放废水总量达30亿 m^3，其中废渣量达4亿 m^3，废渣水的有机物总量为1500万 t。不言而喻，整个食品与发酵工业的年排放废水、废渣水总量将大大超过上述数字。

二、发酵厂废水的特点

发酵工业废水的特性主要体现为以下六个方面。

①废水量大小不均衡，每天废水量从几吨到数千吨不等。

②废水的水质随着季节的变化而出现明显的波动变化。

③可生化性好，发酵工业的原料是可食用的物质，不存在有毒有害物质，

因此其废水中的成分也自然不会有对微生物有毒的物质，生物降解性好。一般的食品发酵废水的 BOD_5/COD 值都大于 0.4，个别的食品发酵废水的 BOD_5/COD 值高达 0.84。因此可采用成本相对低廉的生物法来处理该类废水。

④废水中微生物种类繁多，包含了可能致病的微生物如致病菌在内的各种各样的微生物类群。

⑤废水浓度较高。发酵工业排放的废水属于高浓度的有机废水，BOD_5 值在 500mg/L 以上的情况很多，个别企业废水的排放浓度可能高达数万甚至数十万毫克每升。

⑥废水中的 N、P 等营养性元素含量高。如果直接排入受纳水体，则会造成水体富营养化现象的产生，危及水中各种生物的正常生命活动。

食品工业废水本身无毒性，但含有大量可降解的有机物质。这种废水如果不经过处理，排入水体要消耗水中大量的溶解氧，造成水体缺氧，会导致接纳排放的水体发黑、腐败、发臭，使鱼类和水生生物死亡。废水中的悬浮物沉入河底，在厌氧的条件下分解，产生臭气，恶化水质，污染环境。若将废水引入农田进行灌溉，会影响农业果实的食用，并污染地下水源。废水中夹带的动物排泄物，含有虫卵和致病菌，将导致疾病的传播，直接危害人畜健康，因此，食品工业废水必须进行处理。

三、废水污染的指标

评价水体污染状况及污染程度可以用一系列指标来表示，这些指标具体可分成两大类，一类是理化指标，另一类是有机污染综合指标和营养盐。

1. 理化指标

（1）水温　水的物理化学性质与水温密切相关。水中溶解性气体（如氧、二氧化碳等）的溶解度、水中生物和微生物活动、非离子氨、盐度 pH 以及其他溶质都受水温变化的影响。

（2）色度　纯水无色透明。清洁水在水层浅时应为无色，深层为浅蓝绿色。天然水中存在腐殖质、泥土、浮游生物、铁和锰等金属离子，均可使水体着色。纺织、印染、造纸、食品、有机合成工业的废水中，常含有大量的染料、生物色素和有色悬浮微粒等，因此常常是使环境水体着色的主要污染。有色废水常给人以不愉快感，排入环境后又使天然水着色，减弱水体的透光性，影响水生生物的生长。水的色度单位为度，即在每升溶液中含有 2mg 六水合氯化钴（Ⅱ）（相当于 0.5mg 钴）和 1mg 铂［以六价氯铂（Ⅳ）酸的形式］时产生的颜色为 1 度。

（3）臭　无臭无味的水虽不能保证其不含污染物，但有利于使用者对水质的信任。水中产生臭的一些有机物和无机物，主要是由于生活污水工业废水污染、天然物质分解或微生物、生物活动的结果。某些物质只要存在零点几微克/

升即可察觉。然而，很难鉴定产臭物质的组成。

（4）浊度　是由于水中含有泥沙、黏土、有机物、无机物、浮游生物和微生物等悬浮物质所造成的，不仅沉积速度慢而且很难沉积。由于生活中铁和锰的氢氧化物引起的浊度是十分有害的，必须用特殊的方法才能除去。天然水经过混凝、沉淀和过滤等处理，可使水变得澄清。

（5）透明度　是指水样的澄清程度，洁净的水是透明的，水中存在悬浮物质和胶体时，透明度便会降低。通常地下水的透明度较高，由于供水和环境条件不同，其透明度可能不断变化。透明度与浊度相反，水中悬浮物越多，其透明度就越低。

（6）pH　是指水中氢离子活度的负对数。pH = − lg［H⁺］。天然水的 pH 多在 6～9，这也是我国污水排放标准中 pH 控制范围。pH 不仅与水中溶解物质的溶解度、化学形态、特性、行为和效应有密切关系，而且对水中生物的生命活动有着重要影响。

（7）残渣　总残渣是水或污水在一定温度下蒸发，烘干后残留在器皿中的物质，包括不可滤残渣（即截留在滤器上的全部残渣，也称为悬浮物）和可滤残渣（即通过滤器的全部残渣，也称为溶解性固体）。悬浮物可影响水体的透明度，降低水中藻类的光合作用，限制水生生物的正常运动，减缓水底活性，导致水体底部缺氧，使水体同化能力降低。

（8）矿化度　是水中所含无机矿物成分的总量，经常饮用低矿度的水会破坏人体内碱金属和碱土金属离子的平衡，产生病变，饮水中矿化度过高又会导致结石症。矿化度是水化学成分测定的重要指标，用于评价水中总含盐量，是农田灌溉用水适用性评价的主要指标之一。常用天然水分析中主要被测离子总和的质量表示。

（9）电导率　是以数字表示溶液传导电流的能力。纯水电导率很小，当水中含无机酸、碱或盐时，电导率增加。电导率常用于间接推测水中离子成分的总浓度。水溶液的电导率取决于离子的性质和浓度、溶液的温度和黏度等。电导率随温度变化而变化，温度每升高 1℃，电导率增加约 2%，通常规定 25℃ 为测定电导率的标准温度。

（10）氧化还原电位　对于一个水体来说，往往存在着多个氧化还原电对，是一个相当复杂的体系，其氧化还原电位则是多个氧化物质与还原物质发生氧化还原的综合结果。氧化还原电位对水环境中污染物的迁移转化具有重要意义。水体中氧化的类型、速率和平衡，在很大程度上决定了水中主要溶质的性质。

（11）酸度　是指水中能与强碱发生中和作用的全部物质，即放出 H⁺ 或经过水解能产生 H⁺ 的物质的总量。地表水中，由于溶入 CO_2 或由于机械、选矿、电镀、农药、印染、化工等行业排放的含酸废水的进入，致使水体的 pH 降低。由于酸的腐蚀性，破坏了鱼类及其他水生生物和农作物的正常生存条件，造成鱼类及农作物等死亡。含酸废水可腐蚀管道、船舶，破坏建筑物。因此，酸度是衡量水体变化的一项重要指标。

（12）碱度　与酸度相反，碱度是指水中能与强酸发生中和作用的全部物质，即能接受质子 H^+ 的物质总量。水中的碱度来源较多，地表水的碱度基本上是碳酸盐、重碳酸盐及氢氧化物含量的函数，所以总碱度被当作这些成分浓度的总和。碱度指标常用于评价水体的缓冲能力及金属在其中的溶解性和毒性，是对水和废水处理过程控制的判断性指标。若碱度是由过量的碱金属盐类所形成，则碱度又是确定这种水是否适宜灌溉的重要依据。

（13）二氧化碳　二氧化碳在水中主要以溶解气体分子的形式存在，但也有很少一部分与水作用形成碳酸，可同岩石中的碱性物质发生反应，并可通过沉淀反应变为沉淀物而从水中除去。在水和生物体之间的生物化学交换中，二氧化碳占有独特地位，溶解的碳酸盐化合态与岩石圈、大气圈进行均相、多相的碳酸反应，对于调节天然水的 pH 和组成起着重要作用。地表水中的二氧化碳主要来源于水和底质中有机物的分解，以及水生物的呼吸作用，也可从空气中吸收。因此其含量可间接指示出水体遭受有机物污染的程度。

2. 有机污染综合指标及营养盐

（1）溶解氧　天然水的溶解氧含量取决于水体与大气中氧的平衡。溶解氧的饱和含量和空气中氧的分压、大气压力、水温有密切关系。清洁地表水溶解氧一般接近饱和。由于藻类的生长，溶解氧可能过饱和。水体受有机、无机还原性物质污染时溶解氧降低。当大气中的氧来不及补充时，水中溶解氧逐渐降低，以致趋近于零，此时厌氧菌繁殖，水质恶化，导致鱼虾死亡。废水中溶解氧的含量取决于废水排出前的处理工艺过程，一般含量较低，差异很大。鱼类死亡事故多由于大量受纳污水，使水中耗氧性物质增多，溶解氧很低，造成鱼类窒息死亡，因此溶解氧是评价水质的重要指标之一。

（2）化学需氧量（COD）　是指在规定条件下，使水样中能被氧化的物质氧化所需耗用氧化剂的量。化学需氧量反映了水受还原性物质污染的程度，水中还原物质包括有机物、亚硝酸盐、亚铁盐、硫化物等。水被有机物污染是很普遍的，因此化学需氧量也作为有机物相对含量的指标之一，但只能反映能被氧化的有机物污染，不能反映多环芳烃、PCB 等的污染状况。水样的化学需氧量，可由于加入氧化剂的种类及浓度、反应溶液的酸度、反应温度和时间，以及催化剂的有无而获得不同的结果。因此，化学需氧量也是一个条件指标。对于污水，我国规定用重铬酸钾法，其测得的值称为化学需氧量。

（3）高锰酸盐指数　是指在酸性或碱性介质中，以高锰酸钾为氧化剂，处理水样时所消耗的量。高锰酸盐指数和 COD_{Cr} 都被称为化学需氧量，只是在不同条件下测得的值。因此，高锰酸盐指数常被称为地表水体受有机污染物和还原性无机物质污染程度的综合指标。

（4）生化需氧量（BOD）　生活污水与工业废水中含有大量各类有机物。当其污染水域后，这些有机物在水体中分解时要消耗大量溶解氧，从而破坏水体氧的平衡，使水质恶化，因缺氧造成鱼类及其他水生生物的死亡。水体中所含的有机物成分复杂，难以一一测定其成分。人们常常利用水中有机物在一定条件下所消耗的氧来间接表示水体中有机物的含量，生化需氧量即属于这类的重要指标之一。

（5）总有机碳（TOC）　是以碳的含量表示水体中有机物总量的综合指标。由于 TOC 的测定采用燃烧法，因此能将有机物全部氧化，它比 BOD_5 或 COD 更能直接表示有机物的总量，因此常常被用来评价水体中有机物污染的程度。

（6）磷　磷在地壳中的质量百分含量约为 0.118%。磷在自然界都以各种磷酸盐的形式出现。磷存在于细胞、骨骼和牙齿中，是动植物和人体所必需的重要组成部分。正常时人每天需要从水和食物中补充 1.4g 磷，但都是以各种无机态磷酸盐或有机磷化合物形式吸收。磷以单质磷形式存在于水和废水中时，将给环境带来危害。黄磷是重要的化工原料，在其生产过程中，用水喷洗熔炉的废气冷却后产生对环境危害极大的"磷毒水"，这种污水含有大量可溶和悬浮态的元素磷。元素磷属剧毒物质，进入生物体内可引起急性中毒，人摄入的致死量为 1mg/kg。因此，元素磷是一种不可忽视的污染物。

（7）总磷　在天然水和废水中，磷几乎都以各种磷酸盐的形式存在，它们分为正磷酸盐、缩合磷酸盐（焦磷酸盐、偏磷酸盐和多磷酸盐）和有机结合的磷（如磷脂等），它们存在于溶液、腐殖质粒子或水生生物中。一般天然水中磷酸盐含量不高，化肥、冶炼、合成洗涤剂等行业的工业废水及生活污水中常含有较大量磷。磷是生物生长必需的元素之一，但水体中磷含量过高（如超过 0.2mg/L），可造成藻类的过度繁殖，直至数量上达到有害的程度（称为富营养化），造成湖泊、河流透明度降低，水质变坏。磷是评价水质的重要指标。

（8）凯氏氮　是指凯氏法测得的氮含量。它包括了氨氮和在此条件下能被转化为铵盐而测定的有机氮化合物。此类有机氮化合物主要是指蛋白质、氨基酸、核酸、尿素以及大量合成的、氮为负三价的有机氮化合物。它不包括叠氮化合物、联氮、偶氮、腙、硝酸盐、亚硝酸盐、硝基、亚硝基、腈、肟和半卡巴腙类的含氮化合物。由于一般水中存在的有机氮化合物多为前者，因此，在测定凯氏氮和氨氮后，其差值即称为有机氮。测定有机氮或凯氏氮，主要是为了了解水体受污染状况，尤其是在评价湖泊和水库的富营养化时，是一个有重要意义的指标。

（9）总氮　大量生活污水、农田排水或含氮工业废水排入水体，使水中有机氮和各种无机氮化合物含量增加，生物和微生物大量繁殖，消耗了水中溶解氧，使水体质量恶化。湖泊、水库中含有超标的氮、磷类物质时，造成浮游植物繁殖旺盛，出现富营养化状态。因此，总氮是衡量水质的重要指标之一。

（10）硝酸盐氮　水中硝酸盐氮是在有氧环境下，亚硝氮、氨氮等各种形态的含氮化合物中最稳定的氮化合物，也是含氮有机物经无机作用最终的分解产物。亚硝酸盐可经氧化而生成硝酸盐，硝酸盐在无氧环境中，也可受微生物的作用而还原为亚硝酸盐。水中的硝酸盐氮含量相差悬殊，从数十微克每升至数十毫克每升，清洁的地下水含量很低，受污染的水体以及一些深层地下水中含量较高。造革废水、酸洗废水、某些生化处理设施的出水和农田排水可含大量的硝酸盐。摄入硝酸盐或经肠道中微生物作用转变成亚硝酸盐而出现中毒作用。水中硝酸盐氮含量达数十毫克每升时，可致婴儿中毒。

（11）亚硝酸盐氮　是氮循环的中间产物，不稳定。根据水环境条件，可被氧化成硝酸盐，也可被还原成氨。亚硝酸盐可使人体正常的血红蛋白（低铁血红蛋白）氧化成为高铁血红蛋白，发生高铁血红蛋白症，失去血红蛋白在体内输送氧的能力，出现组织缺氧的症状。亚硝酸盐可与仲胺类反应生成具致癌性的亚硝胺类物质，在 pH 较低的酸性条件下，有利于亚硝胺类的形成。

（12）氨氮　是指以氨或铵离子形式存在的化合氨。两者的组成比取决于水的 pH 和水温。当 pH 偏高时，游离氨的比例较高。反之，铵盐的比例高，水温则相反。水中的氨氮来源主要为生活污水中含氮有机物受微生物作用的分解产物，某些工业废水，如焦化废水和合成氨化肥厂等，以及农田排水。此外，在无氧环境中，水中存在的亚硝酸盐也可受微生物作用，还原为氨。在有氧环境中，水中氨也可转变为亚硝酸盐，甚至继续转变为硝酸盐。测定水中各种形态的氮化合物，有助于评价水体受污染和"自净"状况。鱼类对水中氨氮比较敏感，当氨氮含量高时会导致鱼类死亡。

单元二　好氧生物处理法

一、好氧生物处理技术概述

污水好氧生物处理技术是一种在好氧条件下，利用微生物将污水中的污染物质转化为稳定、无害物质的处理技术。目前，好氧生物法在污水处理中的研究已经较成熟，并且已经有了广泛的应用，但是随着生物法的继续发展，人们对其提出了更高的要求，如缩短其水力停留时间、有效处理难降解和有毒性物质、减小占地面积以及降低运行费用等。其中活性污泥和生物膜生物处理系统是当前污水处理领域应用广泛的两种处理技术。

根据好氧生物法处理污水的原理，从生物工艺上解决上述问题可从以下几个方面着手：①提高污水中溶解氧的含量；②保持高的微生物量，如通过在反应器中投加陶粒、粉末活性炭、无烟煤、多孔泡沫塑料、聚氨酯泡沫、多孔海绵、塑料网格、废弃轮胎颗粒或特制的一些填料来增加微生物浓度；③增强污水与微生物的碰接机会，加强传质速度；④延长难降解物质的停留时间。

基于上述观点，出现许多可处理难降解有机废水的高级氧化技术，如加压曝气、射流曝气、受限曝气、微孔曝气等强化曝气活性污泥法；UNITANK 工艺、氧化沟活性污泥法、CASS 工艺、AB 工艺、LINPOR 工艺、粉末活性炭活性污泥法、膜生物反应器等新型活性污泥法；以及序批式活性污泥生物膜法、附着生长污水稳定塘、生物流化床、流动床生物膜反应器、曝气生物滤池、移动床生物膜反应器、微孔生物膜反应器等新型生物膜反应器。同时，人们也开始考虑利用基因工程菌来强化生物反应器的运行效果。

二、好氧生物处理法

废水的好氧生物处理又分为活性污泥法、生物膜法和稳定塘法。

1. 活性污泥法

活性污泥法是利用悬浮生物培养体来处理废水的一种生物化学工程方法，用于去除废水中溶解的以及胶体的有机物质。活性污泥法是一种通常所称的二级处理方法。它接纳从初次沉淀池的来水进行需氧生物氧化处理。活性污泥法基本流程如图 9 – 1 所示。共有六个组成部分，说明如下。

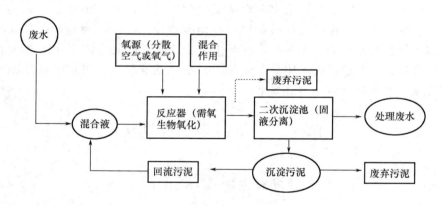

图 9 – 1　活性污泥法基本流程

（1）发生需氧生物氧化过程的反应器　这是活性污泥法的核心部分，这个反应器也就是一般所称的曝气池。

（2）向反应器混合液中分散空气或纯氧的氧源　空气或氧气以压力态或大气常压态进入混合液中。

（3）对反应器中液体进行混合的设备或手段。

（4）对混合液进行固液分离的沉淀池　把混合液分成沉淀的生物固体与经处理后的废水两部分，这一沉淀池也称为二次沉淀池或二沉池。

（5）收集二次沉淀池的沉淀固体并回流到反应器的设备。

（6）从系统中废弃一部分生物固体的手段。

活性污泥法中起分解有机物作用的是分布在反应器的多种生物的混合培养体，包括细菌、原生动物、轮虫和真菌。细菌起同化废水中绝大部分有机物的作用，即把有机物转化成细胞物质的作用，而原生动物及轮虫吞食分散的细菌，使它们不在二沉池水中出现。

在反应器的需氧过程也类似于抗生素发酵过程，原理是相似的。只是起作用的生物体、底物、产物不同而已。

影响活性污泥净化废水的因素主要有以下几个方面。

（1）溶解氧　活性污泥法中，如果供氧不足，溶解氧浓度过低，会使活性污泥中微生物的生长繁殖受到影响，从而使净化功能下降，且易于滋生丝状菌，产生污泥膨胀现象。但若溶解氧过高，会降低氧的转移效率，从而增加所需的动力费用。因此应使活性污泥净化反应中的溶解氧浓度保持在 2mg/L 左右。

（2）水温　温度是影响微生物正常活动的重要因素之一，随着温度的升高，细胞中的生化反应速度加快，微生物生长繁殖速度也加快。但如果温度大幅度增高，会使细胞组织受到不可逆的破坏。活性污泥最适宜的温度范围是 15～30℃，水温低于 10℃ 时即可对活性污泥的功能产生不利的影响。因此，在我国北方地区，小型活性污泥处理系统可考虑建在室内；水温过高的工业废水在进入活性污泥处理系统前，应采取降温措施。

（3）营养物质　废水中应含有足够的微生物细胞合成所需的各种营养物质，如碳、氧、氮、磷等，如没有或不够，必须考虑投加适量的氮、磷等物质，以保持废水中的营养平衡。

（4）pH　活性污泥最适宜的 pH 为 6.5～8.5；如 pH 降低至 4.5 以下，原生动物将全部消失；当 pH 超过 9.0 时，微生物的生长繁殖速度将受到影响。

经过一段时间的驯化，活性污泥系统也能够处理具有一定酸碱度的废水，但是，如果废水的 pH 突然急剧变化，将会破坏整个生物处理系统。因此，在处理 pH 变化幅度较大的工业废水时，应在生物处理之前先进行中和处理或设均质池。

（5）有毒物质　在抗生素的发酵废水中常含有残留抗生素，这是有毒物质在抗生素发酵废水中的主要形式，抗生素浓度的高低，直接决定抗生素发酵废水的可生化性。

活性污泥法包括普通活性污泥法、渐减曝气法、逐步曝气法、吸附再生法、完全混合法、批式活性污泥法、生物吸附氧化法（AB 法）、延时曝气法、氧化沟法等。其中批式活性污泥法（简称 SBR）是国内外近年来新开发的一种活性污泥法，尤其在抗生素发酵废水的生物处理中应用得较多。其工艺特点是将曝气池与沉淀池合二为一，是一种间歇运行方式。

批式活性污泥反应池去除有机物的机制在充氧时与普通活性污泥法相同，

只不过是在运行时，按进水、反应、沉降、排水和闲置五个时期依次周期性运行。进水期是指从开始进水到结束进水的一段时间，污水进入反应池后，即与池内闲置期的污泥混合；在反应期中，反应器不再进水，并开始进行生化反应；沉降期为固液分离期，上清液在下一步的排水期进行外排；然后进入闲置期，活性污泥在此阶段进行内源呼吸。批式活性污泥法的构造简单、投资节省，特别适合于仅设白班工厂的废水处理。

2. 生物膜法

滤料或某种载体在污水中经过一段时间后，会在其表面形成一种膜状污泥，这种污泥即称为生物膜。生物膜呈蓬松的絮状结构，表面积大，具有很强的吸附能力，生物膜是由多种微生物组成的，以吸附或沉积于膜上的有机物为营养物质，并在滤料表面不断生长繁殖。

随着微生物的不断繁殖增长，生物膜的厚度不断增加，当厚度增加到一定程度后，其内部较深处由于供氧不足而转变为厌氧状态，使生物膜的附着力减弱。此时，在水流的冲刷作用下，生物膜开始脱落，并随水流进入二沉池。随后在滤料或载体表面又会生长新的生物膜。

生物膜法与活性污泥土法的主要区别在于生物膜法是微生物以膜的形式或固定或附着生长于固体填料（或称载体）的表面，而活性污泥法则是活性污泥以絮体方式悬浮生长于处理构筑物中。

与传统活性污泥法相比，生物膜法的运行稳定、抗冲击能力强、更为经济节能、无污泥膨胀问题、能够处理低浓度污水等。但生物膜法也存在着需要较多填料和支撑结构、出水常常携带较大的脱落生物膜片以及细小的悬浮物、启动时间长等缺点。

生物膜法基本流程如图 9-2 所示，废水经初次沉淀池进入生物膜反应器，废水在生物膜反应器中经需氧生物氧化去除有机物后，再通过二次沉淀池出水。初次沉淀池的作用是防止生物膜反应器受大块物质的堵塞，对孔隙小的填料是必要的，但对孔隙大的填料也可以省略。二次沉淀池的作用是去除从填料上脱落入废水中的生物膜。生物膜法系统中的回流并不是必不可少的，但回流可稀释进水中有机物浓度，提高生物膜反应器中水力负荷。

图 9-2　生物膜法基本流程

生物膜法有生物滤池、生物转盘、接触氧化法、生物流化床等多种形式。

3. 稳定塘法

稳定塘又称氧化塘或生物塘，其对污水的净化过程与自然水体的自净过程相似，是一种利用天然净化能力处理污水的生物处理设施。

稳定塘的研究和应用始于20世纪初，50～60年代以后发展较迅速，目前已有五十多个国家采用稳定塘技术处理城市污水和有机工业废水。我国有些城市也早在50年代开展了稳定塘的研究，到80年代才进展较快。目前，稳定塘多用于处理中、小城镇的污水，可用作一级处理、二级处理，也可以用作三级处理。

稳定塘的分类常按塘内的微生物类型、供氧方式和功能等进行划分，可分类如下几种。

（1）好氧塘 好氧塘的深度较浅，阳光能透至塘底，全部塘水都含有溶解氧，塘内菌藻共生，溶解氧主要是由藻类供给，好氧微生物起净化污水作用。

（2）兼性塘 兼性塘的深度较大，上层为好氧区，藻类的光合作用和大气复氧作用使其有较高的溶解氧，由好氧微生物起净化污水作用；中层的溶解氧逐渐减少，称兼性区（过渡区），由兼性微生物起净化作用；下层塘水无溶解氧，称厌氧区，沉淀污泥在塘底进行厌氧分解。

（3）厌氧塘 厌氧塘的塘深在2m以上，有机负荷高，全部塘水均无溶解氧，呈厌氧状态，由厌氧微生物起净化作用，净化速度慢，污水在塘内停留时间长。

（4）曝气塘 曝气塘采用人工曝气供氧，塘深在2m以上，全部塘水有溶解氧，由好氧微生物起净化作用，污水停留时间较短。

（5）深度处理塘 深度处理塘又称三级处理塘或熟化塘，属于好氧塘。其进水有机污染物浓度很低，一般$BOD_5 \leqslant 30mg/L$。常用于处理传统二级处理厂的出水，提高出水水质，以满足受纳水体或回用水的水质要求。

除上述几种常见的稳定塘以外，还有水生植物塘（塘内种植水葫芦、水花生等水生植物，以提高污水净化效果，特别是提高对磷、氮的净化效果）、生态塘（塘内养鱼、鸭、鹅等，通过食物链形成复杂的生态系统，以提高净化效果）、完全储存塘（完全蒸发塘）等，也正在被广泛研究、开发和应用。

稳定塘有下述优缺点。

（1）稳定塘的优点

①基建投资低：当有旧河道、沼泽地、谷地可利用作为稳定塘时，稳定塘系统的基建投资低。

②运行管理简单经济：稳定塘运行管理简单，动力消耗低，运行费用较低，为传统二级处理厂的1/5～1/3。

③可进行综合利用：实现污水资源化，如将稳定塘出水用于农业灌溉，充分利用污水的水肥资源；养殖水生动物和植物，组成多级食物链的复合生态系统。

（2）稳定塘的缺点

①占地面积大，没有空闲余地时不宜采用。

②处理效果受气候影响，如季节、气温、光照、降雨等自然因素都影响稳定塘的处理效果。

③设计运行不当时，可能形成二次污染，如污染地下水、产生臭气和滋生蚊蝇等。

虽然稳定塘存在着上述缺点，但是如果能进行合理的设计和科学的管理，利用稳定塘处理污水，可以有明显的环境效益、社会效益和经济效益。

单元三　厌氧生物处理法

一、厌氧生物处理技术概述

厌氧生物处理技术是一种有效地去除有机污染物并使其矿化的技术，它将有机化合物转变为甲烷和二氧化碳等气体（统称沼气）。在厌氧条件下，将污水中的复杂物质转化为沼气，需要多种不同微生物种群的作用。

1. 厌氧生物处理的优点

（1）对于高、中浓度污水（COD > 1000mg/L），厌氧比好氧处理不仅运转费用要便宜得多，而且可回收沼气，是一种产能的工艺。

（2）采用现代高负荷厌氧反应器，处理污水所需反应器的体积更小。

（3）厌氧处理能耗低，为好氧处理能耗的 10% ~ 15%。

（4）厌氧处理污泥产量小，为好氧处理的 10% ~ 15%。

（5）厌氧处理对营养物需求低。

（6）厌氧处理可以应用于小规模，也可应用于大规模的污水处理工程。

厌氧生物技术发展到今天，其早期的一些缺点已经不复存在。但是从微生物学和化学角度来看，厌氧处理仅仅提供了一种预处理，它一般需要后处理以去除出水中残余的有机物。

2. 厌氧生物处理的主要影响因素

（1）pH　消化过程的 pH 应控制在 6.7 ~ 7.2 为宜，并需要维持系统内一定量的碱度。

（2）碳氮比　其控制范围以 20:1 ~ 30:1 为宜，这样才能使发酵过程的产酸和释氨速度配合得当，工程上一般按 BOD_5:TN:TP = （200 ~ 300）:5:1 来控制碳、氮、磷元素的比例，并适当补充一些微生物生长所必需的微量元素如 Zn、Ni、Co 和 Mn。

（3）温度　温度对厌氧消化有很大影响，因为温度直接影响生化反应速率的快慢。常温厌氧发酵温度范围为 10 ~ 30℃，应用最广泛的中温发酵温度范围为 35 ~ 38℃，高温发酵温度范围为 50 ~ 55℃。

（4）阻抑物　很多物质可能对厌氧微生物造成毒害或抑制，它们可能是进水所含成分，也可能是厌氧代谢的产物或中间产物，通常包括有毒有机物、重金属离子和一些阴离子等。

3. 厌氧生物处理反应器主要类型

（1）普通厌氧消化池。

（2）厌氧接触工艺。

（3）升流式厌氧污泥床（UASB）反应器。

（4）厌氧滤池。

（5）厌氧颗粒污泥膨胀床（EGSB）。

（6）厌氧流化床反应器和厌氧复合反应器。

（7）其他，包括厌氧生物转盘、氧化塘等。

目前，从世界范围内采用厌氧工艺的统计看，以上这 7 类不同形式的反应器所占比例不同，其中有绝大多数采用 UASB 反应器。在各种反应器中 UASB 工艺被最为广泛地应用在生产性的装置上，并且一般非常成功。

二、厌氧生物处理法的基本流程

有机物在厌氧条件下的降解过程分成三个反应阶段，第一阶段是废水中的可溶性大分子有机物和不溶性有机物水解为可溶性小分子有机物。第二阶段为产酸和脱氢阶段。第三阶段为产甲烷阶段。如图 9 - 3 所示，在厌氧生物处理过程中，尽管反应是按三个阶段进行的，但在厌氧反应器中，它们应该是瞬时连续发生的。此外，在有些文献中，将水解和产酸、脱氢阶段合并统称为酸性发酵阶段，将产甲烷阶段称为甲烷发酵阶段。

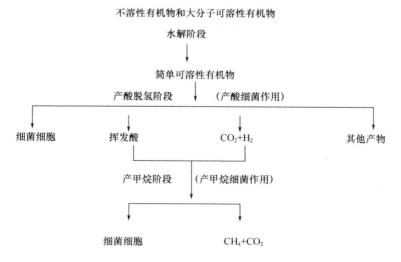

图 9 - 3　厌氧生物处理的连续反应过程

废水厌氧生物处理由于厌氧处理后废水中残留的 COD 值较高，一般达不到排放标准，所以厌氧处理单元的出水在排放前通常还要进行需氧处理，图中以虚线框标出厌氧处理单元，主要由六部分组成，简单说明如下。

（1）厌氧反应器　是厌氧处理中发生物氧化反应的主体设备。在处理污泥时，一般称为消化池；在处理废水时，也和需氧处理一样，有微生物悬浮生长的系统和微生物附着在某些固体表面形成生物膜生长的系统。

（2）保持反应器中主体液体达到所需温度的设备。厌氧处理往往需要维持较高的温度，如 30～35℃，所以通常要有加热废水的手段或措施。可采用热交换器在反应器外预热，也可直接在反应器内加热。为了节约能源，近年来，国内外正大力研究厌氧反应器在自然温度条件下运行的可行性及其效能，并已取得较大进展。

（3）pH 调节剂投加设备，甲烷细菌适宜的 pH 范围很窄，最佳 pH 为 6.5～7.7。所以有时需要对进水的 pH 进行调节，使反应器对产生的有机酸具有足够的缓冲能力，以控制主体液体的 pH 处于产甲烷细菌的最佳范围之内。

（4）沼气的排放、储存和利用设备。

（5）废弃厌氧生物污泥的储存和处理设备。

阅读材料7

膜生物反应器

膜生物反应器（MBR）为膜分离技术与生物处理技术有机结合的新型废水处理系统。以膜组件取代传统生物处理技术末端二沉池，在生物反应器中保持高活性污泥浓度，提高生物处理有机负荷，从而减少污水处理设施占地面积，并通过保持低污泥负荷减少剩余污泥量。膜生物反应器因其有效的截留作用，可保留世代周期较长的微生物，实现对污水深度净化，同时硝化菌在系统内能充分繁殖，其硝化效果明显，对深度除磷脱氮提供可能。由于用超滤膜组件用途代替传统活性污泥工艺中的二沉池，可以进行高效的固液分离，克服了传统活性污泥工艺中出水水质不够稳定、污泥容易膨胀等不足，从而具有下列优点。

（1）能高效地进行固液分离，出水水质良好且稳定，可以直接回用。

（2）由于膜的高效截留作用，可使微生物完全截留在生物反应器内，使运行控制更加灵活稳定。

（3）生物反应器内能维持高浓度的微生物量，处理装置容积负荷高，占地面积省。

（4）有利于增殖缓慢的微生物如硝化细菌的截留和生长，系统硝化效率得以提高。

（5）膜-生物反应器一般都在高容积负荷、低污泥负荷下运行，剩余污泥产量低，降低了污泥处理费用。

（6）易于实现自动控制，操作管理方便。

膜生物反应器广泛适用于生活小区、宾馆饭店、度假区、学校、写字楼等分散用户的日常生活污水处理、回用及啤酒、制革、食品、化工等行业的有机污水处理。膜生物反应器的产水常用于灌溉、洗涤、环卫、造景等非饮用功能。应用 MBR 技术后，主要污染物的去除率可达：$COD \geqslant 93\%$、$SS = 100\%$。产水悬浮物和浊度几近于零，处理后的水质良好且稳定，可以直接回用，实现了污水资源化。

思　考　题

1. 废水的厌氧生物处理和好氧生物处理的区别是什么？
2. 简述废水厌氧生物处理的基本流程。
3. 简述活性污泥法的基本流程。
4. 简述生物膜法的基本流程。
5. 简述污泥的综合利用以及污泥的处理系统。

模块十　发酵工艺实训

实训一　实训安全须知

一、常规实训安全须知

1. 实训前必须预习实训指导书。若经提问发现没有预习者，须在教师指定的时间内预习完毕，方得参加实训。

2. 实训前须认真检查仪器、试剂、用具及实训材料。如有破损、短缺应立即报告指导教师，经同意后方可调换和补充。对玻璃器皿须做好清洗工作。

3. 实训过程中不得随便挪动外组的仪器、用具和实训材料；不得随意拨动仪器开关或电源开关，须按实训要求进行。

4. 实训材料、药品的使用，应在不影响实训结果的前提下注意节约，杜绝浪费。

5. 实训室应保持肃静，不得谈笑喧哗，不许搞其他动作，以免影响他人。

6. 清洗仪器、用具、材料时，须将固形物倒入指定容器内，不得直接倒入水槽，以免造成水管堵塞。

7. 实训过程中，须按操作规程仔细操作，注意观察试验结果，应及时记录。不得抄写他人的实训实习记录，否则须重做。如有疑问，应向指导教师询问清楚后方可进行。

8. 实训完毕后，须将玻璃仪器、用具等清洗干净，按原来的位置摆设放置。如有破损须报告指导教师，并填写仪器损坏登记簿。

9. 在进行实训过程中，不得随意品尝实训原料和加工品。

10. 实训结束后，由值日生负责打扫实验室，保持室内整洁，注意关上水、电、窗、门。

二、发酵实训安全须知

1. 实训前，必须做好实训方案。实训方案是指导实训工作有序开展的一个纲要。因此在实训前必须围绕实训目的、针对研究对象的特征对实训工作的开展进行全面的规划和构想，拟定一个切实可行的实训方案。

2. 发酵工艺实训所涉及的内容十分广泛，危险因素也非常多。由于操作不当，可能引发各种事故，造成环境污染和人体伤害，甚至危及人的生命安全。

因此，必须重视安全，防患于未然。

3. 实训场地应采用通风、排毒、隔离等安全防范措施。有毒物质应有专人保管，专人使用，严格登记。按照要求做好防护，防止有毒物质侵入人体。实训场地严禁吸烟，不准吃东西，离开时应洗手。如发现有中毒事件时，应立即通知老师，做一些必要的处理。

4. 发酵工艺实训，一刻也离不开水，而且必须保证有足够的水压。在实训中要做到节约用水，合理用水。特别要注意，带有菌体的废水和有毒的废水应按有关规定处理后再排放。

5. 发酵工艺实训使用的电器设备很多，如果使用不当，会造成严重的危害，甚至危及生命。安装和检修电器设备必须持证上岗，一人操作，一人监护。电器设备要接地线，要安装漏电保护装置。不准用水冲洗设备，不准超负荷运转，如发生火灾，应立即切断电源，不准用水或泡沫灭火器灭火，应使用二氧化碳或干粉灭火器。

6. 发酵设备和培养基的灭菌，需要高压蒸汽，不论是通过用电发生的蒸汽还是从别的地方引进来的蒸汽，都要做好保温工作。一方面可以保证蒸汽的质量，另一方面也要防止蒸汽烫伤。

7. 建立环保意识。发酵工艺实训后的废水、废气、废渣必须经过处理才能排放。所用的一切药物和中间体应该贴上标签，防止误用或处理不当引起事故。废弃的培养物集中后，先进行高压灭菌后再行处理。一般的酸、碱溶液，应该先中和，后用水大量稀释才可以排放。

8. 发酵工艺实训要使用试管、移液管、培养皿、烧瓶等大量玻璃制品。如因不慎将其打破，应将碎片捡起，不准随意用抹布擦。如有菌液溢出，应先用来苏水消毒后再处理。

9. 实训中所有沾有菌体的器材，都应该在清洗之前，先在来苏水中浸泡 20min。

10. 移液时不准用嘴吸，应使用机械式的抽吸器材。

11. 检修发酵罐等大型设备时，应先将搅拌开关的电源拔下，并有一人监护。以防误开搅拌而造成伤害。

12. 菌种是国家的重要资源，未经批准，一律不准将带菌的物品带出室外。

实训二　发酵罐的使用与维护

一、实训目的

1. 熟悉发酵罐的结构。
2. 掌握发酵罐的适用与维护。

二、发酵罐的结构

图 10-1 所示为 100L 全自动发酵罐的结构。主要由不锈钢搅拌罐、空气系统、蒸汽发生装置、温度调节系统、自动流加系统、计算机显示与控制系统、连接管道与阀门等组成。

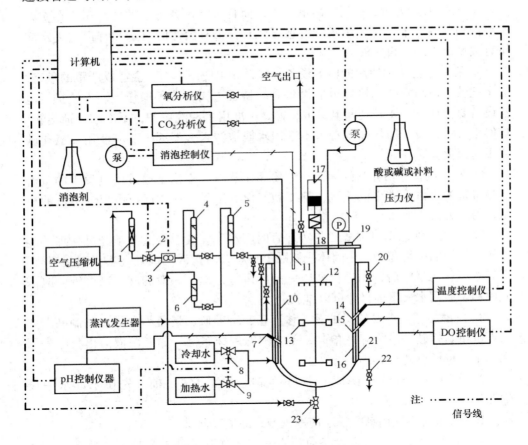

图 10-1　100L 全自动实验罐结构示意图

1—空气预处理器　2—电动阀　3—电磁流量计　4—空气预滤器　5—空气精滤器
6—蒸汽过滤器　7—pH 电极　8—电动阀（夹套进冷水）　9—电动阀（夹套进热水）
10—通风管　11—消泡电极　12—消泡器　13—搅拌器　14—检测温度的热电偶
15—DO 电极　16—挡板　17—电机　18—减速机　19—接种孔　20—出水阀
21—夹套　22—冷凝水排出阀　23—取样与放料阀（三向阀门）

1. 不锈钢搅拌罐的组成

不锈钢搅拌罐主要由不锈钢壳体、夹套、搅拌装置、通风及空气分布管、挡板、接种孔、多个电极插孔、多个流加孔以及各个相关管道的连接口组成。

不锈钢壳体内、外壁经抛光处理，表面光滑，无死角，能承受 0.4 MPa 的设计压力。不锈钢壳体上各个插孔以及连接口均要求密封。夹套是包围在发酵罐直筒外表，用蒸汽间接加热和用冷却水降温的换热装置，与蒸汽、冷却水管道连接，能承受 0.2 MPa 的设计压力。

搅拌装置上有 2~3 档搅拌器，一般采用圆盘涡轮直叶型式，在搅拌器上方安装了消泡器。搅拌轴与发酵罐上封头的连接采用机械密封。在罐体外部，与搅拌轴连接的是电机以及减速机，电机的变频器与计算机连接，可以通过计算机设置、调节搅拌转速。由于采用径向流的搅拌器，为了促使液体的轴向流动，在发酵罐内壁上安装了三块挡板。由于实验罐体积较小，空气分布管与管内通风管并为一体，采用单管口出风，管口朝下，正对罐底中央。

发酵罐上封头上有消泡电极的插孔，电极采用 O 形圈密封并采用不锈钢螺纹环固定。上封头上有 3~4 个流加孔，供流加消泡剂、酸碱液、营养液等使用，流加孔采用硅胶塞密封，流加时直接用不锈钢针插穿硅胶塞，硅胶塞多次使用后可更换。上封头上有 1 个接种孔，用不锈钢螺纹塞密封，供接种、灌装发酵培养基时使用。上封头上有 1 个与排气管相连的排气口，采用焊接。上封头有 1 个压力表，并与计算机连接，可通过计算机显示、调节罐压。发酵罐直筒上有 3~4 个电极插孔，分别供温度、pH、溶氧等检测电极插入使用，电极都是采用 O 形圈密封并采用不锈钢螺纹环固定。直筒上有一个与通风管连接的管口，采用焊接。夹套的上部有 1 个蒸汽进口、1 个冷却水出口，下部有 1 个冷却水进口、1 个冷凝水出口，均采用焊接。

发酵罐下封头有 1 个放料口，与取样、放料管道连接，采用焊接。

2. 空气系统的组成

空气系统主要由无油空气压缩机、空气预处理装置、储气罐以及空气过滤装置等组成。其中，无油空气压缩机的工作能力一般选用 30~40m³/h；压缩空气进入过滤器前，需通过空气预处理装置，以进行冷却、油水分离等处理，因此，空气预处理装置包括小型冷冻机和油水分离器；储气罐主要起到压力缓冲的作用，预处理后的空气先进入储气罐，然后再进入空气过滤器。

空气过滤器是空气除菌的设备，一般采用聚乙烯醇（PVA）膜折叠滤芯，滤芯的通气量与型号有关，需根据要求进行选型。空气过滤流程是二级过滤流程，即第一级滤芯为粗滤芯，其过滤最小微粒直径 $\geqslant 0.4 \mu m$，第二级滤芯为精滤芯，其过滤最小微粒直径 $\geqslant 0.1 \mu m$。第一级滤芯起到保护第二级滤芯的作用，主要依靠第二级滤芯保证空气的无菌程度。另外，精滤芯在使用前要用蒸汽进行灭菌。为了防止蒸汽夹带管道中的铁锈等污物进入精滤芯，通常在蒸汽进入精滤芯前设置一个蒸汽过滤器。

发酵过程需控制通气量，为了便于采集信号，在粗过滤器前设置一个电磁流量计，用于计量空气流量。在电磁流量计前设置一个电动阀，用于自动调节空气流量。

3. 蒸汽发生装置的组成

发酵实验中，空气过滤器灭菌、发酵罐空消、培养基实消以及取无菌样等操作都要用到蒸汽，因此需要配备蒸汽发生装置。蒸汽发生装置主要由蒸汽发生器、水处理设备以及储水罐等组成。

蒸汽发生装置的水源一般是自来水，为了防止蒸汽发生器的加热管结垢，自来水进入蒸汽发生器前要经过水处理设备进行除杂和软化等处理，然后进入储水罐，最后用泵送水至蒸汽发生器。储水罐与蒸汽发生器之间采用自动控制，当蒸汽发生器的水位低至某一位置，就会自动启动水泵送水。对于100L的发酵罐，一般配备蒸发量为0.04t/h的蒸汽发生器。

4. 温度调节系统的组成

100L实验罐温度调节系统包括加热水调节装置和冷却水调节装置，都可以通过温度电极反馈的信号，调节管路上的电动阀开度而实现温度自动控制。

热水调节装置是在罐外利用加热器将水加热，然后送至夹套与发酵液换热，从而可维持较高的发酵温度，热水经过热交换排出后，回流至加热器循环使用。对于某些温度要求较高的发酵过程，尤其是冬天，需要启动热水调节装置。

大部分发酵过程需要用冷却水降温，可直接将自来水送至夹套内降温，由于实验罐的用水量不大，冷却后出来的水可通过简单管道收集，另外使用。由于夏天气温较高，发酵过程难降温，需配备一台小型冷水机，对自来水先行降温，再送至夹套内降温，这时，冷却后出来的水应回流至冷水机循环使用。

5. 自动流加系统的组成

实验罐的自动流加系统主要由蠕动泵、流加瓶、硅胶管以及不锈钢插针组成，用于流加消沫剂、酸液或碱液或营养液。流加前，先配制好流加溶液装于流加瓶，用硅胶管把流加瓶和不锈钢插针连接并进行包扎，置于灭菌锅内灭菌。流加时，把硅胶管装入蠕动泵的挤压轮中，通过挤压轮转动把流加液压进发酵罐。挤压轮的转速可以调节，从而可以控制流加速度。蠕动泵与计算机连接，通过计算机采集的信号，可以控制蠕动泵的工作。

6. 计算机显示与控制系统的组成

在实验罐的计算机内，由设备制造商安装了控制软件，由于控制软件的功能比较强大，可对十几种参数进行分析、记录，检测仪器、操作装置与计算机通过信号线连接，通过信号采集、分析、传送，能够按照操作者事先设置的参数进行控制。

一般实验中，可以显示发酵温度、pH、DO、通气量、罐压、搅拌转速、各种流加液流速和累计流加量、排气中的氧和CO_2含量等，可以控制发酵温度、pH、通气量、罐压、搅拌转速、各种流加液流速等。

三、发酵罐的使用

（一）空气过滤器的灭菌操作

1. 灭菌前的准备

（1）启动蒸汽发生器　将自来水引入水处理装置进行除杂、软化处理，处理后流入储水罐，然后开启自动控制开关，泵送入蒸汽发生器。当蒸汽发生器水位达到规定高度，开启蒸汽发生器电源开关进行加热，蒸汽压力达到 0.2 ~ 0.3MPa 时可供使用。

（2）启动冷冻机　将自来水引入冷冻机，开启冷水机电源开关制冷。当冷水温度达到 10℃ 时，可供空气预处理使用。

（3）启动空气压缩机　启动前，先关闭空气管路上所有阀门，然后打开空气压缩机电源开关，启动空气压缩机。当空气压缩机的压力达到 0.25MPa 左右时，依次打开管路上阀门，将空气引入冷冻机、油水分离器，空气经过冷却、除油水后进入储气罐，待用。

2. 空气过滤器的灭菌、吹干以及保压

图 10 - 2 所示为 100L 发酵罐空气管道示意图。

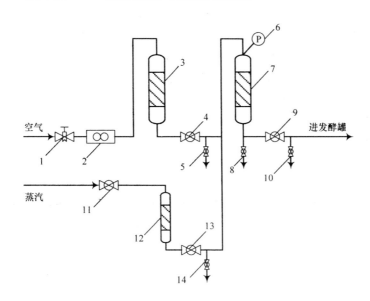

图 10 - 2　100L 发酵罐空气管道示意图

1—电动阀　2—电磁流量计　3—粗滤器　4—空气阀1　5—排汽阀1
6—压力表　7—精滤器　8—排汽阀2　9—空气阀2　10—排汽阀3
11—蒸汽阀1　12—蒸汽过滤器　13—蒸汽阀2　14—排汽阀4

一般只对精滤器灭菌。灭菌时，先关闭图 10 - 2 中的空气阀 1，打开空气阀 2、排汽阀1、排汽阀2、排汽阀3以及发酵罐的排气阀，然后打开蒸汽阀11，蒸汽经过蒸汽过滤器后，进入精滤器，再排进发酵罐。为了消除死角，废汽由排汽阀1、排汽阀2、排汽阀3以及发酵罐的排气阀排出。灭菌过程中，须控制2个蒸汽阀、空气阀2、排汽阀1、排汽阀2的开度，使过滤器上的压力表显示值为0.10~0.12MPa，维持15min，可完成空气过滤器灭菌。

灭菌完毕，关闭2个蒸汽阀，依次打开各个空气阀进空气，并打开排汽阀4，让空气从排汽阀1、排汽阀2、排汽阀3、排汽阀4以及发酵罐的排气阀排出，以便吹干精滤器和相关管道，大约20min可完成。最后，关闭空气阀2、排汽阀1、排汽阀2、排汽阀4，让空气保压至空气阀2以及蒸汽阀2的位置，待用。

（二）发酵罐的空消

发酵罐空消前，必须首先检查并关闭发酵罐夹套的进水阀门，然后启动计算机，按照操作程序进入到显示发酵罐温度的界面，以便观察温度变化。

空消时，先打开夹套的冷凝水排出阀，以便夹套中残留的水排出，然后从两路管道将蒸汽引入发酵罐：一路是发酵罐的通风管，另一路是发酵罐的放料管。每一路进蒸汽时，都是按照"由远处到近处"依次打开各个阀门，即在一个管路中，先打开离发酵罐最远的阀门，然后顺着管路向发酵罐移动，逐个打开阀门。两路蒸汽都进入发酵罐后，适当打开所有能够排汽的阀门充分排汽，如管路上的小排汽阀、取样阀、发酵罐的排气阀等，以便消除灭菌的死角。灭菌过程中，密切注意发酵罐温度以及压力的变化情况，及时调节各个进蒸汽阀门以及各个排汽阀门的开度，确保灭菌温度在（121±1）℃，维持30min，即可达到灭菌效果。

灭菌完毕，先关闭各个小排汽阀，然后按照"由近处到远处"依次关闭两路管道上各个阀门。待罐压降至0.05MPa左右时，关闭发酵罐的排气阀，迅速打开精滤器后的空气阀，将无菌空气引入发酵罐，利用无菌空气压力将罐内的冷凝水从放料阀排出。最后，关闭放料阀，适当打开发酵罐的排气阀，并调节进空气阀门开度，使罐压维持在0.1MPa左右，保压，备用。

（三）培养基的实消

培养基实消前，关闭进空气阀门，打开发酵罐的排气阀，排出发酵罐内空气，使罐压为0MPa，再次检查并关闭发酵罐夹套的进水阀门、发酵罐放料阀。将事先校正好的pH电极、DO电极以及消泡电极等插进发酵罐，并密封、固定好。然后，拧开接种孔的不锈钢塞，将配制好的培养基从接种孔倒入发酵罐。启动计算机，按照操作程序进入到显示温度、pH、DO、转速等参数的界面，以便观察各种参数的变化。同时，启动搅拌，调节转速为100r/min左右。

实消时，先打开夹套的进蒸汽阀以及冷凝水排出阀，利用夹套蒸汽间接加热，至80℃左右，为了节约蒸汽，可关闭夹套的进蒸汽阀，但必须保留冷凝水排出阀处于打开状态。然后，按照空消的操作，从通风管和放料管两路进蒸汽直接加热培养基。实消过程中，所有能够排汽的阀门应适当打开并充分排汽，根据温度变化及时调节各个进蒸汽阀门以及各个排汽阀门的开度，确保灭菌温度和灭菌时间达到灭菌要求（不同培养基灭菌要求不一样）。

灭菌完毕，先关闭各个小排汽阀，然后关闭放料阀，并按照"由近处到远处"依次关闭两路管道上各个阀门。待罐压降至 0.05MPa 左右时，迅速打开精滤器后的空气阀，将无菌空气引入发酵罐，调节进空气阀门以及发酵罐排气阀的开度，使罐压维持在 0.1MPa 左右，进行保压。最后，关闭夹套冷凝水排出阀，打开夹套进冷却水阀门以及夹套出水阀，进冷却水降温，这时，启动冷却水降温自动控制，当温度降低至设定值即自动停止进水。自始至终，搅拌转速保持为 100r/min 左右，无菌空气保压为 0.1MPa 左右，降温完毕，备用。

（四）接种操作

接种前，调节进空气阀门以及发酵罐排气阀门的开度，使罐压为 0.01 ~ 0.02MPa。用酒精棉球围绕接种孔并点燃。在酒精火焰区域内，用铁钳拧开接种孔的不锈钢塞，同时，迅速解开摇瓶种子的纱布，将种子液倒入发酵罐内。接种后，用铁钳取不锈钢塞在火焰上灼烧片刻，然后迅速盖在接种孔上并拧紧。最后，将发酵罐的进气以及排气的手动阀门开大，在计算机上设定发酵初始通气量以及罐压，通过电动阀门控制发酵通气量以及罐压，使达到控制要求。

（五）发酵过程的操作

1. 参数控制

发酵过程中在线检测参数可通过计算机显示，通气量、pH、温度、搅拌转速、罐压等许多参数可按照控制软件的操作程序进行设定，只要调节机构在线，通过计算机控制调节机构而实现在线控制。

2. 流加控制

一般情况下，流加溶液主要有消泡剂、酸液或碱液、营养液（如碳源、氮源等）。流加前，将配制好的流加溶液装入流加瓶，用瓶盖或瓶塞密封好，用硅胶管把流加瓶和不锈钢插针连接在一起，并用纱布、牛皮纸将不锈钢插针包扎好，置于灭菌锅内灭菌。

流加时，在火焰区域内解开不锈钢插针的包扎，并将插针迅速插穿流加孔的硅胶塞，同时，将硅胶管装入蠕动泵的挤压轮中，启动蠕动泵，挤压轮转动可以将流加液压进发酵罐。通过计算机可以设定开始流加的时间、挤压轮的转速，从而可以自动流加以及自动控制流加速度。另外，计算机可以显示任何时间的流加状态，如瞬时流量以及累计流量。

3. 取样操作

发酵过程中，须定时取样进行一些理化指标的检测，如 OD 值、残糖浓度、产物浓度等。取样时，可调节罐底的三向阀门至取样位置，利用发酵罐内压力排出发酵液，用试管或烧杯接收。取样完毕，关闭三向阀门，打开与之连接的蒸汽，对取样口灭菌几分钟。

4. 放料操作

发酵结束后，先停止搅拌，然后，关闭发酵罐的排气阀门，调节罐底的三向阀门至放料位置，利用发酵罐内压力排出发酵液，用容器接收发酵液。

（六）发酵罐的清洗与维护

放料结束后，先关闭放料阀以及发酵罐进空气阀门，打开排气阀门排出罐内空气，使罐压为 0。然后，拆卸安装在罐上的 pH、DO 等电极以及流加孔上的不锈钢插针，并在电极插孔和流加孔拧上不锈钢塞。接着，从接种孔加入 70L 左右的清水，启动搅拌，转速为 100r/min 左右，用蒸汽加热清水至 121℃ 左右，搅拌 30min 左右，以此清洗发酵罐。清洗完毕，利用空气压力排出洗水，并用空气吹干发酵罐。

停用蒸汽时，切断蒸汽发生器的电源，通过发酵罐的各个蒸汽管道的排汽阀排出残余蒸汽，直至蒸汽发生器上压力表显示为 0。停用空气时，切断空气压缩机的电源，通过空气管道的排气阀排出残余空气，直至储气罐上压力表显示为 0。最后，关闭所有的阀门以及计算机。

（七）电极的使用与维护

1. pH 电极的使用与维护

pH 电极为玻璃电极，不使用时将电极洗净，检测端须保存在 3mol/L 的 KCl 溶液中，防止出现"干电极"现象而造成损坏。其耐高温有一定极限，一般不超过 140℃，在灭菌温度范围内，温度越高对其破坏性越大，其使用寿命越短，其正常使用寿命为 50～100 次。因此，应尽可能减少 pH 电极受热的机会，且培养基灭菌时注意控制灭菌温度。

在 pH 电极装上发酵罐之前，须对 pH 电极进行两点校正。pH 电极与计算机连接后接通电源，将 pH 电极分别浸泡在两种不同 pH 的标准缓冲溶液中进行校正，检查测定值的两点斜率，一般要求斜率≥90%，方可使用。需根据发酵控制 pH 范围选择标准缓冲溶液，例如，发酵 pH 为酸性时，可选择 pH4.00 与 pH6.86 的标准缓冲溶液；如果发酵 pH 为碱性时，可选择 pH6.86 与 pH9.18 的标准缓冲溶液。

2. DO 电极的使用与维护

使用 DO 电极测量时，由于缺乏氧在不同发酵液中饱和溶解度的确切数据，因此，常用氧在发酵液中饱和时的电极电流输出值为 100%、残余电流值为 0 来进行标定，测量过程中的氧浓度以饱和度的百分数（%）来表示。使用前，DO 电极与计算机连接并接通电源，将 DO 电极浸泡在饱和的亚硫酸钠溶液中（或培养基恒温结束降温前），此时的测量值标定为 0。发酵培养基灭菌并冷却至初始发酵温度充分通风搅拌时（一般以发酵过程的最大通风和搅拌转速条件下氧饱和），DO 电极的测量值标定为 100%。

DO 电极的耐高温性也有一定极限，应尽可能减少 DO 电极受热的机会，且培养基灭菌时注意控制灭菌温度，一般不超过 140℃。每次使用后，将电极洗净，检测端保存在 3mol/L 的 KCl 溶液中。

（八）蒸汽发生器的维护

用于蒸汽发生器的水必须经过软化、除杂等处理，以免蒸汽发生器加热管结垢，影响产生蒸汽的能力。使用时，必须保证供水，使水位达到规定高度，否则会出现"干管"现象造成损坏。蒸汽发生器的电气控制部分必须能够正常工作，达到设置压力时能够自动切断电源。蒸汽发生器上的安全阀与压力表须定期校对，能够正常工作。每次使用后，先切断电源，排除压力后，停止供水，并将蒸汽发生器内的水排空。

四、实 训 作 业

1. 简述发酵罐的使用步骤。
2. 空气总过滤器和分过滤器如何灭菌？
3. 实罐灭菌和空罐灭菌有什么不同？
4. 发酵过程中溶氧浓度如何监控？有何意义？

实训三　菌 种 保 藏

一、实 训 目 的

1. 掌握沙土管的制备技术和保藏方法。
2. 掌握菌种的液体石蜡保藏方法。

二、实 训 原 理

微生物的生长、繁殖需要合适的营养和环境条件，人为地创造低温、缺氧、干燥、缺少营养物质等不良条件，就会抑制微生物的生长、繁殖，使其处于休眠状态，从而较长时间保持菌种不死亡和不变异。

三、实 训 用 品 及 器 材

1. 菌种
放线菌斜面孢子。
2. 药品
50% 硫酸，10% 盐酸，黄沙，土，液体石蜡。

3. 器材

试管，棉塞，80 目筛，120 目筛，研钵，烧杯，pH 试纸，干燥器，高压灭菌锅，干燥箱，培养箱，真空泵，接种针，超净工作台，酒精灯，火柴。

四、实 训 步 骤

1. 斜面低温保藏法

将菌种接种在适宜的固体斜面培养基上，待菌充分生长后，棉塞部分用油纸包扎好，移至 2～8℃的冰箱中保藏。

保藏时间依微生物的种类而有不同，霉菌、放线菌及有芽孢的细菌保存 2～4 个月，移种一次。酵母保存 2 个月，细菌最好每月移种一次。

此法为实验室和工厂菌种室常用的保藏法，优点是操作简单，使用方便，不需特殊设备。缺点是容易变异，因为培养基的物理、化学特性不是严格恒定的，致使微生物的代谢改变，而影响了微生物的性状，并且需要屡次传代，若菌种是经常使用，而条件不变，可应用此法。

2. 液体石蜡保藏法

（1）先将液体石蜡（又称石蜡油）装入三角瓶中，装量不超过三角瓶总体积的 1/3，塞上棉塞，报纸包扎后，进行高压灭菌（121℃，30min），连续灭菌 2 次，然后放在室温或 40℃温箱中 1 周，使水汽蒸发掉，石蜡油变为透明状，备用。

（2）将需要保藏的菌种，在最适宜的斜面培养基中培养，得到健壮的菌体或孢子。

（3）用灭菌吸管吸取已灭菌的液体石蜡，注入已长好的斜面上，其用量以高出斜面顶端 1cm 为准，使菌种与空气隔绝。

（4）将试管直立，置低温或室温下保存（有的微生物在室温下比冰箱中保存的时间还要长）。

液体石蜡可防止因培养基的水分蒸发而引起的菌种死亡，另一方面液体石蜡可阻止氧气进入，使好气菌不能继续生长，从而延长了菌种保藏的时间。此法实用而效果很好。霉菌、放线菌、芽孢菌可保藏 2 年以上不死，酵母可保藏 1～2 年，一般无芽孢细菌也可保存一年左右。此法的优点是制作简单，不需特殊设备，且不需经常移种。缺点是保存时必须直立放置，所占位置较大，同时也不便携带。

3. 沙土保藏法

（1）取黄沙加入 10％稀盐酸，加热煮沸 30min，以去除其中的有机质。

（2）倒去酸水，用自来水冲洗至中性。

（3）烘干，用 40 目筛子过筛，以去掉粗颗粒，备用。

（4）另取非耕作层的瘦黄土或红土（不含腐植质）。加自来水浸泡洗涤数次，直至中性。

（5）烘干，碾碎，通过 100 目筛子过筛，以去除粗颗粒。

（6）按一份土、三份沙的比例掺和均匀，装入小试管（10mm×100mm），每管装 1g 左右，塞上棉塞，进行灭菌、烘干。

（7）抽样进行无菌检查，每 10 支沙土管抽一支，将沙土倒入肉汤培养基中，37℃培养 48h，若仍有杂菌，则需全部重新灭菌，再做无菌试验，若证明无菌，即可备用。

（8）选择培养成熟的（一般指孢子层生长丰满的，营养细胞用此法效果不好）优良菌种，以无菌水洗下，制成孢子悬液。

（9）于每沙土管中加入约 0.5mL（一般以刚刚使沙土润湿为宜）孢子悬液，以接种针拌匀。

（10）放入真空干燥器内，抽真空，必须在 12h 内抽干水分。

（11）每 10 支抽取一支，用接种环取出少数沙粒，接种于斜面培养基上，进行培养，观察生长情况和有无杂菌生长，如出现杂菌或菌落数很少或根本不长，则说明制作的沙土管有问题，尚须进一步抽样检查。

（12）经检查如没有问题，则存放冰箱或室内干燥处。每半年检查一次活力和杂菌情况。

此法多用于能产生孢子的微生物如霉菌、放线菌，因此在抗生素工业生产中应用最广，效果也好，可保存两年左右。但应用于营养细胞效果不佳。

4. 冷冻干燥保藏法

冷冻干燥法是在低温下，快速将细胞冻起来，然后在真空情况下抽干，使微生物的生长和一切酶的作用暂时停止。为防止因深冻和水分不断升华对细胞的损害，采用保护剂来制备细胞悬液，使其在冻结和脱水过程中，保护性溶质通过氢键和离子键对水和细胞产生的亲和力来稳定细胞成分的构型，冻干操作的步骤如下。

（1）选择规格约 0.8cm×10cm 大小的中性玻璃安瓿管，先用 2% 盐酸浸泡 8~10h，再经自来水冲洗多次，蒸馏水洗 2~3 次后于烘干箱烘干。

（2）将印有菌号、制作日期的标签放入烘干的安瓿管（字面应面向管壁），塞好棉塞，于 121℃灭菌 30min。

（3）将欲冻干保藏的菌种进行斜面培养，以得到良好的斜面培养物。

（4）将新鲜牛乳经过反复脱脂后装入三角瓶中灭菌。

（5）用无菌吸管吸取 2~3mL 灭菌的牛乳于长好的斜面中，刮下细胞或孢子，轻轻搅动，使细胞均匀地悬浮在牛乳中。

（6）用无菌的巴斯德吸管，将制备的菌悬液滴入安瓿管中，每管 0.2mL 左右（4~5 滴）。

（7）把安瓿管放在 −40~−25℃的低温下预冻，若保藏量大（如 500 支安瓿管）预冻需 1h 以上，若少量几支安瓿管预冻几分钟即可。

（8）预冻后将安瓿管进行真空干燥。先将冷冻室温度降至 -20℃以下，放入预冻安瓿管后立即开动真空泵，抽真空时真空度在 15min 内应达到 65Pa，随后逐渐达到 26~13Pa，当真空度达到 26Pa 时，也可以适当提高温度以加速水分的升华。一般保藏少量样品约 3~4h 抽干就可以了，而要冻干大量样品如500~600 支安瓿管，则需 8~10h 甚至过夜。

（9）经过真空干燥的样品可测定其残留水分，一般残留水分在 1%~3% 范围内即可进行密封，高于 3% 需继续进行真空干燥，有时也可以凭经验直接观察样品的干湿程度。

（10）干燥后将安瓿管的棉花向下推移，然后在棉塞的下方用火焰烧熔拉成细颈，再将安瓿管安装在抽真空的歧管上，继续抽干几分钟后用火焰从细颈处烧熔、封闭。

（11）安瓿管密封后用高频电火花检查安瓿管的真空情况，如管内发出灰蓝色光，说明保持着真空，合格者可放室温或 4℃冰箱中保存。

五、实训作业

1. 液体石蜡和沙土保藏菌种的原理是什么？
2. 产孢子的菌种一般用哪一种方法保藏？
3. 细菌用哪种方法保藏的时间长而又不易变异？
4. 冷冻干燥保藏菌种的原理是什么？为什么冷冻时一般要用牛乳作为保护剂？

实训四　小型发酵罐的使用和活性干面包酵母的发酵生产

一、实训目的

1. 了解发酵罐的结构，掌握小型发酵罐培养基灭菌及发酵条件的控制。
2. 了解酵母生长代谢的基本规律。

二、实训原理

实验室所使用的小型通气搅拌发酵罐具有体积小，耗电少，不易染菌，单位时间、单位体积的生产能力高，代谢放出热量易于移去，操作控制和维修方便等特点，因此能较好地满足微生物生长和代谢的需要。

三、实训器材

5L 发酵罐，10L 发酵罐，一套空气除菌系统，检查无菌用的肉汤培养基和装置。

四、实训步骤

(一) 前期准备工作

1. 发酵罐的清洗

发酵罐使用前后都应认真清洗，特别是前后两次培养采用不同的菌株时，更应注意清洗和杀菌工作。

发酵罐内可进行清洗的任何部分都应认真清洗，否则都可能成为杂菌的滋生地。易被忽略而未能充分清洗的地方有喷嘴内部与取样管内以及罐顶等处。

2. 沙保培养基及培养条件

(1) 培养基　蛋白胨 10g，葡萄糖 40g，蒸馏水 1000mL，pH 自然。500mL 三角瓶装液量 100mL，115℃，灭菌 20min。

(2) 培养条件　用接种环从保存斜面中接一环至三角瓶中，150r/min、28℃摇瓶培养 48h。

3. 发酵罐的组装工作

(1) 连接好冷却水管，若采用自来水冷却，连接部要充分牢固，并且注意连接管管径与自来水管管径应一致，尽可能采用耐压管。

(2) 由于通入的空气有一定压力，应注意连接压缩空气的管子应能承受一定压力。

(3) 安装 pH 及溶解氧等检测装置，注意各接线口不要出现差错。由于操作过程要和水打交道，故线路连接一定要注意安全，要特别注意防止漏电。

4. 发酵罐杀菌

(1) 排气管为玻璃管，内装有棉花，以保证蒸汽能自由出入发酵罐，同时不会出现染菌现象。

(2) 取样口上连接一段硅胶管，在硅胶管上安装节流夹，以防止培养基在杀菌时流出。

(3) 装入发酵罐容积 60% 的培养基后 (成分同种子培养基)，将发酵罐放入杀菌釜内，在 115℃下杀菌 20min。当灭菌完成后，温度降到 60℃以下时，打开杀菌釜，确认发酵罐上所连接的管路完好后，将罐取出。尽快将通气管接好，确认排气口正常后，以 0.3～0.5L/min 的通气量通入空气。接通冷却水管路，开搅拌在低转速下进行培养基的冷却。

(二) 酵母培养

1. 接种操作

接种在发酵罐顶部接种口进行。适当降低通风量，在接种口四周缠绕上经酒精浸泡的脱脂棉，点燃后戴上石棉手套，迅速打开接种口，将菌种加入到发酵罐中，接种量为 10%，然后将接种口盖子在火焰中杀菌后盖好。开始培养。

2. 培养初始阶段应注意的事项

培养初始阶段是最易出现故障的阶段，因此，在这段时间里，有必要再次确认并保证发酵罐及相关装置的正常运行。特别要注意接种前后所取样品的分析，以及 pH、温度和气泡等的变化。

3. 培养中的注意点

要注意蠕动泵运转中由于硅胶管的弯曲折叠，出现的阻塞现象以及水的渗漏等问题。特别要注意在一定的阶段泡沫有可能大量生成，每次取样有必要进行检查。

4. 培养完成时的操作

培养完成时，除取出足够量的培养液作为样品外，剩余培养液要经过杀菌处理。此时发酵罐所装有的电极可一同经杀菌处理。如果培养液为无害物质，可将电极单独取出处理，以利于延长电极使用寿命。

（三）取样与分析方法

自培养操作开始起，每 3h 取一次样。取样时，将取样管口流出的最初 15mL 左右培养液作为废液，取随后流出的培养液 10mL，在 505nm 下测定吸光度。所得数值基于已制得的菌体量与吸光度之间的关系曲线，换算出菌体浓度。

（四）结果的整理

以时间为横坐标，OD 值为纵坐标作图。

五、实 训 作 业

1. 通气搅拌发酵罐培养与摇瓶培养有何区别？
2. 如除菌空气中发现有杂菌，试分析原因，提出解决办法。

实训五　固定化技术

一、实 训 目 的

1. 了解固定化细胞的原理。
2. 掌握用海藻酸钠制备固定化酵母细胞的方法。

二、实 训 原 理

使细胞固定化的方法有多种，如吸附法、载体偶联法和包埋法等。工业上常用包埋法固定微生物细胞。根据包埋剂的特性，如海藻酸钠呈溶液状，将细胞加入混匀，然后在氯化钙中凝固，凝胶颗粒中的微小空格将细胞固定。海藻酸钙凝固的颗粒能反复使用，细胞在空格中可新陈代谢（固定活细胞），也可利用细胞中的酶进行酶促反应（固定死细胞）。

三、实训用品及器材

海藻酸钠，氯化钙，市售面包酵母粉，20mL注射器等。

四、实 训 步 骤

1. 称2.5g海藻酸钠加蒸馏水至100mL，加热搅拌溶解。冷却后加10g酵母粉，搅拌均匀。

2. 配制0.2mol/L氯化钙200mL，将海藻酸钠酵母混合液装入注射器中，装上大号针头，滴入氯化钙中，搅拌成珠。

3. 固定化细胞株用无菌水洗涤两次。

4. 取灭菌的沙保培养基（见实训四），按每毫升培养基加5μg青霉素。将洗涤后的固定化酵母加入。

5. 28℃静置培养。2d观察，可见培养基中有大量二氧化碳气泡产生，嗅气味有酒香。用刀片切开颗粒，显微镜下观察，可见大量密集的酵母。

五、实 训 作 业

1. 如果包埋菌是细菌，应如何操作？

2. 海藻酸钠滴进氯化钙中为什么会凝固？

实训六 固定化酵母细胞生产酒精

一、实 训 目 的

1. 掌握淀粉质原料的双酶法糖化工艺。

2. 掌握制备固定化细胞中最基本、最常用的方法。

3. 掌握固定化酵母酒精发酵工艺。

4. 掌握酒精的蒸馏及测定方法。

二、实 训 原 理

1. 酵母酒精发酵

在无氧条件下，酵母利用葡萄糖或淀粉水解糖发酵产生乙醇和CO_2的作用，称为酒精发酵，总反应式为：

$$C_6H_{12}O_6 \longrightarrow 2C_2H_5OH + 2CO_2$$

酒精发酵是生产酒精及各种酒类的基础。本实训采用固定化酵母发酵，通过测定发酵过程中的酵母细胞数、生成CO_2的量以及最终产物酒精的量，可以判断固定化酵母的发酵能力。

2. 细胞固定化技术

固定化细胞就是被限制自由的细胞。即采用物理或化学的方法将细胞固定在载体上或限制在一定的空间界限内，但细胞仍保留催化活性并能反复或连续使用。

三、实训用品及器材

1. 菌种

实训五的固定化酵母。

2. 培养基

①种子培养基：酵母膏 10g，葡萄糖 20g，蛋白胨 20g，自来水 1000mL，pH 5.5。

分装 100mL 培养基于 300mL 锥形瓶中，经 0.1MPa 灭菌 20min。

②酒精发酵培养基：使用玉米淀粉水解液培养基。

将酶解法制备的玉米淀粉水解液在每个 500mL 锥形瓶中分装 300mL，0.1MPa 灭菌 20min 备用。

3. 主要药品

玉米粉，耐高温 α - 淀粉酶，糖化酶，硫酸，pH 试纸，海藻酸钠，葡萄糖，蛋白胨，酵母膏，生理盐水，$CaCl_2$ 等。

4. 仪器及设备

恒温水浴锅，培养箱，粉碎机，电炉，高压灭菌锅，显微镜，糖度计，量筒，纱布，500mL 三角瓶，100mL 烧杯，500mL 烧杯，1000mL 烧杯，培养皿，无菌 10mL 注射器外套及 5#静脉针头，移液管，玻璃棒，冷凝管等。

四、实训步骤

1. 固定化酵母发酵

（1）固定化酵母的活化　在装有灭菌后的酒精发酵培养基的 500mL 三角瓶中，按 10% 的比例加入固定化酵母 25g（加入前用无菌水冲洗），摇匀后放入 30℃的恒温培养箱中静置培养，每隔 4h 轻轻摇匀一次（摇动时，注意防止泡沫上溢到棉塞）。培养过程中，用糖度计检测糖度，并记录。培养 22 ~ 30h，糖度降到 10% 左右，用血球计数板检测游离酵母数，当达到 1.0×10^8 个/mL 以上，即活化完成。

（2）固定化酵母的发酵　活化完成后，继续静止培养，每隔 2h 轻轻摇匀一次，并检测糖度。当残糖降到 5% 以下，发酵液面处于比较平静状态时，表示发酵成熟。

2. 酒精度的测定

（1）按图 10 - 3 所示安装好蒸馏装置。

（2）准确量取 100mL 发酵成熟醪倒入 500mL 蒸馏瓶中，并加入等量的蒸馏水。蒸馏瓶用插有温度计的胶塞塞紧，连接好冷凝管，勿使漏气。用电炉加热，同时接通冷却水，馏出液收集于 100mL 容量瓶或量筒中。待馏出液达到刻度时，立即停止收集（注意：不能超过刻度）。将馏出液倒入量筒中，稍加搅动，使之均匀，将酒精计与温度计同时置入量筒，测定酒精度与温度。

（3）将测定结果对照换算表，可得到温度 20℃时的酒精度。

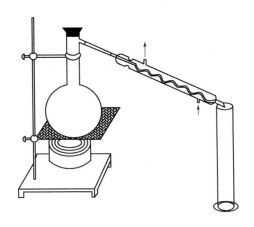

图 10-3　酒精发酵液蒸馏装置图

五、实训作业

1. 蒸馏液的酒精度 = ＿＿＿＿度，温度为＿＿＿＿℃，换算为 20℃的酒精度为＿＿＿＿度。

2. 微生物细胞固定化在发酵工业上有何意义？

实训七　啤酒酿造

啤酒是一种营养丰富的低酒精浓度的饮料酒，享有"液体面包""液体维生素"和"液体蛋糕"的美称。啤酒具有较高的热量，含有多种维生素、蛋白质，以及 17 种氨基酸和矿物质。

一、实训目的

1. 掌握啤酒发酵的一般原理。
2. 掌握啤酒酿造的技术。

二、实训原理

啤酒发酵过程是啤酒酵母在一定的条件下，利用麦汁中的可发酵性物质而进行的正常生命活动，其代谢的产物就是所要的产品——啤酒。

麦芽汁浸出物中糖类占 90%，其中葡萄糖和果糖占糖类的 10%，蔗糖占 5%，麦芽糖占 40% ~ 50%，麦芽三糖占 10% ~ 15% 低聚寡糖 20% ~ 30%，戊糖、戊聚糖等 3% ~ 5%。啤酒酵母的可发酵糖和发酵顺序：葡萄糖 > 果糖 > 蔗糖 > 麦芽糖 > 麦芽三糖。啤酒酵母发酵可发酵糖类经 EMP 途径生成丙酮酸，丙酮酸无氧酵解产生酒精和 CO_2，同时还形成高级醇、挥发酯、醛类和酸类、连二酮类（VDK）、含硫化合物等一系列代谢产物，构成啤酒特有的香味和口味。

三、实训用品及器材

1. 麦芽、啤酒酵母、硅藻土、啤酒花、0.025mol/L 碘液、灭菌水。
2. 烧杯、锥形瓶、小型粉碎机、水浴锅、恒温培养箱、冰箱、电炉、水循环真空泵、布氏漏斗、玻璃棒、糖度仪、酒精计。

四、实训步骤

1. 啤酒酿造过程

啤酒酿造过程主要分为麦芽粉碎、糖化、发酵、罐装四个部分。

麦芽粉 → 粉碎 → 糖化、糊化 → 麦汁纱布过滤 → 麦汁硅藻土真空抽滤 → 煮沸、加啤酒花 → 澄清冷却 → 加入酵母发酵 → 取上清 → 巴氏灭菌 → 包装成品

2. 具体步骤

（1）将麦芽粉碎，粗细粉比例约为 1:2.5，称取 100g 装入大烧杯中。

（2）往大烧杯中按 1:4 的比例加入水。

（3）水浴 65℃搅拌 1h，约 5min 搅拌一次。

（4）用碘液检测淀粉是否完全糖化。

（5）麦汁用纱布过滤，滤液用硅藻土真空抽滤，过滤出麦芽汁于大烧杯中。

（6）加入体积万分之一酒花，煮沸 1h；麦汁煮沸过程中必须始终处于沸腾状态，控制麦芽汁糖度为 8% ~ 10%（糖度仪测量）。

（7）麦芽汁冷却。

（8）取上清液加入到灭过菌的 1000mL 锥形瓶中，接种 2% 酵母，棉塞盖好。

（9）恒温 10℃前发酵 5 ~ 7d；低泡期：发酵后第 4 ~ 5h；高泡期：发酵第 2 ~ 3d；落泡期：发酵第 5d；泡盖下降，颜色由棕黄到棕褐；维持 2d 左右，发酵结束。

（10）4℃，后发酵 14 ~ 20d。

（11）发酵结束，取样测定糖度、酒精度，取上清到密封瓶中，60℃灭菌 20min。

五、注 意 事 项

1. 麦芽的粉碎要符合实训要求。
2. 糖化温度要控制在合理范围之内。
3. 过滤后的麦芽汁要达到比较清亮。
4. 接种酵母时要无菌，接种量在 1.5×10^7 个/mL。

六、实 训 作 业

1. 酒花在啤酒中有何作用？如何添加？
2. 麦芽的粉碎程度会对整个工艺过程产生怎样的影响？
3. 糖化时有哪些主要物质发生了变化？它们是如何进行作用的？
4. 发酵过程分为哪几个时期？各时期有何特点？
5. 发酵过程中影响啤酒质量的因素有哪些？

实训八　泡菜的制作

一、实 训 目 的

1. 熟悉泡菜加工的工艺流程，掌握泡菜加工技术。
2. 在实践中验证理论上泡菜加工中发生的一系列变化。

二、实 训 原 理

利用泡菜坛造成的坛内嫌气状态，配制适宜乳酸菌发酵的低浓度盐水（6% ~ 8%），对新鲜蔬菜进行腌制。由于乳酸的大量生成，降低了制品及盐水的 pH，抑制了有害微生物的生长，提高了制品的保藏性，同时由于发酵过程中大量乳酸、少量乙醇及微量醋酸的生成，给制品带来爽口的酸味和乙醇的香气，各种有机酸又可与乙醇生成具有芳香气味的脂，加之添加配料的味道，都给泡菜增添了特有的香气和滋味。

三、实训用品及器材

1. 用品

新鲜蔬菜：苦瓜，嫩姜，甘蓝，萝卜，大蒜，青辣椒，胡萝卜，嫩黄瓜等组织紧密，质地脆嫩，肉质肥厚而不易软化的蔬菜种类均可。食盐，白酒，黄酒，红糖或白糖，干红辣椒，草果，八角茴香，花椒，胡椒，陈皮，甘草等。

2. 器材

泡菜坛子，不锈钢刀，案板，小布袋（用以包裹香料）等。

四、实训步骤

1. 盐水参考配方（以水的质量计）

食盐 6% ~ 8%，白酒 2.5%，黄酒 2.5%，红糖或白糖 2%，干红辣椒 3%，草果 0.05%，八角茴香 0.01%，花椒 0.05%，胡椒 0.08%，陈皮 0.01%。

若泡制白色泡菜（嫩姜、白萝卜、大蒜头）时，应选用白糖，不可加入红糖及有色香料，以免影响泡菜的色泽。

2. 工艺流程

$$\boxed{原料预处理} \rightarrow \boxed{配制盐水} \rightarrow \boxed{入坛泡制} \rightarrow \boxed{泡菜管理}$$

3. 操作要点

（1）原料的处理　新鲜原料经过充分洗涤后，应进行整理，不宜食用的部分均应一一剔除干净，体形过大者应进行适当切分。

（2）盐水的配制　为保证泡菜成品的脆性，应选择硬度较大的自来水，可酌加少量钙盐如 $CaCl_2$、$CaCO_3$、$CaSO_4$、$Ca_3(PO_4)_2$ 等，使其硬度达到 10 度。此外，为了增加成品泡菜的香气和滋味，各种香料最好先磨成细粉后再用布包裹。

（3）入坛泡制　泡菜坛子用前洗涤干净，沥干后即可将准备就绪的蔬菜原料装入坛内，装至半坛时放入香料包再装原料至距坛口约 5cm 时为止，并用竹片将原料卡压住，以免原料浮于盐水之上。随即注入所配制的盐水，至盐水能将蔬菜淹没。将坛口小碟盖上，并在水槽中加注清水，将坛置于阴凉处任其自然发酵。

（4）泡菜的管理

①入坛泡制 1 ~ 2d 后，由于食盐的渗透作用原料体积缩小，盐水下落，此时应再适当添加原料和盐水，保持其装满至坛口下约 2.5cm 为止。

②注意水槽：经常检查，水少时必须及时添加，保持水满状态，为安全起见，可在水槽内加盐，使水槽水含盐量达 15% ~ 20%。

③泡菜的成熟期限：泡菜的成熟期随所泡蔬菜的种类及当时的气温而异，一般新配的盐水在夏天时需 5 ~ 7d 即可成熟，冬天则需 12 ~ 16d 才可成熟。叶类菜如甘蓝需时较短，根类菜及茎菜类则需时较长一些。

五、产品的质量标准

（1）色泽　依原料种类呈现相应颜色，无霉斑。

（2）香气滋味　酸咸适口，味鲜，无异味。

（3）质地　脆、嫩。

六、实 训 作 业

1. 泡菜的制作为什么要加盐水？
2. 影响乳酸发酵的因素有哪些？

实训九　大孔树脂吸附提取葛根素

一、实 训 目 的

掌握大孔吸附树脂分离、纯化葛根素（属于异黄酮类）的基本原理和操作技术。

二、实 训 原 理

大孔吸附树脂是近年来发展起来的一种有机高聚物吸附剂，通过物理吸附和树脂网状孔穴的筛分作用达到分离纯化产物的目的。简单地讲，就是将植物提取液通过大孔树脂，吸附其中的有效成分，再经洗脱回收，除掉杂质的一种纯化精制方法。根据提取液成分的不同和提取物质的不同，选择不同型号的树脂。

D101 型大孔树脂是一种多孔立体结构的聚合物吸附剂，依靠它和吸附物之间的范德华力通过巨大的表面积进行物理吸附。D101 型大孔吸附树脂具有物理化学性质稳定、对葛根中异黄酮选择性吸附能力强、容易解吸、再生简单、不容易老化、可反复使用等优点。葛根醇提取液通过大孔吸附树脂，葛根素被吸附，而大量水溶性杂质随水流出，从而使葛根素与水溶性杂质分离。

三、实训用品及器材

1. 器材

回流装置，筛子（10 目），粉碎机，玻璃色谱柱（20mm × 50mm），旋转蒸发仪。

2. 材料及试剂

D101 型大孔吸附树脂，95% 乙醇，70% 乙醇，正丁醇。

四、实 训 步 骤

1. D101 型大孔吸附树脂的预处理

将大孔树脂置于大烧杯中，倒入乙醇，使乙醇完全浸没树脂，并不断搅拌，以除去气泡，使之充分混合，静置24h。将泡好的树脂装入色谱柱中，用乙醇以玻璃色谱柱 2 倍体积/h 的流速冲洗树脂，洗至流出物中加水无白色浑浊物为止，后用蒸馏水以同样流速冲洗树脂至无醇味为止，备用。

2. 葛根素的粗提取

将葛根粉碎过 10 目筛，取 100g 葛根粉装入提取瓶中，第一次用 4 倍量 95% 乙醇回流提取 1.5h，第二次用 2 倍量 95% 乙醇回流提取 1h，合并两次提取液，得葛根粗提液，旋转蒸发仪浓缩得粗体浸膏。

3. 葛根素的分离精制

将葛根素粗提物用水溶解后，滤去不溶物，以玻璃色谱柱 2 倍体积/h 的流速通过处理好的大孔树脂柱（吸附剂用量为粗提物的 7 倍）。提取液重复吸附 3 次，静置 30min。用蒸馏水洗去糖类、蛋白质、鞣质等水溶性杂质，至水清。改用 70% 乙醇洗至无醇味，用正丁醇洗脱，重复洗脱 4 次，合并正丁醇洗脱液，旋转蒸发仪回收正丁醇至干，加入少量无水乙醇溶解，然后加入等量冰醋酸，放置析晶，过滤得葛根素精提物，60℃真空干燥，称重。

五、实训数据处理

计算：葛根素得率＝干葛根素精提物/100g 葛根粉×100%。

六、实训作业

讨论影响葛根素得率的因素。

实训十　毛发水解液中 L–精氨酸的提取精制

一、实训目的

1. 了解分离纯化氨基酸类小分子物质的方法。

2. 学习并掌握过滤、离子交换法、浓缩、结晶、干燥、纸色谱法等的原理及操作方法。

二、实训原理

L–精氨酸是合成蛋白质和肌酸的重要原料，在医药和食品工业中具有广泛用途。精氨酸对成人为非必需氨基酸，但体内合成速度很慢，对婴幼儿为必需氨基酸，有一定的解毒作用。精氨酸是鸟氨酸循环中的一个组成成分，具有极其重要的生理功能。补充精氨酸，可以增加肝脏中精氨酸酶的活力，有助于将血液中的氨转变为尿素而排泄出去。所以精氨酸对治疗高氨血症、肝脏机能障碍等疾病颇有效果。精氨酸的重要代谢功能是促进伤口的愈合，它可促进胶原组织的合成，故能修复伤口。精氨酸的免疫调节功能可防止胸腺的退化（尤其是受伤后的退化），补充精氨酸能增加胸腺的质量，提高免疫力。

L-精氨酸在毛发中含量丰富，因此可以从毛发水解液中提取获得 L-精氨酸。L-精氨酸容易吸水，为了便于储存，通常将其制成盐酸盐。L-精氨酸盐酸盐为白色结晶性粉末，无臭，苦涩味，熔点为224℃，易溶于水，0℃和5℃时在水中的溶解度分别为83g/L和400g/L，水溶液呈碱性，等电点为10.76，微溶于乙醇，不溶于乙醚。

用离子交换法从毛发水解液中提取 L-精氨酸的基本原理是利用氨基酸的两性电解质性质，当溶液 pH < pI 时，氨基酸以阳离子形式存在，能被阳离子交换树脂吸附；当溶液 pH > pI 时，氨基酸以阴离子形式存在，能被阴离子交换树脂吸附。

精氨酸能与苯甲醛在碱性和低温条件下反应生成溶解度较小的苯亚甲基精氨酸而沉淀，从而实现与其他组分的分离，达到精制的目的。

三、实训用品及器材

1. 材料

人毛发，活性炭，732 强酸性阳离子交换树脂，沸石（或玻璃珠），石棉网，滤纸，pH 试纸。

2. 试剂

洗涤剂，盐酸，氢氧化钠，氨水，苯甲醛，95% 乙醇。

3. 仪器

冷凝回流装置（圆底烧瓶、冷凝管、小漏斗），通风橱，电炉，旋转蒸发仪，真空泵，抽滤装置（布氏漏斗及抽滤瓶），电热干燥箱，pH 计（或精密 pH 试纸），冰箱，水浴锅，天平，磁力搅拌器及搅拌子，铁架台，烧杯，三角瓶，玻璃棒，胶头滴管，容量瓶，量筒，试剂瓶等。

四、实训步骤

（一）工艺流程

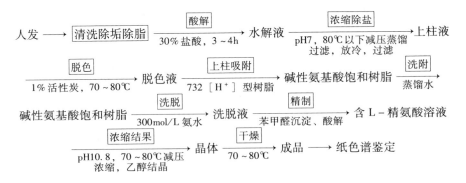

（二）操作步骤

1. 人毛发的处理

先用清水洗净人发的一般污垢，再用洗涤剂（热肥皂水或洗衣粉水）洗涤以去除毛发表面的油脂，最后用清水冲洗干净，放在通风处晾干或低温烘干备用。

2. 水解

安装冷凝回流装置，在冷凝管上端接一弯玻璃管，下连一小漏斗，用水封住（注意小漏斗要刚好接触水面，但不能伸到水面下，以免倒吸），避免氯化氢逸出到空气中，于通风橱中进行水解。称取 50g 人发于 500mL 短颈圆底烧瓶中，加入 100mL 30%盐酸，并加几小块沸石（或几颗玻璃珠）以避免水解过程中爆沸。于电炉上隔石棉网加热回流 3～4h，期间维持混合物微沸，水解 3h 后取水解液进行蛋白质双缩脲反应检查水解是否完全，如果不呈双缩脲反应停止加热。否则继续加热水解至不呈双缩脲反应为止。

3. 水解液的处理

利用 L－精氨酸极易溶于水，而氯化铵或氯化钠及部分中性氨基酸在水中溶解度较小的特点，将水解液用 30%氢氧化钠溶液调节 pH 至 7。于旋转蒸发仪中 80℃以下减压浓缩，0℃下结晶，沉淀用布氏漏斗减压过滤。如此反复进行，直至将大部分氯化铵或氯化钠结晶沉淀除去，将最后的滤液稀释 3～5 倍，加入料液质量 1%的活性炭，于 70～80℃搅拌脱色 30min，过滤得脱色液。

4. 732 离子交换树脂预处理及吸附与洗脱

（1）732 阳离子交换树脂用于氨基酸分离之前，先以清水洗去杂质及悬浮物，再以 2～4 倍树脂体积的 1～2mol/L 盐酸振荡浸泡 2～4h，然后用清水反复冲洗至近中性，接着以 2～4 倍树脂体积的 1～2mol/L 氢氧化钠溶液振荡浸泡 2～4h，再用水洗至中性，最后用 1～2mol/L 盐酸振荡浸泡 2～4h，水洗至中性后备用。

（2）吸附　取原料液体积 20%的处理好的 732 树脂加入料液中，搅拌 4h 达到吸附平衡后，过滤弃去滤液，树脂用少量清水冲洗几次。

（3）洗脱　加入树脂体积 3 倍的 3mol/L 氨水，搅拌约 2h 进行洗脱，过滤收集滤液。

5. 精制

将上步所得滤液于旋转蒸发仪上减压浓缩，在 0℃下调节 pH 至 8 以上，搅拌条件下分次缓慢加入同质量的苯甲醛。待反应完全后，用磁力搅拌器搅拌 30min 以上，至呈乳白色，于 0℃下放置 24h，溶液分为两层，弃去上清液。下层液用 4 倍量 6mol/L 盐酸酸解（pH ＝4.0 时停止加酸），于 70～80℃减压蒸馏，除去苯甲醛（至无苯甲醛味为止），得到 L－精氨酸溶液。

6. 浓缩结晶

利用氨基酸在等电点时溶解度最低的特点，调节 L－精氨酸溶液 pH 至精氨酸的等电点，再加热至 70～80℃减压浓缩至即将有晶体析出，缓慢搅拌冷却，再分几次缓慢加入 4 倍体积 95% 乙醇，于 0℃下放置 24h，过滤得 L–精氨酸盐酸盐，于 70～80℃干燥即得成品。

7. 鉴定

取精制后的 L–精氨酸和精氨酸标准品分别配制成 1% 的溶液，采用纸色谱进行鉴别。

五、产品检测

（一）双缩脲反应检测法

1. 器材及试剂

天平，水浴锅，3% 的氢氧化钠，1% 硫酸铜，活性炭，滤纸，漏斗，试管，长滴管，容量瓶，移液管，玻璃棒等。

2. 操作方法

用长滴管吸取 3～5mL 水解液于试管中，加入少量活性炭在热水浴（70～80℃）中脱色数分钟，用滤纸过滤。在滤纸中加入 3% 氢氧化钠 1mL 使呈碱性，然后加入几滴 1% 硫酸铜溶液，观察有无浅红色出现，若无浅红色出现表示基本完全。

（二）纸色谱法

1. 器材和试剂

（1）器材　展层缸，毛细管，色谱滤纸，电吹风，烘箱，喷雾器，铅笔，直尺，试剂瓶，容量瓶，烧杯等。

（2）试剂及配置　L–精氨酸标准品，正丁醇，冰乙酸，茚三酮。

展开剂：正丁醇∶冰乙酸∶水＝4∶1∶5（体积比），摇匀，放置半天以上，取上清液备用。

显色剂：0.5% 的茚三酮或 0.1% 的水合茚三酮正丁醇溶液（也可在展开剂中加入茚三酮，0.4g/100mL）。

2. 操作方法

取制备的 L–精氨酸和精氨酸标准品分别配成 1% 的溶液，进行纸色谱鉴定。

（1）点样　取 16cm×16cm 的中速色谱滤纸在距离底边 2cm 处用铅笔划起始线，在起点线上分别点上标准品及混合样品溶液（样点间距 1cm），点样直径控制在 2～4mm，然后将其晾干或在红外灯下烘干。

（2）展开　向色谱缸中加 20mL 展开剂，盖上盖子保持约 5min（使缸内展开剂蒸汽饱和）。将点样后的滤纸悬挂在缸内，使滤纸边浸入展开剂 0.3～0.5cm。待溶剂前沿展开到合适部位（8～10cm），取出，划出前沿线。

（3）显色　将展开完毕的滤纸用电吹风吹干，使展开剂挥发。然后喷上 0.1% 的水合茚三酮正丁醇溶液，再用电吹风热风吹干，即出现氨基酸的色斑。

六、实训安排与建议

本综合实训宜安排至少16学时的集中时间，按每组4~5人，某些实训内容跨时较长（表10-1），可结合其他实训或理论教学穿插开展。

表10-1   **实训内容及所需时间**

内容	所需时间
人毛发水解及处理	6h
离子交换吸附与洗脱	6h
精制及结晶	2h
产品鉴定	2h

七、实 训 作 业

1. 计算 L - 精氨酸得率并讨论影响其得率的因素。

2. 根据纸色谱，分析所得成品是否为 L - 精氨酸，纯度如何？

3. 以毛发水解液进行氨基酸的制备，除了可以分离得到精氨酸以外，你认为还可以得到哪些氨基酸？请选择一种氨基酸，设计其提取精制的工艺流程。

参 考 文 献

[1] 张兰威. 发酵食品工艺学. 北京: 中国轻工业出版社, 2011.

[2] 韩德权, 王莘. 微生物发酵工艺学原理. 北京: 化学工业出版社, 2013.

[3] 夏焕章. 发酵工艺学 (第三版). 北京: 中国医药科技出版社, 2015.

[4] 熊宗贵. 发酵工艺原理. 北京: 中国医药科技出版社, 1995.

[5] 姚汝华. 微生物工程工艺原理. 广州: 华南理工大学出版社, 1996.

[6] 梁世中. 生物分离技术. 广州: 华南理工大学出版社, 1997.

[7] 陆兆新等. 现代食品生物技术. 北京: 中国农业出版社, 2002.

[8] P. F. 斯坦伯里. 发酵工艺学原理. 北京: 中国医药科技出版社, 1992.

[9] 刘家祺. 分离过程与技术. 天津: 天津大学出版社, 2001.

[10] 张克旭. 代谢控制发酵. 北京: 中国轻工业出版社, 1998.

[11] 孙彦. 生物分离工程. 北京: 化学工业出版社, 2003.

[12] 曹军卫, 马辉文. 微生物工程. 北京: 科学出版社, 2002.

[13] 欧阳平凯. 生物分离原理及技术. 北京: 化学工业出版社, 2004.

[14] 陈洪章. 生物过程工程与设备. 北京: 化学工业出版社, 2004.

[15] 邓毛程. 发酵工艺原理. 北京: 中国轻工业出版社, 2007.

[16] 陈坚. 发酵工程实验技术. 北京: 化学工业出版社, 2003.

[17] 黄亚东. 生物工程设备及操作技术. 北京: 中国轻工业出版社, 2008.